全国优秀教材二等奖

陕西出版资金精品项目·先进复合材料研究丛书

FUHE CAILIAO YUANLI

复合材料原理

成来飞　殷小玮　张立同　主编

西北工業大學出版社

西　安

【内容简介】 本书以聚合物基、金属基和陶瓷基复合材料共性原理为主线，对比讨论共性原理应用于各类复合材料的不同要求，并融入作者已经获得验证的研究成果，便于读者掌握不同复合材料的设计、制备和选用基本原则，具有专业性、实用性和先进性。

本书为复合材料专业研究生教材，也可作为相关研究人员和工程技术人员的参考书。作为教材授课时数为40学时左右，先修课程有复合材料学、物理化学、无机固体化学、材料表面与界面以及复合材料结构与性能等。

图书在版编目(CIP)数据

复合材料原理 / 成来飞，殷小玮，张立同主编．
— 西安 ：西北工业大学出版社，2016.7(2022.3重印)
ISBN 978-7-5612-4978-9

Ⅰ.①复… Ⅱ.①成… ②殷… ③张… Ⅲ.
①复合材料 Ⅳ.①TB33

中国版本图书馆CIP数据核字（2016)第181949号

FUHE CAILIAO YUANLI
复 合 材 料 原 理
成来飞　殷小玮　张立同　主编

责任编辑：胡莉巾　　**策划编辑：**卞　浩
责任校对：张珊珊　　**装帧设计：**董晓伟
出版发行：西北工业大学出版社
通信地址：西安市友谊西路127号　　邮编：710072
电　　话：(029)88491757，88493844
网　　址：www.nwpup.com
印 刷 者：兴平市博闻印务有限公司
开　　本：787 mm×1 092 mm　　1/16
印　　张：12.875
字　　数：310千字
版　　次：2016年7月第1版　　2022年3月第3次印刷
书　　号：ISBN 978-7-5612-4978-9
定　　价：40.00元

前　　言

1839年，美国人Charles Goodyear发明了橡胶硫化法，开启了现代复合材料发展的序幕。自20世纪40年代诞生第一代复合材料(玻璃纤维增强树脂基复合材料)以来，相继出现了第二代和第三代复合材料，主要用于航空航天领域。最早开始研究的树脂基复合材料具有较高的比强度和比刚度，可设计性强，抗疲劳断裂性能好，耐腐蚀，结构尺寸稳定性好，并具有可大尺寸成型的显著优点，在航空、武器装备、汽车、海洋工业等领域获得日益广泛的应用。随着碳纤维和陶瓷纤维的发展，20世纪70年代末期出现金属基复合材料，它克服了树脂基复合材料耐热性差、导热性低等缺点，广泛应用于航空航天等高技术领域。20世纪80年代，陶瓷基复合材料因其耐高温、低密度、高比强度和高比模量等优点而受到广泛重视，目前已经在航空航天发动机、航天热防护系统等领域得到应用。

复合材料的发展具有三个显著特征：一是复合材料体系和种类越来越多，二是复合材料服役环境越来越复杂、苛刻，三是复合材料的制备工艺越来越多样化。这对复合材料提出了精细设计、有效选用和合理制备的要求，需要复合材料原理方面知识的支撑。复合材料原理包括共性原理和特性原理两个层面：前者是指复合材料共同遵守的基本原理，如混合法则要求高体积分数、复合效应要求界面控制等；后者是指共性原理应用于不同复合材料体系应该遵循的不同要求，如不同复合材料对界面结合强度的要求不同、不同复合材料对加工损伤的要求不同等。现有的有关复合材料原理的书籍对共性原理已经有了比较系统的总结，也关注了一些特性问题。随着各类复合材料的快速发展，各种特性问题不断出现，提炼特性原理已是水到渠成。

目前，国内外涉及复合材料专业的高等院校和研究院所很多。其中，西北工业大学复合材料专业涵盖了聚合物基复合材料、金属基复合材料、陶瓷基复合材料和碳基复合材料等各类复合材料体系，具有复合材料设计、制备与应用相结合的科研教学队伍，这为编写一本兼具共性和特性的复合材料原理书籍提供了有利条件。本书框架是笔者所在的团队在长期从事教学与科研实践的积累中逐渐形成的，以复合材料共性原理为主线，对比讨论共性原理应用于各类复合材料的不同要求，便于读者掌握不同复合材料的设计、制备和选用的基本原则。为了强化各章的知识点，各章后面都附有实例(部分章后附思考题)。在编写过程中，除参考现有相关专著和复合材料原理教材外，还融入笔者已经获得验证的研究成果，力争使本书具有专业性、实用性和先进性。

本书共7章，由成来飞教授、殷小玮教授和张立同院士共同编写。第1章介绍先进复合材料的发展、性能及制备技术，提出复合材料原理涉及的内容；第2章介绍不同复合材料的结构与性能特点，目前面临的主要问题和挑战；第3章介绍表面与界面热力学、表面与界面行为，及其对复合材料界面行为的影响;第 4 章从热力学和动力学角度介绍界面反应和扩散的控制要求,讨论复合材料界面演变过程;第 5 章介绍复合材料界面热应力形成及其对复合材料性能的影响,讨论界面热应力的影响因素;第 6 章介绍界面应力分布和界面特性对复合材料性能的影响,讨论复合材料的界面设计与控制;第 7 章介绍复合材料纤维与基体的模量匹配程度对其力学性能和失效模式的影响,讨论复合材料模量匹配的控制方法。

本书可作为复合材料专业研究生教材,也可作为相关研究人员和工程技术人员的参考书。作为教材授课时数为 40 学时左右,先修课程有复合材料学、物理化学、无机固体化学、材料表面与界面以及复合材料结构与性能等。

复合材料原理是材料科学基础的一部分,但仍处于发展完善阶段。本书参考和引用了很多同行的工作,在此一并表示感谢。

由于水平和时间有限,书中不足之处在所难免,恳请读者批评指正。

编　者

2015 年 12 月

目　　录

第 1 章　绪论 …… 1

1.1　复合材料 …… 1
1.2　先进复合材料 …… 2
1.3　先进复合材料的复合效应 …… 4
1.4　复合材料的复合技术 …… 7
1.5　复合材料原理涉及的内容 …… 10
实例 …… 11
思考题 …… 11
参考文献 …… 11

第 2 章　复合材料学基础 …… 13

2.1　增强体 …… 13
2.2　聚合物基复合材料(高分子基复合材料) …… 21
2.3　金属基复合材料 …… 28
2.4　陶瓷基复合材料 …… 33
2.5　碳/碳(C/C)复合材料 …… 43
实例 …… 47
参考文献 …… 48

第 3 章　复合材料中的表面与界面 …… 53

3.1　表面与界面 …… 53
3.2　表面与界面热力学 …… 55
3.3　表面与界面效应 …… 60
3.4　表面与界面行为 …… 63
实例 …… 68
思考题 …… 69
参考文献 …… 69

第 4 章　复合材料的界面反应 …… 71

4.1　界面反应热力学 …… 71

4.2 界面反应动力学 …… 79
4.3 复合材料的界面反应 …… 84
实例 …… 90
参考文献 …… 91

第5章 复合材料的界面热应力 …… 94

5.1 界面热应力的形成 …… 94
5.2 界面热应力分析 …… 96
5.3 聚合物基复合材料的界面热应力 …… 99
5.4 金属基复合材料的界面热应力 …… 102
5.5 陶瓷基复合材料的界面热应力 …… 103
实例 …… 117
参考文献 …… 118

第6章 复合材料的界面特性与力学性能 …… 122

6.1 界面应力传递理论 …… 122
6.2 复合材料的界面剪切强度 …… 125
6.3 复合材料的力学性能 …… 131
6.4 复合材料的失效机制 …… 135
6.5 复合材料的断裂功 …… 137
6.6 复合材料的界面特性 …… 141
实例 …… 151
参考文献 …… 151

第7章 复合材料的模量匹配与失效模式 …… 154

7.1 复合材料的模量匹配 …… 154
7.2 复合材料的模量匹配控制 …… 157
7.3 复合材料的模量匹配与失效模式 …… 178
7.4 复合材料的多尺度模量匹配模型 …… 188
实例 …… 194
参考文献 …… 196

第1章 绪　论

先进复合材料是在高分子材料、金属材料和陶瓷材料基础上发展起来的一种新型材料，既具有上述三类材料的特点，又具有各单一材料所不具备的优点，其可设计性更强。在军用方面，如飞机、火箭、导弹、人造卫星、舰艇、坦克以及常规武器装备等，都已采用纤维增强复合材料；在民用方面，如运输工具、建筑结构、机器和仪表部件、化工管道和容器、电子和核能工程结构、人体工程、医疗器械和体育用品等领域，也逐渐开始使用复合材料。先进复合材料中得到研究和应用最多的是聚合物基和陶瓷基复合材料，由于其具有高强度、高模量以及低密度，逐步成为航空、航天、汽车和运动器械等领域的首选材料。美国国家研究委员会在2003年出版的《满足21世纪国防需求的材料研究》一书中指出，到2020年，陶瓷基复合材料和聚合物基复合材料的性能可望提高20%～25%[1]。金属基复合材料在航天航空热结构件中的应用领域相对较窄，随着其性能和工艺水平的逐步提高，也日益受到重视[2-4]。

本章主要介绍材料为什么要复合、什么是复合材料、复合材料具有什么特点以及材料怎样进行复合等基本问题。

1.1 复合材料

1.1.1 自然界的启示

生物界存在着多种多样的天然复合材料，如竹子、木材、龟壳、贝壳、牙齿等。这些材料经过长期的生物演化过程，形成具有不同层次、不同尺度的高强、高韧复杂结构。以木材为例，木材由木质素(lignin)和分布于其中的纤维素纤维(cellulose fibres)组成，是天然的复合材料。像贝壳、竹子等天然复合材料，因其特殊的非均质结构，具有优越的力学性能，受到材料科学家们的关注。如今，模仿生物结构开发的材料被称为仿生材料。

人类很早就开始了仿生之路，探索制备人工合成的复合材料。我国是最早使用“复合”概念制造器具的国家。目前发现的最古老的复合材料是半坡遗址中的墙壁和坯砖，即采用草掺合黏土制成，晒干后砌墙，这种方法至今还有应用。古代制作漆器时，有的是直接在木器上涂漆；有的是在丝或麻的纤维丝筋上涂生漆，干燥后形成坚固器具。20世纪70年代，在湖北随县，从战国时期的曾侯乙墓中出土了兵器戟和殳。这些类似矛的杆芯均采用三四米长的木棒制成，并在其纵向包上竹丝，再用丝线缠绕和涂上生漆，干燥后成为坚固的复合材料长杆。这种兵器长而坚韧、质轻，使用起来得心应手，在当时无疑是一种先进武器。魏晋南北朝时期，工匠们用制作漆器的方法塑造佛像：先用泥土塑好佛像，然后包上麻纤维；再涂上生漆，干燥后表面形成坚硬的固化漆层，再在固化漆层上涂生漆和贴麻纤维；反复数次后，在泥像外面形成生漆与纤维复合的佛像；再用水将泥冲去，即得轻巧、坚固且耐久的夹纻脱胎佛像(夹纻是指生漆里夹有纻麻纤维，脱胎是指脱去里面的泥胎，泥胎是制造佛像的衬底)。

上述如土墙、坯砖和漆器等，都是把两种或两种以上不同性能的材料按照一定的物理或化学方法进行复合，使其成为具有新性能的复合材料。通常，将复合材料中一个相对连续的相称为基体，其他相称为增强体。如漆器由麻纤维和土漆等天然材料复合而成，称为传统复合材料。

迄今为止，人类还不能制造出与竹子、贝壳等天然复合材料具有相同组元而性能更优的复合材料，人类向自然界学习永远在路上。

1.1.2 材料发展的启示

从广义上讲，天然材料均处于复合状态，是天然复合材料，而人工合成材料的发展大致分为以下三个阶段。

(1)第一阶段是原始复合阶段。如前所述采用天然原料合成原始复合材料。这些原始复合材料采用天然原材料，制作工艺主要来自生活经验和自然启示。因此，原始复合材料虽实现了人类与自然和谐相处，但不能满足人类发展的需要。

(2)第二阶段是均质材料阶段。这一阶段主要是对均质材料进行提纯合成，以挖掘均质材料的潜能。对均质材料的提纯合成主要体现在青铜器时代和铁器时代，在青铜器时代，人类能够从矿石中提取金属，利用铜与锡、铅、锑或砷的合金制作工具和武器，用于改造自然和社会。当人们在冶炼青铜的基础上逐渐掌握冶炼铁的技术之后，铁器时代就到来了。生铁是含碳量大于2%的铁碳合金，工业生铁含碳量一般为2.5%～4%。低碳钢易于进行各种加工，如锻造、焊接和切削，常用于制造链条、铆钉、螺栓和轴承等。铁器的广泛使用，使人类的工具制造技术进入了一个全新的领域。随着铁的出现，人类不断进行提纯合成，挖掘铁的潜能。

(3)第三阶段是现代复合材料阶段。把不同性能的均质材料进行复合，可充分发挥各组元优势和复合优势。近代复合材料有两类：一类是纤维增强复合材料，主要是长纤维铺层复合材料，如玻璃钢；另一类是颗粒增强复合材料，如建筑工程中广泛应用的混凝上。纤维增强复合材料在力学性能、物理性能和化学性能等方面都明显优于单一均质材料，又被称为先进复合材料。

1.1.3 技术发展的需要

在三大类材料中，聚合物的优点是密度低、易成型和易连接，缺点是热稳定性差，力学性能一般。陶瓷的优点是密度低，热稳定性好，耐腐蚀、磨擦和磨损性能好，缺点是脆性大，难以成型和加工。金属的优点是具有良好的热稳定性和力学性能、韧性高、易成型和连接，缺点是高温持久性差、密度高、模量低。上述三类材料历经多年发展，其性能已被充分挖掘，提高性能的难度更大，而成本会越来越高。发展复合技术既可发挥上述三类材料的优势，获得良好的综合性能，又可降低材料成本。因此，复合技术是获得高性能低成本材料的必由之路。

1.2 先进复合材料

1.2.1 先进复合材料的定义

根据国际标准化组织(ISO)为复合材料所下的定义，复合材料是由两种或两种以上物理和化学性质不同的物质组合而成的一种多相固体材料。在复合材料中，通常有一相为连续相，称为基体；另一相为分散相，称为增强体。分散相以独立形态分布在整个连续相中，两相之间存在着相界面。分散相可以是增强纤维，也可以是颗粒或弥散填料。但是，从几何关系的角度看，复合材料也可以由几种连续相组成而没有分散相。因此，复合材料可以是一个连续相与一个分散相的复合，也可以是多个连续相与一个或多个分散相的复合，还可以是多个连续相的复合。复合材料中各组元虽保持其相对独立性，但其性能并不是组元材料性能的简单加和，而是在总体性能和结构上有重要的改进。现代复合材料可以根据需要进行设计，从而获得满足使用要求的性能。

一般而言，复合材料应满足下面两个条件：

(1)增强体含量大于 5 %；

(2)复合材料的性能显著不同于各组元的性能。

在复合材料中，所有组元相互依赖，处于不可分割的状态，同时又发挥着各自的作用。高性能碳纤维、硼纤维和芳纶纤维的产生促使以其为增强体的先进复合材料出现。先进复合材料(Advanced Composites Material，ACM)是指由聚合物、金属和陶瓷等先进基体材料与高性能纤维材料复合形成的高性能复合材料。先进复合材料的增强体主要是高弹性模量纤维，且纤维体积分数较高。先进复合材料专指可用于加工主承力结构和次承力结构，其刚度和强度等性能相当于或超过铝合金的复合材料。先进复合材料性能的大幅度提高，使其可在许多领域取代金属材料。

1.2.2　先进复合材料的组成和特点

先进复合材料由基体、增强体和界面组成。基体的主要作用是成形、防护和传载，增强体的主要作用是承载，界面的主要作用是传力。复合材料各组元的作用可以用仿生模型来表示[5]，如图 1－1 所示。以碳纤维增韧碳化硅陶瓷基复合材料(C/SiC)为例，复合材料由碳(C)纤维、热解碳(PyC)界面层和碳化硅(SiC)基体组成。C 纤维类似于人体骨架，PyC 界面层类似于筋，SiC 基体类似于肌肉。在一定环境中使用复合材料时，为了保护材料不受氧化或腐蚀，需要在材料表面添加涂层，类似于人穿的衣服。

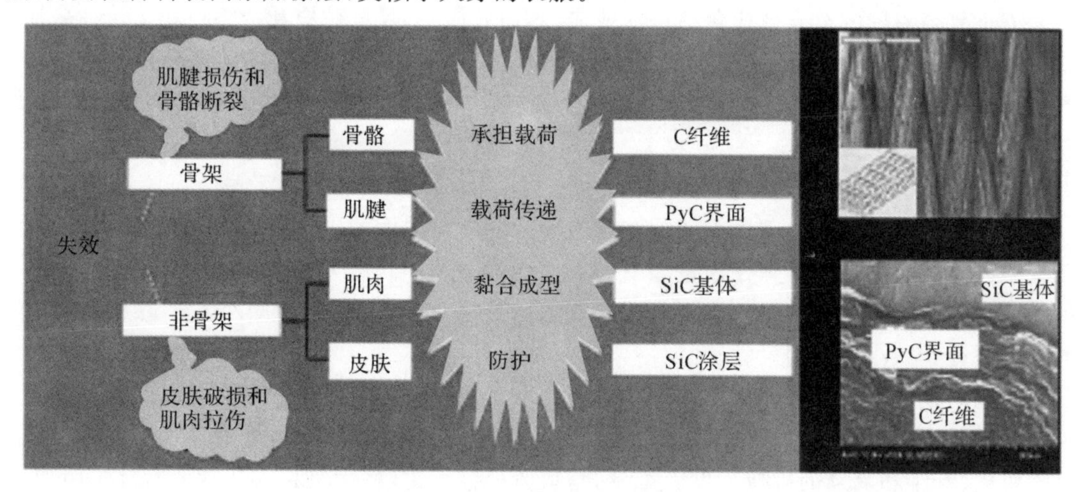

图 1－1　复合材料的仿生模型[5]

由基体、增强体和界面等结构单元组成的先进复合材料应具有以下特点：

(1)由两种或多种不同性能的材料组元在宏观或微观尺度上复合的新型材料，组元之间存在明显界面。

(2)各组元保持各自固有特性的同时，可最大限度发挥各种组元的优点，并赋予单一组元材料不具备的优良综合性能。

(3)根据材料的基本特性、材料间的相互作用和性能要求，选择并设计基体和增强体的类型与数量形态及其在材料中的分布，同时设计和改变基体和增强体的界面结合状态。

先进复合材料(ACM)具有质量轻、较高比强度和比模量、较好延展性，抗腐蚀、隔热、隔音、减震、耐高(低)温，独特的耐烧蚀性，对电磁波透过、吸波或屏蔽，材料性能的可设计性、制备的灵活性和易加工性等特点，已被用于航空航天、医学、机械和建筑等行业。

1.2.3 先进复合材料的分类

先进复合材料按用途可分为结构复合材料和功能复合材料两大类[6]。结构复合材料主要作为承力和次承力结构材料使用，要求其质量轻，强度和刚度高，在某种情况下还要求其热膨胀系数小、绝热性能好以及耐腐蚀等性能；功能复合材料是除具有要求的力学性能外，还具有特定物理、化学和生物等性能，包括压电、导电、雷达隐身、永磁、光致变色、吸声、阻燃、生物自吸收等性能，具有广阔的应用前景。其发展趋势是兼具结构性能和特种功能，即结构功能一体化复合材料。

在先进复合材料中，高性能的基体必不可少。基体分散于增强体中连接成形，并在增强体间以剪应力方式传递载荷。基体决定复合材料的使用温度与抗湿、热能力，对复合材料的制造方法、成型工艺也产生十分重要的影响。基体的种类有高分子合成树脂、金属、陶瓷和碳。根据基体种类可将复合材料分为聚合物基复合材料(PMC)、金属基复合材料(MMC)、金属间化合物复合材料(IMMC)、陶瓷基复合材料(CMC)和碳基复合材料(C/C)五类。

1.3 先进复合材料的复合效应

先进复合材料的复合效应包括尺寸效应、界面效应、多尺度效应和结构效应。尺寸效应受缺陷控制，界面效应受界面区结构变化控制，多尺度效应是指多尺度的协同效应，结构效应是指复合材料结构一体化效应。复合效应是上述效应的综合体现，是复合材料协同设计的基础。

1.3.1 尺寸效应

材料强度的本质是内部质点间的结合力。控制材料强度的主要参数有三个，即弹性模量、断裂表面能和裂纹尺寸。弹性模量和断裂表面能均对材料尺寸不敏感，微裂纹可以理解为各种缺陷的总和。对材料的强化主要是消除缺陷以及阻止裂纹扩展，而减小和消除缺陷最有效的一个途径是减小材料的尺寸。

战国时期的智者公孙龙提出“一尺之棰，日取其半，万世不竭”，这反映了古人对事物无限可分的世界观。随着材料尺寸减小，其微裂纹尺寸也随之减小。表 1-1 中比较了几种无机材料的块体、纤维和晶须的抗拉强度。可见，与块体材料相比，将无机材料制成直径 10 μm 左右的细纤维，强度约提高一个数量级；而将其制成直径约 5 μm 的晶须，强度可提高两个数量级。

晶须具有高强度的主要原因是晶须尺寸小，其微裂纹尺寸也小。

表1-1 几种无机材料的块体、纤维和晶须的抗拉强度比较

材 料	抗拉强度/GPa		
	块 体	纤 维	晶 须
Al_2O_3	0.28	2.1	21
BeO	0.14		13.3
ZrO_2	0.14	2.1	
Si_3N_4	0.12～0.14		14

当材料的尺寸小到一定程度时，其显微结构中至少有一维的尺度在100nm以内的材料称为纳米材料。纳米材料平均粒径小、表面原子多、比表面积大且表面能高，因而其性质既不同于单个原子和分子，又不同于普通的颗粒材料，表现出独特的小尺寸效应、表面效应和宏观量子隧道效应，具有许多传统材料没有的特殊性能，如将石墨剥离成单层石墨烯然后卷曲成碳纳米管后，其力学性能可提高3～4个数量级。表1-2给出了碳材料的尺寸效应。

碳纳米管由S. Lijima于1991年发现[7]，其直径为碳纤维的数千分之一，而其性能远优于现今普遍使用的玻璃纤维。碳纳米管的力学性能相当突出，现测得多壁碳纳米管的平均弹性模量为1.8TPa，实测的强度值为30～50GPa。尽管碳纳米管的拉伸强度极高，但其脆性却远比碳纤维的低。碳纤维在应变约为1%时就会断裂，而碳纳米管在应变约为18%时才会断裂。碳纳米管的层间剪切强度高达500MPa，比传统碳纤维增强环氧树脂基复合材料的高一个数量级。碳纳米管的主要用途之一是作为聚合物基复合材料的增强材料。将碳纳米管与聚合物基体复合时其性能优异。一般情况下，在提高聚合物韧性的同时，往往以牺牲刚性、尺寸稳定性和耐热性为代价。对具有一定脆性的聚合物，用碳纳米管增韧是改善其力学性能的一种可行方法。随着碳纳米管的微细化，其比表面积增大，使其与基体的接触面积增大。由于碳纳米管与树脂基体的泊松比不同，当该复合材料受冲击时会产生更多微裂纹而吸收更多冲击能阻止复合材料断裂[8]。

表1-2 碳材料的尺寸效应

材 料	石 墨	碳纤维T300	碳纳米管
材料尺度	厘米	微米	纳米
拉伸强度/GPa	0.015	3.5	50～200
弹性模量/GPa	8～15	230	600

1.3.2 界面效应

物理上的界面不是指一个几何分界面，而是指一个分界区域，这种分界的表面(界面)具有与其两侧本体不同的特殊性质。由于物体界面原子和内部原子所受作用力不同，导致其能量状态也不同，这是一切界面现象的本质所在。复合材料的界面是指基体与增强体之间的微小区域。该区域的化学成分和微结构与基体和增强体的有显著不同，它又与基体和增强体相互

结合，承担载荷传递作用。

先进复合材料的界面效应包括传递效应、阻断效应、不连续效应、散射和吸收效应以及诱导效应。

传递效应：界面可将复合材料体系中基体承受的外力传递给增强相，起到连接基体和增强相的桥梁作用。

阻断效应：基体和增强体间结合力适当的界面，有阻止裂纹扩展，中断材料破坏，减缓应用力集中等作用。

不连续效应：在界面引起物理性质不连续和界面摩擦的现象，如电阻、介电特性、磁性、耐热性、尺寸稳定性等。

散射和吸收效应：光波、声波、热弹性波、冲击波等在基体和增强体界面处产生的散射和吸收，如透光性、隔热性、隔音性和耐机械冲击性等。

诱导效应：一种物质（通常是增强体）的表面结构使另一种与之接触的物质（通常是基体）结构由于诱导作用而发生改变，如弹性、热膨胀性、抗冲击性和耐热性等。

1.3.3 多尺度效应

不同尺度的材料复合会产生不同尺度效应的叠加，称多尺度效应。复合材料的性能取决于其微结构的多尺度效应。多尺度复合效应的实质是不同尺度材料及其形成界面的相互作用、相互依存和相互补充的结果。

若增强相尺度、基体晶粒尺度以及增强相间距三者大小相当，则复合材料的流动应力取决于增强相的分散程度和位错密度；若增强相尺寸及其间距大小相当，但比基体晶粒大得多，则复合材料的流动应力主要取决于增强相的分散度。复合材料力学行为具有明显的颗粒尺寸依赖效应，如 SiC 颗粒增强铝(Al)基复合材料(Al/SiC_p)的流动应力。不同应变率下均发现小颗粒($d_p=7\mu m$) 增强复合材料的屈服及流动应力明显高于大颗粒($d_p=28\mu m$)增强的复合材料，这主要取决于其微结构尺度效应[9]。

纤维增韧陶瓷基复合材料具有典型的多尺度效应[10]。单纤维束（直径 1～1.5mm）由成百上千根单丝纤维（直径 7～14μm）组成，每根纤维表面的界面层厚度为 100～400nm，而先进陶瓷基体（如采用化学气相渗透工艺制备的 SiC）的晶粒尺寸为 20nm。纳米级晶粒的陶瓷基体，有助于提高基体抗裂纹的阻力；若在复合材料表面产生裂纹，则裂纹可由束间基体扩展进入束内丝间基体，再扩展至界面层，并在纤维表面被钉扎或偏转[11]。

1.3.4 结构效应

结构效应是指由不同结构设计产生的系统综合效应。由复合材料组成的点阵结构可体现复合材料的结构效应。

约在 2000 年，哈佛大学的 Evans 教授、剑桥大学的 Ashby 教授、麻省理工学院的 Gibson 教授等人率先提出了一种空间点阵材料（结构）[12-14]。这种结构类似于空间网架结构，只是尺度小得多。这类材料可能具有高比强度、高比刚度和多功能性等优越性能，受到材料界越来越多关注。这是一种可对点阵结构芯部形态进行创新的多结构设计。

聚合物基复合材料点阵结构已用于引航艇仓盖等领域，具有显著减重效果。金属基复合材料和陶瓷基复合材料点阵结构因其高温力学性能好而日益受到关注[15]。如何实现金属基复合材料和陶瓷基复合材料点阵结构的制造，是其应用的关键，颇具挑战性。如图 1－2 所示为 C/SiC 复合材料的点阵结构。

图 1－2 C/SiC 复合材料的点阵结构

1.4 复合材料的复合技术

由复合材料的复合效应可见，复合材料应进行跨尺度设计。现有先进复合材料基本体现了复合效应，其结构单元尺寸见表 1－3。纤维直径通常小于 100μm，界面层（或界面相）厚度小于 500nm，纤维与界面层之间以及基体与界面层之间的界面厚度均小于 1nm。

表 1－3 与复合材料复合效应相关的尺度范围

结构单元	尺 度
界面(Interface)厚度	2×10^{-10}m(0. 2 nm)
界面相(Interphase)厚度	10～500nm
纤维直径	5～100μm
纤维长度	＞1cm
典型实验室试件	10cm
典型结构部件	＞10cm

复合材料的力学行为取决于其不同层次的结构特点，正确认识并模拟计算微结构对材料宏观行为的影响是材料设计的基础。复合材料的复合过程与样品成型过程同时完成，不仅获得一种材料，更是一种结构。成型工艺主要取决于基体材料，不同基体和组元的复合材料，制备工艺方法不同。为了实现陶瓷基复合材料的多尺度微结构，须将连续纤维按结构设计要求编织成特定形状的纤维预制体，采用化学气相渗透（CVI）法将热解碳（PyC）、氮化硼（BN）等界面层引入预制体单丝纤维表面，然后采用 CVI 等方法制备陶瓷基体，获得连续纤维增韧陶瓷基复合材料构件。由此可见，复合材料与构件的制备是同时进行且同时得到的。

综上所述，先进复合材料具有性能可设计性、性能优越性、性能对工艺依赖性和材料结构一体性等特点。

在先进复合材料的设计、制造和使用过程中，我们发现一些有别于均质材料的科学问题，具有代表性的有以下几项。

(1)复杂的环境响应。天然复合材料是经过千百万年的演变逐渐形成的，且界面的形成与环境有关(如麻、龟壳等)，具有特别优异的性能。现代复合材料的界面设计首先考虑的是性能，没有考虑环境，这些环境包括自然环境、人造环境(如燃气)和太空环境，当然现代复合材料的界面不能像天然复合材料那样靠环境的演变形成。

(2)复杂微结构设计。为满足界面的性能要求，界面层可能是梯度的或多层的，基体中也可能存在不同的组元，甚至复合材料的表面具有与基体性能不同的涂层或梯度层。所有这些结构使复合材料中存在许多微结构单元，将这些微结构单元统一考虑进行设计就是微结构设计。

(3)结构不均匀性。由于均质材料追求均匀性，不均匀因素对其性能影响极大，如孔隙、裂纹等。而复合材料追求不均匀性(多尺度)，且不均匀因素对性能影响不大，甚至是有利的，如孔隙、裂纹等。

(4)界面稳定性。界面稳定性包括物理稳定性和化学稳定性。物理稳定性是指组成复合材料的结构单元具有不同的热膨胀系数，使用过程中温度变化导致其界面结合强度和界面应力发生变化，从而引起复合材料界面滑移、纤维断裂和基体开裂等系列微结构变化，最终导致复合材料性能，特别是环境性能的变化。化学稳定性是指在复合材料制造和(或)使用过程中，由于各种界面间发生化学反应，从而使材料的界面结合强度、抗氧化性能改变，最终导致复合材料性能，特别是环境性能的变化。

1.4.1 聚合物基复合材料

连续纤维增强聚合物基复合材料的制备方法包括真空袋成型工艺、拉挤成型工艺、树脂传递模塑工艺、缠绕成型工艺[16]。

真空袋成型工艺是将单向纤维布叠层或编织预制体浸渍树脂，将未固化的制品加盖一层橡胶膜，制品处于橡胶膜和模具之间，密封周边，抽真空，使制品中的气泡和挥发物被排除的工艺。通过抽真空对产品加压，使产品更加密实，力学性能更好。真空袋成型工艺广泛用于制备飞机蒙皮。

拉挤成型工艺是生产具有连续横截面的单向纤维增强复合材料的制造工艺。它将纤维复合材料通过液态树脂混合料拉出，从而进行强化处理。成品的强度质量比高，而且耐腐蚀性极佳。

树脂传递模塑工艺是将树脂注入到闭合模具中浸润纤维并固化的工艺方法。该项技术可不用预浸料、热压罐，可有效降低设备成本和成型成本。

缠绕成型工艺是将浸过树脂胶液的连续纤维(或布带、预浸纱)按照一定规律缠绕到芯模上，然后经固化、脱模，获得制品的工艺。

在多数制备复合材料的方法中，均采用树脂浸渍纤维。对于热固性树脂，树脂是液态的，未聚合或仅部分聚合。对于热塑性树脂，树脂是聚合物熔体或聚合物溶于溶剂。树脂浸渍后，熔体浸渍的树脂进行凝固，溶液浸渍的溶剂蒸发，形成固体热塑性树脂。

1.4.2 金属基复合材料

金属基复合材料的制备难度较大，一般分为连续增强相和非连续增强相金属基复合材料。其中连续增强相金属基复合材料的制备难度更大[17]。常用的金属基复合材料制备方法有粉末冶金法、铸造凝固成型法、喷射成型法、叠层复合法和原位生成复合法。

粉末冶金复合法的基本原理与常规粉末冶金法基本原理相同，包括烧结成形法、烧结制坯加塑性加工成形法等适于分散强化型复合材料（颗粒强化或纤维强化型复合材料）的制备与成型。

铸造凝固成型法是在基体金属处于熔融状态下进行复合的方法。主要方法有搅拌铸造法、液相渗和法和共喷射沉积法等。铸造凝固成型法制备复合材料具有工艺简单和制品质量好等特点，在工业上应用较广泛。

喷射成形又称喷射沉积（spray forming），是用惰性气体将金属雾化成微小液滴，并使之向一定方向喷射。在喷射途中与另一路由惰性气体送出的增强微细颗粒会合，共同喷射沉积在有水冷衬底的平台上，凝固成复合材料。

叠层复合法是先将不同金属板用扩散结合方法复合，然后采用离子溅射或分子束外延方法将不同金属或金属与陶瓷薄层交替叠合在一起，构成金属基复合材料的方法。这种复合材料性能很好，过去主要少量应用或试用于航空、航天及其他军用设备上，更适于大批量生产。但其工艺复杂难以实用化。目前其应用尚不广泛，正向民用方向转移，特别在汽车工业上具有发展前景。

原位生成复合法也称反应合成技术，金属基复合材料的反应合成法是指借助化学反应，即在一定条件下，在基体金属内原位生成一种或几种热力学稳定增强相的复合方法。

1.4.3 陶瓷基复合材料

连续纤维增强陶瓷基复合材料以其优异的性能，特别是高强韧性而受到世界各国的极大关注和高度重视，并取得了令人瞩目的发展[10,18-19]。常用于制备纤维增强陶瓷基复合材料的方法有直接氧化沉积法、料浆浸渍和热压烧结法、溶胶-凝胶法、化学气相法以及先驱体转化法。

直接氧化沉积法的工艺过程：将连续纤维预成型坯件置于熔融金属上面，因毛细管力作用，熔融金属向预成型体中渗透；由于熔融金属中含有少量添加剂，并处于空气或氧化气氛中，浸渍到纤维预成型体中的熔融金属与气相氧化剂反应形成氧化物基体，该氧化物沉积在纤维周围，形成含有少量残余金属的致密连续纤维增强陶瓷基复合材料。

料浆浸渍和热压烧结法是将具有可烧结性的基体原料粉体与连续纤维用浸渍工艺制成坯件，然后高温加压烧结，使基体材料与纤维结合成复合材料的方法。料浆浸渍是指让纤维通过盛有料浆的容器浸挂料浆后缠绕在卷筒上，经烘干后沿卷筒母线切断，取下得到无纬布，将无纬布剪裁成一定规格的条带或片材，在模具中叠排，即成为预成型坯件。经高温去胶和烧结得到复合材料制件。热压烧结应按预定热压制度升温和加压。在热压过程中，最初阶段是高温去胶，随黏结剂的挥发和逸出，基体颗粒重新分布，在外压作用下发生黏性流动和烧结，最终获得致密复合材料。该工艺已用于以玻璃相为基体的复合材料制备中。

溶胶-凝胶法（Sol－Gel）是用有机先驱体制成的溶胶浸渍纤维预制体，然后水解、缩聚，形成凝胶,凝胶经干燥和热解后形成复合材料的方法。此工艺制备的材料组分纯度高,分散性好,且热解温度不高(低于1 400℃),溶胶易于润湿纤维,因此更利于制备连续纤维增强陶瓷基复合材料。

化学气相法包括化学气相沉积(Chemical Vapor Deposition, CVD)法和化学气相渗透(Chemical Vapor Infiltration, CVI)法。最常用的复合材料制备方法是CVI法,它是在CVD法基础上发展起来的。该制备方法是将纤维预制体置于密闭的反应室内,采用气相渗透的方法,使气相物质在加热的纤维表面或附近产生化学反应,并在纤维预制体中沉积,从而形成致密的复合材料。

先驱体转化法又称聚合法浸渍裂解法(Precursor Infiltration and Pyrolysis, PIP)或先驱体裂解法,是近年来发展迅速的一种连续纤维增强陶瓷基复合材料的制备工艺。与溶胶-凝胶法一样,先驱体转化法也是利用有机先驱体在高温下裂解而转化为无机陶瓷基体的一种方法。溶胶-凝胶法主要用于氧化物陶瓷基复合材料,而先驱体转化法主要用于非氧化物陶瓷,目前主要以碳化物和氮化物为主。

反应熔体渗透法(Reactive Melt Infiltration, RMI)是一种低成本方法,工艺简单,制备周期短,可进行界面设计控制反应熔体浸渗的时间。该工艺的特点是浸渗能力强,基体织构均匀,可制备成多相基体,工艺温度低。当基体中的一种组分具有低熔点并且容易润湿纤维预制体时,可以选用反应熔体渗透法。熔体渗透法不需要施加机械压力,可以制备近尺寸、形状复杂的工件。

上述各种工艺各有其优缺点,因此,在制备某一复合材料时,可综合利用多种工艺[20]。例如,首先可用等温CVI沉积简单的界面,或用脉冲CVI法沉积多层界面,再沉积纤维束内孔隙;然后再用聚合物先驱体浸渍纤维束内与纤维束间的大孔隙;最后热解。这样,既可克服CVI法沉积孔隙大和时间长的缺点,又利用RMI工艺制备周期短、成本低等优点,不仅可缩短制备时间,且可提高材料密度。

1.5 复合材料原理涉及的内容

复合材料原理属于材料科学基础的内容。复合材料与传统材料无严格划分,是传统材料优化设计的结果。复合材料原理不仅研究材料而且研究复合技术。复合材料原理主要研究材料的界面和微结构设计及相应复合技术,由于复合技术必须与构件的结构及构件的服役环境相适应,因而复合技术是多种多样的。

复合材料的体系和种类复杂多样,但主要由增强体与基体复合而成,掌握材料复合的基本知识对复合材料原理的学习十分必要。本书第2章将重点介绍增强体和基体的种类及其结构与性能特点,在此基础上了解不同基体及其复合材料面临的主要问题和挑战,进而明确复合材料原理学习的范畴和内容。

复合材料的界面是基体与增强体之间化学成分有显著变化、彼此结合、能起载荷传递作用的微小区域。在复合材料制备过程中涉及的界面问题主要包括液-固界面、固-固界面和气-固界面。复合材料制备过程中纤维和基体先驱体之间的液-固界面行为决定了复合材料纤维与基体之间的固-固界面行为,从而影响复合材料的界面结合强度。本书第3章将主要从表面与界面、表面与界面热力学、表面与界面效应以及表面与界面行为四个方面入手,介绍复合材料中表面与界面的关系,及其对界面行为的影响。

复合材料的界面结合分为界面物理结合和界面化学结合。界面化学结合与界面反应有关,对界面反应的控制涉及复合材料界面的热化学相容问题,对性能有决定性影响。一方面,在复合材料制备过程中须对界面反应程度进行控制,以满足不同复合材料力学性能对界面结合强度的要求。另一方面,在复合材料服役过程中需要对界面反应速度进行控制,以满足复合材料使用性能的要求。因此,界面反应贯穿复合材料制备与服役的全过程。本书第4章将主要从热力学和动力学两方面介绍界面反应问题,为复合材料界面反应的控制奠定基础。

除了界面化学反应外,复合材料界面的热应力对其力学性能也起到关键作用。界面热应力对复合材料性能的影响与热环境有关,在一定的热环境下,界面热应力对复合材料性能的影响可能是正面或负面的。本书第5章将对复合材料界面热应力进行分析,并讨论界面热应力对复合材料性能的影响。

复合材料界面的特性将导致复合材料承载过程载荷传递的不同,从而影响复合材料的力学性能。因此有必要对不同的界面应力分布进行分析,以便更好地了解界面作用以及界面特性对复合材料性能的影响,从而更好地对复合材料界面进行设计与控制。本书第6章将从界面应力分析入手,阐明复合材料的界面特性与力学性能的关系,为复合材料的界面设计奠定基础。

界面的首要作用是将纤维和基体结合在一起,复合材料的界面结合程度会影响复合材料的各种性能。在界面热化学及热物理相容的前提下,界面结合程度、纤维与基体的模量匹配程度是决定复合材料力学性能及其失效模式的关键。本书第7章将介绍界面结合与模量匹配对复合材料力学性能和失效模式的影响。

实 例

碳纤维增强树脂基复合材料点阵结构的复合效应有哪些?

提示:

尺寸效应:复合材料点阵结构类似于现有的空间网架,只是在尺寸上要小得多。

界面效应:界面层的厚度为纳米级,不仅是连接增强纤维与树脂基体的“桥梁”,也是外加载荷从基体向增强纤维传递的“纽带”。

多尺度效应:对于复合材料点阵结构,其结构形式复杂,由纤维尺度到界面层厚度,再到基体的过渡,体现其尺度效应。

结构效应:碳纤维增强树脂基的点阵结构单元为毫米级,多种点阵结构形式体现了结构效应。

思 考 题

复合材料的复合效应包括哪几个?试举例说明。

参 考 文 献

[1] Committee on Materials Research for Defe, National Research Council. Materials

Research to Meet 21st Century Defense Needs[M]. Washington, D C: The National Academies Press, 2003.

[2] 屈乃琴，王国宏. 先进复合材料的研究现状与应用[J]. 中国钼业，1995，A01:26-35.

[3] 吴纪良，党嘉立，罗永康. 先进复合材料现状和发展趋势[J]. 宇航材料工艺，1993，3:8-14.

[4] 赵渠森. 先进复合材料及其应用[J]. 航空制造技术，2002，10:22-27.

[5] 李建章. 航空发动机热端部件模拟环境下 3D C/SiC 的微结构演变与失效机制[D]. 西安：西北工业大学材料学院，2006.

[6] 肖丽华，杨桂. 三维编织多功能结构复合材料的发展[J]. 复合材料学报，1994，11(2)：23-27.

[7] Lijima S. Helical microtubules of graphitic carbon[J]. Letters to Nature, 1991, 354: 56-58.

[8] 辜萍，王宇，李广海. 碳纳米管的力学性能及碳纳米管复合材料研究[J]. 力学进展，2002，4:563-578.

[9] 刘龙飞，戴兰宏，凌中，等. 颗粒增强金属基复合材料(SiC_p/6151-Al)的动态变形行为及增强颗粒尺寸相关效应[J]. 湘潭大学自然科学学报，2001，23:46-50.

[10] 张立同. 纤维增韧碳化硅陶瓷复合材料：模拟、表征与设计[M]. 北京：化学工业出版社，2009.

[11] 徐永东，张立同. CVI 法制备连续纤维增韧陶瓷基复合材料[J]. 硅酸盐学报，1995，3:319-326.

[12] Evans P R. An introduction to data reduction: space-group determination, scaling and intensity statistics[J]. Acta Crystalloqr D Biol Crystalloqr, 2011, 67(4): 282-292.

[13] Ashby M F. The properties of foams and lattices[J]. Phil Trans R Soc Lond A, 2006, 364:15-30.

[14] Jerry D. Gibson, Lattice Quantization[J]. Advances in Electronics and Electron Physics, 1988, 72:259-330.

[15] Wei Kai, Cheng Xiangmeng, He Rujie, et al. Heat transfer mechanism of the C/SiC ceramics pyramidal lattice composites[J]. Composites: Part B, 2014, 63:8-14.

[16] 杨铨铨，梁基照. 连续纤维增强热塑性复合材料的制备与成型[J]. 塑料科技，2007，6:34-40.

[17] 张发云，闫洪，周天瑞，等. 金属基复合材料制备工艺的研究进展[J]. 锻压技术，2006，6:100-105.

[18] 何新波，杨辉，张长瑞，等. 连续纤维增强陶瓷基复合材料概述[J]. 材料科学与工程，2002，2:273-278.

[19] 张立同，成来飞. 自愈合陶瓷基复合材料制备与应用基础[M]. 北京：化学工业出版社，2015.

[20] 李专，肖鹏，熊翔. 连续纤维增强陶瓷基复合材料的研究进展[J]. 粉末冶金材料科学与工程，2007，1:13-19.

第 2 章　复合材料学基础

复合材料是由物理或化学性质不同的有机高分子、金属或无机非金属等两种或两种以上材料，经一定复合工艺制造的一种新型材料。复合材料的结构通常由一个连续相(称为基体(matrix))和另一独立分布在基体中的分散相组成。与连续相相比，该分散相的性能优越，会使材料的性能显著增强，故称为增强体(reinforcement)。在大多数情况下，分散相的硬度、强度和刚度较基体高，在基体与增强体之间存在着界面。掌握增强体和基体的基本知识对复合材料原理的学习是十分必要的。

本章重点介绍增强体和基体的种类及其结构与性能特点，在此基础上了解不同基体及其复合材料所面临的主要问题和挑战，进而明确复合材料原理学习的范畴和内容。

2.1　增　强　体

增强体是结构复合材料中能提高材料力学性能的组分，类似于人体中的骨架，在复合材料中起着增加强度、改善性能的作用。复合材料的增强体应具有以下基本特性。

(1)增强体应具有能明显提高基体的一种或几种性能，如比强度、比模量、热导率、耐热性以及低热膨胀系数等。

(2)增强体应具有良好的化学稳定性，即在复合材料制备和使用过程中其组织结构和性能不发生明显变化和退化，与基体不发生严重界面化学反应。

(3)与基体具有良好润湿性，或通过表面处理后能与基体良好润湿，以保证增强体与基体间均匀分布和良好复合。

复合材料的增强体主要分为以下几种。

1. 纤维类增强体

纤维增强体按其组成分类，主要包括无机纤维和有机纤维。无机纤维主要有碳、氧化铝、碳化硅和玻璃纤维等。有机纤维分为刚性分子链和柔性分子链两种，前者包括对位芳酰胺、聚芳酯和聚苯并噁唑；后者包括聚乙烯和聚乙烯醇等。各种有机纤维和无机纤维的性能、特点及应用见表 2-1 和表 2-2[1-3]。

表 2-1　有机纤维和无机纤维的综合性能对比

纤　维			密度 g/cm³	强度 GPa	模量 GPa	延伸率 %	直径 μm
有机	芳纶	Kevlar 129	1.44	3.4	97	3.3	12
	聚苯并噁唑	Zylon	1.56	5.8	280	2.5	12
	聚乙烯	Tekmilon	0.96	3.43	98	4	12

续 表

纤　维			密度 g/cm³	强度 GPa	模量 GPa	延伸率 %	直径 μm
无机	高硅氧玻璃	E	2.54	3.43	73	4.8	3～25
	石英玻璃	Quartel	2.2	6.0	78	7.7	5～8
	PAN 基碳	T300	1.76	3.53	230	1.5	5～8
	Pitch 基碳	P120	2.17	2.4	830	0.2	6～12
	Si-C-O	Hi-Nicalon	2.74	2.8	270	1.4	14
	Si-C-M-O	Tyranno-SA	3.0	2.5	330	0.75	10
	SiC-C(W)	SCS-6	3.0	3.43	422		140
	氧化铝	Nextel 720	3.4	2.1	260	0.81	12

表 2-2　纤维的特点及应用

纤　维			特　点	应　用
有机	芳纶	Kevlar 129	综合性能好	宇航、电气、土木、防护
	聚苯并噁唑	Zylon	高强高模	发动机壳体、高压容器
	聚乙烯	Tekmilon	超轻	轻质结构
无机	高硅氧玻璃	E	价格低	民用领域
	石英玻璃	Quartel	介电常数低	透波材料
	Pan 基碳	T300	强度高	高性能结构材料
	Pitch 基碳	P120	模量高	抗烧蚀碳/碳复合材料
	Si-C-O	Hi-Nicalon		陶瓷基复合材料
	Si-C-M-O	Tyranno-SA	抗氧化	陶瓷基复合材料
	SiC-C(W)	SCS-6		金属基复合材料
	氧化铝	Nextel 720	抗蠕变	氧化物陶瓷基复合材料

2. 晶须类增强体

晶须是在人工条件下制造的一类具有一定长径比的单晶体，一般呈棒状，其直径为 0.2～1μm，长度约为几十微米。晶须的组织结构细小、缺陷少，一般质轻、硬度高，具有很高的强度和模量，优良耐高温、耐腐蚀性能，以及良好的电绝缘性等，表 2-3 列出了几种常见晶须的性能。常用陶瓷晶须有 SiC，Al_2O_3，Si_3N_4 和硼酸铝等，晶须增强复合材料的性能基本为各向同性[4]。

3. 颗粒类增强体

颗粒增强体是用以改善基体材料力学性能的颗粒状材料，主要是一些具有高强度、高模量、耐热、耐磨、耐高温的陶瓷和石墨等无机非金属颗粒，如 SiC，TiC，B_4C，WC，Al_2O_3，Si_3N_4，

TiN,BN 和石墨等,颗粒尺寸一般为 3.5～10μm。此外,还包括具有良好延展性的金属颗粒增强体[5]。

研究表明,连续纤维增强体在复合材料中的强增韧效果显著优于颗粒增强体和晶须增强体。本书重点介绍连续纤维增强体以及连续纤维增强增韧的复合材料。

表 2-3　几种常见晶须的性能

晶　须	熔点/℃	密度 g/cm³	抗拉强度 GPa	弹性模量 ×10²GPa
Al_2O_3	2 040	3.96	21	4.3
BeO	2 570	2.85	13	3.5
B_4C	2 540	2.52	14	4.9
α-SiC	3 216	3.15	21	4.8
β-SiC	2 316	3.15	21	5.5～8.3
Si_3N_4	1 960	3.18	14	3.8
C	3 650	1.55	20	7.1
TiN		5.2	7	2～3
AlN	2 199	3.3		3.4
MgO	2 799	3.6		3.4
Cr	1 890	7.2	9	2.4
Cu	1 080	8.91	3.3	12
Fe	1 540	7.83	13	12

2.1.1　无机纤维

1. 玻璃纤维

玻璃纤维主要有最常见的无碱玻璃纤维(E 型)、耐化学玻璃纤维(C 型)和高强玻璃纤维(S 型)三种。E 型玻璃纤维是一种硼硅酸盐玻璃,有很好的电绝缘性能和力学性能,其产量占所有玻璃纤维总产量的 90%以上。C 型玻璃纤维是耐酸腐蚀玻璃纤维,但电气性能差,力学强度低于 E 型玻璃纤维。S 型玻璃纤维是开发较晚的高强度、高模量玻璃纤维,其力学性能、热稳定性以及耐腐蚀等综合性能好,但制造成本高,多用于航空航天结构件。玻璃纤维的成分与性能分别见表 2-4 和 2-5[6-7]。

表 2-4　玻璃纤维的成分[6-7]　　单位:(%)

氧化物	A 玻璃纤维	C 玻璃纤维	D 玻璃纤维	E 玻璃纤维	E-CR 玻璃纤维	AR 玻璃纤维	R 玻璃纤维	S-2 玻璃纤维
SiO_2	63～72	64～68	72～75	52～56	54～62	55～75	55～60	64～66
Al_2O_3	0～6	3～5	0～1	12～16	9～15	0～5	23～28	24～25
B_2O_3	0～6	4～6	21～24	5～10		0～8	0～0.35	

续 表

氧化物	A玻璃纤维	C玻璃纤维	D玻璃纤维	E玻璃纤维	E-CR玻璃纤维	AR玻璃纤维	R玻璃纤维	S-2玻璃纤维
CaO	6～10	11～15	0～1	16～25	17～25	1～10	8～15	0～0.2
MgO	0～4	2～4		0～5	0～4		4～7	9.5～10
ZnO					2～5			
BaO		0～1						
Li_2O						0～1.5		
Na_2O+K_2O	14～16	7～10	0～4	0～2	0～2	11～21	0～1	0～0.2
TiO_2	0～0.6			0～1.5	0～4	0～12		
ZrO_2						1～18		
Fe_2O_3	0～0.5	0～0.8	0～0.3	0～0.8	0～0.8	0～5	0～0.5	0～0.1
F_2	0～0.4			0～1		0～5	0～0.3	

表 2-5 玻璃纤维的性能[6-7]

性能 \ 类型	A玻璃纤维	C玻璃纤维	D玻璃纤维	E玻璃纤维	E-CR玻璃纤维	AR玻璃纤维	R玻璃纤维	S-2玻璃纤维
密度/($g\cdot cm^{-3}$)	2.44	2.52	2.11～2.14	2.58	2.72	2.70	2.54	2.46
软化点/℃	705	750	771	846	882	773	952	1 056
退火点/℃		588	521	657				815
应变点/℃		522	477	615			736	766
拉伸强度/GPa	3.31	3.31	2.42	3.45	3.45	3.24	4.14	4.89
模量/GPa	68.9	68.9	51.7	72.3	80.3	73.1	85.5	86.9
伸长率/(%)	4.8	4.8	4.6	4.8	4.8	4.4	4.8	5.7
介电常数，10GHz			4.0	6.1	7.0			5.2
介电损耗，10GHz			0.002 6	0.003 8	0.003 1			0.006 8

2. 碳纤维

碳纤维是由碳元素组成的一种高性能纤维，其含碳量随纤维种类不同而异，一般高于90%。根据原材料的不同，碳纤维可分为聚丙烯腈基碳纤维、沥青基碳纤维和黏胶基碳纤维，其原料通常采用一些含碳的有机纤维，如聚丙烯腈基纤维(PAN)、沥青基纤维和人造丝(黏胶纤维)，其中90%以上的碳纤维为PAN基碳纤维。制造高强度高模量碳纤维多以聚丙烯腈为原料，但无论采用何种原丝纤维制造碳纤维，都要经过拉丝、牵引、稳定、碳化和石墨化5个阶段。如图2-1所示为聚丙烯腈基T300碳纤维的表面、截面以及二维碳布的形貌[8]，可以看出碳纤维表面带有明显沟槽。

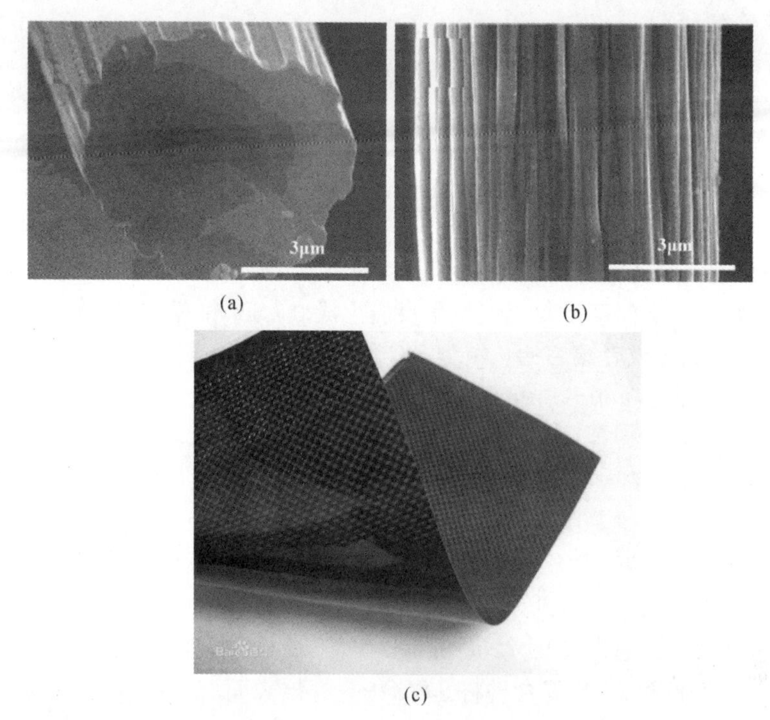

(a)　(b)　(c)

图 2－1　T300 碳纤维的形貌

(a)截面形貌；　(b)表面形貌；　(c)碳布

碳纤维的微观结构是乱层石墨结构，各层面的间距约为$(3.39 \sim 3.42) \times 10^{-10}$ m，层与层间借范德华力连接在一起。碳纤维的性能与微晶大小、取向和孔洞缺陷等密切相关。微晶尺寸大、取向度高，则碳纤维的缺陷少，致使其弹性模量、拉伸强度、导电和导热性能高。微晶尺寸大小和取向度可通过热处理和对纤维的牵引来控制。碳纤维的拉伸强度(σ)和弹性模量(E)与其固有弹性模量(E_0)、纤维的轴向取向度(α)、结晶层厚度(d)和碳化处理的反应速度常数(K)之间的关系如下[9]：

$$E = E_0 \left(1 - \alpha\right)^{-1} \tag{2-1}$$

$$\sigma = K \left[\left(1 - \alpha\right) \sqrt{d}\right]^{-1} \tag{2-2}$$

由式(2－1)可知，碳纤维表面的微晶沿纤维轴向的取向度越高，碳纤维的弹性模量越大。由式(2－2)可知，提高碳纤维的碳化处理温度可提高其碳化处理的反应速率常数，进而提高其强度。表 2－6 给出了几种碳纤维的典型性能[10]。

表 2－6　碳纤维的典型性能[10]

纤　维	拉伸强度 σ_u/GPa	弹性模量 E/GPa	剪切模量 $G_{\theta z=rz}$/GPa	热膨胀系数 $\alpha/(\times 10^{-6} \cdot K^{-1})$	泊松比 ν	密度 $\rho/(g \cdot cm^{-3})$	直径 $D/\mu m$
T300™	3.53	230(axial)	25	1.12(axial)	0.3($\nu_{rz=\theta z}$)	1.76	6.9
		20(radial)			0.42($\nu_{r\theta=\theta r}$)		
T800H™	5.59	294(axial)	25	1.07(axial)	0.3($\nu_{rz=\theta z}$)	1.81	5.1
		20(radial)			0.42($\nu_{r\theta=\theta r}$)		
M40™	2.74	392(axial)	22	0.51(axial)		1.81	6.5

3. 碳化硅纤维

碳化硅纤维是以碳和硅为主要元素成分的一种陶瓷纤维，具有高比强度、高比模量、高化学稳定性、耐高温、抗氧化和电磁波吸收特性。连续碳化硅纤维的制备方法主要有四种[11]：化学气相沉积法(CVD)、先驱体转化法(PIP)、超微细粉烧结法(Powder Sintering)和碳纤维转化法(Chemical Vapor Reaction)，其中以先驱体转换法和化学气相沉积法为制备 SiC 纤维的主要方法。

化学气相沉积法制备 SiC 纤维即采用微细的钨丝(W)或碳纤维(C)细丝为芯材，以有机硅化合物为原料，在一定温度下与氢气发生反应生成 β-SiC 微晶，并沉积在芯材表面上，经过热处理后获得含有钨芯或者碳芯的包覆型 SiC 纤维。CVD 法采用的 C 丝或 W 丝直径为 10～30μm，SiC 纤维的直径达 100～140μm，直径太粗，柔韧性差，难以编织，不利于复杂陶瓷基复合材料的制备。

商品化的 CVD SiC 纤维主要是 TEXTRON SYSTEMS 公司(后并入 Specialty Materials 公司)生产的 SCS SiC 纤维，有 SCS-2，SCS-6，SCS-8，SCS-9A 和 SCS-Ultra 等多种牌号。SCS SiC 纤维用作 Ti 基复合材料的增强体，主要替代高温合金用于涡轮发动机的压气机静子和转子叶片，大幅减重。SCS SiC 纤维的结构由中心向外依次为碳芯、富碳的 SiC 层、SiC 层和表面涂层，其结构示意图如图 2-2 所示。SCS-2 纤维表面有 1μm 厚的富碳层，其涂层外表面富 Si，适用于制备 Al 基复合材料。SCS-6 纤维表面有 3μm 厚的富碳层，其涂层外表面富 Si，适用于制备 Ti 基复合材料，SCS-6 纤维的截面和表面形貌如图 2-3 所示[12]。Ultra SCS™ SiC 纤维是新一代 CVD SiC 纤维，是所有 SiC 纤维中强度和模量最高的纤维，并具有极高的高温抗蠕变性能。表 2-7 给出了两种典型 CVD SiC 纤维的结构和性能。

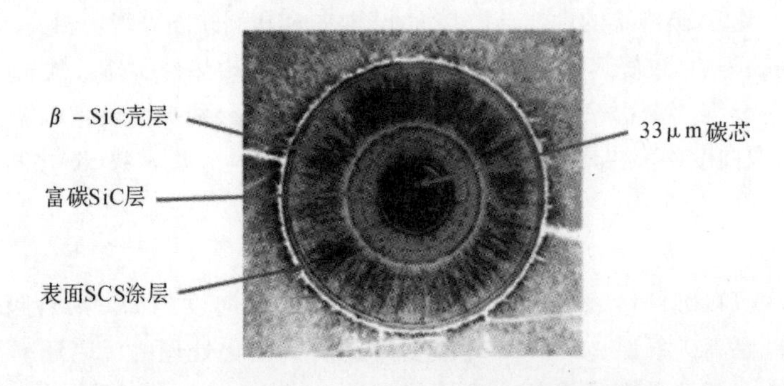

图 2-2　单丝 SCS SiC 纤维的结构示意图[12]

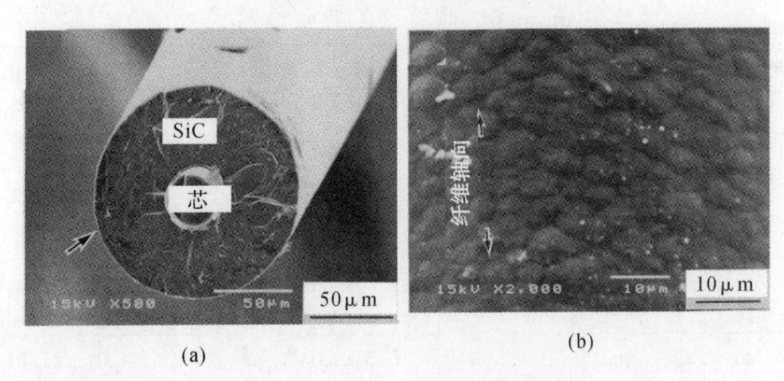

图 2-3　单丝 SCS SiC 纤维的形貌

(a)截面形貌；(b)表面形貌

表2-7　CVD SiC纤维的结构和性能

纤维品牌	SCS-6	SCS-Ultra
供应商	Textron systems,USA	Textron systems,USA
直径/μm	142	142
密度/(g·cm^{-3})	3.08	3.08
拉伸强度/GPa	3.9	5.9
模量/GPa	380	415
热膨胀系数/($\times10^{-6}\cdot K^{-1}$)	4.1	4.1

1975年，日本东北大学的矢岛圣使(Yajima)教授等人采用先驱体转化法成功制备了SiC纤维[13]，其工艺路线是由聚碳硅烷(PCS)通过熔融纺丝、氧化法或电子束法进行不熔化处理以及热解等工序生产。即首先由二甲基二氯硅烷脱氯聚合为聚二甲基硅烷，再经过高温(450～500℃)热分解、重排、缩聚转化为PCS；在250～350℃温度下，PCS在多孔纺丝机上熔纺成连续PCS纤维；然后在空气约200℃温度下，进行氧化交联得到不熔化PCS纤维；最后在高纯氮气保护下在1 000℃温度以上裂解，得到SiC纤维。该方法适合工业化生产，生产效率高，成本较低(价格是CVD SiC纤维价格的1/10)，可通过改变工艺条件获得不同用途的纤维，且所制备的SiC纤维直径小，可编织性好，可成型复杂形状的构件。

1980年，日本碳素公司(Nippon Carbon)首次将先驱体转化法生产的SiC纤维商品化，商品名"Nicalon"[14-15]。随着生产技术不断改进，一系列新型SiC纤维相继投入市场，主要有Nippon Carbon的Nicalon纤维(牌号包括Nicalon,Hi-Nicalon,Hi-Nicalon Type S)。日本宇部兴产(UBE Industries)的Tyranno系列掺杂微量金属元素的碳化硅(牌号包括LOX-M,ZMI,ZE,SA纤维)和美国道康宁(Dow Corning)的Sylramic纤维，其中Hi-Nicalon纤维和纤维布的形貌如图2-4所示。

(a)　　(b)

图2-4　Hi-Nicalon纤维和纤维布的形貌[15]

(a)纤维；(b)纤维布

第一代SiC纤维为日本碳素公司生产的Nicalon系列纤维和日本宇部兴产公司生产的Tyranno LOX-M纤维。Nicalon 200是直接采用矢岛方法制备的通用型SiC纤维[16]。

日本碳素公司于1995年开始使用电子辐照不熔化法进行Hi－Nicalon型SiC纤维的工业化生产，纤维中氧质量分数降低至0.5%。Hi－Nicalon与UBE的Tyranno LOX－E，Tyranno ZM和Tyranno ZE一起构成了第二代SiC纤维。与第一代SiC纤维相比，第二代SiC纤维的氧质量分数降低，自由碳的质量分数相对较高，SiC晶粒尺寸较大。第二代SiC纤维的弹性模量、热导率、抗蠕变性能和耐热性能有一定提高，在高温下的强度保持率有所提高。

第三代近化学计量比SiC纤维主要包括日本碳素公司的Hi－Nicalon Type S，UBE Industries的Tyranno SA及Dow Corning的Sylramic。Hi－Nicalon Type S纤维的主要制备工艺为PCS纤维经电子束辐照交联后于1 500℃下在H_2气氛中烧结去除富余碳，获得C/Si比为1.05的纤维；其相成分为纳米β－SiC晶粒、少量碳和微量氧[17]。所有的第三代SiC纤维内部均存在少量的游离碳，其中Hi－Nicalon S纤维的游离碳分布比较均匀，而Tyranno SA和Sylramic纤维的游离碳含量则沿径向从表面到芯部递减。表2－8列出了几种SiC纤维的成分和性能[18]。

表2－8　几种SiC纤维的成分和性能[18]

纤维品牌	Nicalon	Hi－Nicalon	Hi－Nicalon S	Sylramic™	Sylramic－iBN	Tyranno LOX－M	Tyranno Grade ZMI	Tyranno Grade SA
供应商	Nippon Carbon	Nippon Carbon	Nippon Carbon	Dow Corning		UBE	UBE	UBE
直径/μm	14	14	12	10	10	11	11.0	7.5～10.0
纤度/(g/9 000m)		1 800		1 600			1 800	1 620～1 710
丝数		500		800			800	800～1 600
密度/(g·cm^{-3})	2.55	2.74	3.05	>2.95	3.05	2.48	2.48	3.1
拉伸强度/GPa	3.0	2.8	2.5	>2.76	3.5	3.3	3.4	2.8
拉伸模量/GPa	200	270	400	>310	400	285	200	380
断裂延伸率/%							1.7	0.7
热膨胀系数/(×10^{-6}/K)	3.2 (1 000℃)	3.5 (1 000℃)		5.4	5.4	3.1 (1 000℃)	4.0 (1 000℃)	4.5 (1 000℃)
热导率/(W/(m·K))	3.0	7.77 (RT) 10.1 (500℃)	18	40～45	>46	1.5	2.52	64.6
比热/(J·(g·K)$^{-1}$)		0.67 (RT) 1.17 (500℃)					0.709	0.669

续 表

纤维品牌	Nicalon	Hi－Nicalon	Hi－Nicalon S	Sylramic™	Sylramic－iBN	Tyranno LOX－M	Tyranno Grade ZMI	Tyranno Grade SA
体电阻率 Ω·cm		1.4						
组成	Si∶C∶O=56∶32∶12(wt.%)①	Si∶C∶O=62∶37∶0.5(wt.%)	Si∶C∶O=69∶31∶0.2(wt.%)	SiC:67wt.% C:29wt.% O:0.8wt.% B: 2.3wt.% N: 0.4wt.% Ti:2.1wt.%		Si∶C∶O∶Ti=54∶32∶12∶2(wt.%)	C:34.3 wt.% Si:56.1 wt.% O:8.70 wt.% Zr:1.0 wt.%	C:31.3 wt.% Si:67.8 wt.% O:0.30 wt.% Al:≤2.0 wt.%
工艺	氧化交联	电子束交联	电子束交联	氧化交联	氧化交联	氧化交联	氧化交联	氧化交联

注:①wt.%表示质量分数。

2.1.2 有机纤维

有机纤维是由有机聚合物制成的纤维或利用天然聚合物经化学处理而制成的纤维,如黏胶纤维、锦纶、涤纶及芳纶等。这种纤维也称为再生纤维或化学纤维。

芳纶纤维是芳香族聚酰胺类纤维(Aromatic Polyamide Fibers,缩写为 Aramid Fibers)的通称,是一种主链主要由酰胺键和芳环组成的线性高分子的高性能有机纤维,主要包括间位芳香族聚酰胺纤维(PMIA)和对位芳香族聚酰胺纤维(PPTA)[19]。凯芙拉(Kevalar)纤维是一种高强度、高模量、耐高温、耐腐蚀、绝缘和低密度的有机纤维,广泛应用于复合材料、防弹制品、电子设备等领域[20]。

芳纶纤维的拉伸强度高,其单丝强度可达 3 773MPa;抗冲击性能好,约为石墨纤维的 6 倍,为硼纤维的 3 倍。芳纶纤维的弹性模量高达 127～148GPa,断裂伸长率为 3%,接近玻璃纤维,而高于其他纤维。芳纶纤维的密度小,约为 1.44～1.45g/cm^3,只有铝的一半,具有很高的比强度和比模量。芳纶纤维有良好的热稳定性,能长期在 180℃ 温度下使用,当温度达 487℃时不熔化,但开始碳化[21]。因此,高温作用下芳纶纤维只发生分解而不发生变形。

2.2 聚合物基复合材料(高分子基复合材料)

聚合物基复合材料自 1932 年在美国诞生后,在 1940－1945 年期间美国首次采用手糊工艺以玻璃纤维增强聚酯树脂制造军用雷达罩和飞机油箱,1944 年美国空军第一次用树脂基复合材料夹层结构制造飞机机身、机翼,开始了树脂基复合材料在军事工业中的应用,至今已有近 80 年的发展历史。

聚合物基复合材料(Polymer Matrix Composites,PMCs)是由一种或多种直径为微米级的增强体分散于聚合物基体中形成的,属微米级复合材料。基体类似于人体中的肌肉。按基体的种类,纤维增强聚合物基复合材料主要分为热固性树脂基复合材料和热塑性树脂基复合材料。热固性树脂基体的成型是利用树脂的化学反应、固化等化学结合状态的变化来实现的,其过程是不可逆的。热塑性树脂基体是利用树脂的融化、流动、冷却、固化等物理状态的变化来实现的。

目前，聚合物基复合材料的基体仍以热固性树脂为主。根据2000年的统计，全世界树脂基复合材料制品种类超过40 000种，总产量达600万吨，其中高性能树脂基复合材料的产量超过300万吨，而高性能热塑性树脂基复合材料产量为120多万吨。近几年来，热塑性树脂基复合材料的发展速度超过热固性树脂基复合材料。

2.2.1 聚合物基体

2.2.1.1 聚合物基体的种类

1. 热固性树脂

热固性树脂是指加热后产生化学变化，逐渐硬化成型，再受热也不软化、不溶解的树脂。常用的热固性树脂有不饱和聚酯树脂、环氧树脂、酚醛树脂、呋喃树脂、氨基树脂以及硅醚树脂等。其中，环氧树脂、酚醛树脂以及不饱和聚酯树脂被称为三大通用型热固性树脂，是热固性树脂中用量最大、应用最广的品种[22]。

分子结构中含有环氧基团的聚合物称为环氧树脂。环氧树脂基体是环氧树脂胶液的固化物，而环氧树脂胶液是由环氧树脂、固化剂以及促进剂、改性剂、稀释剂、偶联剂和其他助剂组成的，可根据不同的使用及工艺要求进行选配。环氧树脂可分为五大类，即缩水甘油醚、缩水甘油酯、缩水甘油胺、线型脂肪族和脂环族。环氧树脂含有独特的环氧基，以及氢基、醚键等活性基团和极性基团，因此具有许多优异的特性。

不饱和聚酯树脂通常是由不饱和二元酸和不饱和二元醇混以一定量的饱和二元酸与饱和二元醇缩聚获得的线型初聚物，再在引发剂作用下交联固化形成具有三维网状的体型大分子。不饱和聚酯在固化过程中没有挥发物逸出，能在常温常压下成型，具有很高的固化反应能力，加工方便，固化后的不饱和聚酯很硬，呈褐色半透明状，易燃，不耐氧化和腐蚀。其主要用途是制作玻璃钢材料。

酚醛树脂是以酚类化合物与醛类化合物聚缩而成的树脂，其中主要是苯酚和甲醛的缩聚物。在加热条件下，这种树脂可转变成不溶不熔的三维网状结构。酚醛树脂具有良好的耐酸性能、力学性能、耐热性能，广泛应用于防腐蚀工程、胶粘剂、阻燃材料、砂轮片制造等行业。

呋喃树脂是分子链中含有呋喃环结构的聚合物，主要包括由糠醇自缩聚而成的糠醇树脂，糠醛与丙酮缩聚而成的糠醛-丙酮树脂以及由糠醛、甲醛和丙酮共缩聚而成的糠醛-丙酮-甲醛树脂。呋喃树脂的主要特色是能耐强酸、强碱且耐热性好（最高使用温度可达180～200℃），可用于制取火箭液体燃料。

2. 热塑性树脂

热塑性树脂一般为线型高分子化合物，可溶于某些溶剂，或受热可熔化、软化，而冷却后又可固化为原来的状态。热塑性树脂断裂韧性好，耐冲击性强，成型加工简单且成本低，但是其耐热性和刚性较差。热塑性树脂按聚集态结构可分为结晶型（如聚酰胺）和无定形（如聚甲基丙烯酸甲酯）两类。结晶型树脂由于晶粒折光，制品透明度差，熔点高，模塑收缩率大。无定形树脂中某些品种的板材透光率可与无机玻璃相媲美，加工收缩性也小。常用的热塑性树脂包括聚烯烃、聚酰胺、聚碳酸酯、聚甲醛、聚苯醚、聚砜、聚苯硫醚、聚醚醚酮等[23-24]。

聚烯烃树脂主要包括聚乙烯、聚丙烯、聚苯乙烯及聚丁烯等，其中，聚乙烯产量最大。

聚酰胺(PA,俗称尼龙),是一种主链上含有酰胺基团的聚合物,可由二元酸与二元胺缩聚而得,也可由丙酰胺自聚而成。尼龙首先是作为最重要的合成纤维的原料,而后发展成为塑料,是开发最早的塑料。尼龙是结晶性聚合物,酰胺基团之间由牢固的氢键连接,因而具有良好的力学性能。与金属材料相比,尼龙的刚性稍差,但其比拉伸强度高于金属,比抗压强度与金属相当,因而可用来代替金属材料。而且采用玻璃纤维、石棉纤维、碳纤维、钛晶须等增强尼龙可以改善其强度和刚性,使尼龙的力学性能、耐疲劳性能、耐热性能等有明显提高。由于尼龙具有优良的力学性能,尤其是耐磨性能好,在100℃左右使用时也有较好的耐磨性,广泛应用于各种机械、电气部件,如轴承、齿轮、辊轴等。

聚醚乙醚酮树脂是由乙醚、酮以及芳香族组成的结晶型高分子聚合物,熔点在300℃以上,刚度和强度与环氧树脂相近,但冲击韧性和断裂韧性比环氧树脂高。

聚醚亚胺树脂是一种在聚酰亚胺树脂的基础上改进的热塑性亚胺树脂,是以乙醚和亚胺组成的非结晶型高分子聚合物,聚醚亚胺树脂的玻璃化转变温度较高,耐高温,韧性好,不易燃烧。

2.2.1.2　聚合物基体的结构

聚合物是指由许多简单的结构单元通过共价键重复连接而成的具有高相对分子质量(通常可达10^4～10^6)的化合物,其结构有两方面的含义,即链结构和聚集态结构。

1.高分子链结构

高分子链结构单元的化学组成直接决定其链的形状和性质,进而影响高分子的性能。一般合成高分子是由单体通过聚合反应连接而成的链状分子。

高分子链结构是指单个高分子链的结构与形态,包括一次结构和二次结构两个结构层次。一次结构属近程结构,可以理解为与链节有关的结构,是最基本的微观结构,包括其组成、构型、构造、共聚物的序列结构。二次结构属远程结构,可以理解为与整条链有关的结构,大分子链的空间结构(构象)以及链的柔顺性等,包括分子大小和分子形态。

高聚物中大分子链的空间构型有两种形式,即线型结构和体型结构。线型聚合物具有弹性和塑性,在适当的溶剂中可以溶解,当温度升高时则软化至熔融状态而流动。将这类塑料升温熔融为黏稠液体后施加高压便可充满一定形状的型腔,而后使其冷却固化定型成为制品,此过程可反复进行。在成型过程中,主要发生物理变化,过程基本可逆。体型分子的主链同样是长链形状,但这些长链之间有短链横跨连接,并在三维空间相互交联。体型聚合物脆性大,弹性高,塑性低,成型前可溶可熔,一经硬化后就变成不溶不熔的固体,即使再加热到更高温度也不软化,称为热固性聚合物。

2.高分子聚集态结构

高分子材料的聚集态结构是指高分子链凝聚在一起形成的高分子整体的内部结构,是高分子链之间相互作用的结果,主要包括晶态结构和非晶态结构。

聚合物的非晶态包括玻璃态、高弹态、熔融态及结晶高分子中的无定形部分。由于分子结构简单、主链上侧基体积小,对称性高和分子间作用力大的分子对结晶有利,反之,对结晶不利甚至不能结晶。一般非晶态聚合物随温度变化呈现出三种力学状态,即玻璃态、高弹态和黏流态。

高分子的分子链凝聚在一起是可以结晶的。可以从熔体中结晶,也可以从玻璃体及溶液中结晶。但大都遵循成核—生长—终止的方式,结晶总速率由成核速率和生长速率决定。高分子材料实际加工成形过程中从熔体及玻璃体结晶尤为普遍和重要。

2.2.1.3 聚合物基体的性能

聚合物的分子链与分子链之间主要是范德华作用力，结合力较弱。因此，聚合物基体的特点是强度低，需要解决的主要问题是增强。几种热固性和热塑性聚合物的特点见表2-9[22,25]。

表2-9 热固性和热塑性聚合物基体的性能

基体		密度 g/cm³	强度 MPa	模量 GPa	延伸率 %	玻璃化温度 ℃	特点
热固性	聚酯树脂	1.20	50～80	2.8～3.5	2～5	80	固化时收缩较大
	环氧树脂	1.10～1.50	60～80	3.0～5.0	2～5	150～200	固化时收缩较小
	PMR-15	1.32	39	3.9	1.5	340	成型条件复杂
	BMI	1.22～1.30	41～82	4.1～4.8	1.3～2.3	230～290	成型条件有改进
热塑性	聚醚乙醚酮树脂	1.30	70～105	3.6	15～30	145	过程复杂，成本高
	聚醚亚胺树脂	1.26	62～150	2.7～4.0	5～90	215	抗冲击

热塑性聚合物一般具有线型结构，分子间交联度较低，分子内旋自由，因而表现出良好的柔顺性。由于其分子链段运动的不同，聚合物呈现出不同的弹性和柔顺性。热固性聚合物分子间交联度高，可形成体型网状结构，分子内旋受阻，因而表现出刚性很强、耐热性好、脆性大的特点。温度升高，分子热运动能量增大，分子的内旋及构象变化更容易，分子链就变得柔顺，表现出弹性增加；温度降低，柔性聚合物也会变成刚性。

结晶造成分子紧密聚集，分子间作用力增强，聚合物的强度、硬度、刚度、熔点、耐热和耐化学性提高。但是，与链运动有关的性能，如弹性、延伸率、冲击强度都有所降低。

2.2.2 聚合物基复合材料的种类

根据聚合物基体的种类，聚合物基复合材料主要分为热固性树脂基复合材料和热塑性树脂基复合材料。目前，常见的聚合物基复合材料包括纤维增强塑料和高性能纤维增强聚合物基复合材料。

纤维增强塑料又可分为玻璃纤维增强热固性塑料(代号 GFRP)和玻璃纤维增强热塑性塑料(代号 FR-TP)。玻璃纤维增强热固性塑料是指玻璃纤维(包括长纤维、布、带、毡等)作为增强材料，热固性塑料(包括环氧树脂、酚醛树脂、不饱和聚酯树脂等)作为基体的纤维增强塑料，俗称玻璃钢。玻璃纤维增强热塑性塑料是以热塑性树脂为基体的复合材料，普通的热塑性基体包括通用塑料，如聚丙烯(PP)、ABS 树脂和工程塑料，如聚甲醛(POM)、聚酰胺(PA)、聚苯醚(PPO)、聚酯(PET，PBT)等。

高性能纤维增强聚合物基复合材料包括碳纤维增强树脂基复合材料(CFRP)、凯芙拉(Kevlar)纤维增强树脂基复合材料(KFRP)和硼纤维增强树脂基复合材料(BFRP)。碳纤维增强树脂基复合材料是以环氧树脂、酚醛树脂和聚四氟乙烯为主要基体的复合材料。Kevlar

纤维增强树脂基复合材料的基体主要是环氧树脂，其次是热塑性塑料，如聚乙烯、聚碳酸酯、聚酯等。硼纤维增强树脂基复合材料主要指硼纤维增强环氧树脂和聚酰亚胺树脂。

2.2.3　聚合物基复合材料的性能

1. 玻璃纤维增强热固性塑料（代号 GFRP）

玻璃纤维增强热固性塑料的突出特点是密度低，比强度高。其密度为 1.6～2.0g/cm^3，比轻金属铝还低；而其比强度要比最高强度的合金钢还高 3 倍，“玻璃钢”的名称由此而来。GFRP 还具有良好的耐腐蚀性，在酸、碱、有机溶剂、海水等介质中均很稳定；良好的电绝缘性；不受电磁作用的影响，不反射无线电波；具有保温、隔热、隔声、减振等性能。GFRP 最大的缺点是刚性差，它的弯曲弹性模量比钢材小 10 倍。其次是玻璃钢的耐热性较低，一般连续使用温度在 350℃以下。表 2－10 列出了常用的玻璃纤维增强热固性树脂基复合材料的性能[26-27]。

表 2－10　典型玻璃纤维增强热固性树脂的性能

基体树脂	聚酯树脂	环氧树脂	酚醛树脂	双马来酰亚胺	聚酰亚胺
工艺性	好	好	比较好	好	比较好～差
力学性能	比较好	优秀	比较好	好	好
耐热性	80℃	120～180℃	约 180℃	230℃	240～310℃
价格	低	中	低	中	高
韧性	差	比较好～差	差	比较好	比较好
成形收缩率	中	小	大		

2. 玻璃纤维增强热塑性塑料（代号 FR－TP）

热塑性树脂的种类较多，采用 20％～40％的短纤维增强时，可使热塑性树脂及复合材料的拉伸强度和弹性模量提高 1～2 倍，并且可明显改善蠕变性能，提高热变形温度和导热系数，降低线膨胀系数，增加尺寸稳定性，降低吸湿率，抑制应力开裂，提高疲劳性能[28]。热塑性树脂基复合材料也具有很多独特的优点，如韧性高，耐冲击性能好，预浸料稳定，无贮存时间限制，制造周期短，耐化学性能好，吸湿率低，可重复加工，等等。

表 2－11 列出了常见玻璃纤维增强热塑性树脂的力学性能[29]。玻璃纤维增强热塑性塑料与玻璃纤维增强热固性塑料相比，其突出的特点是具有更低的密度，一般为 1.1～1.6g/cm^3，为钢材的 1/6～1/5；比强度高，蠕变性大大改善。

表 2－11　常见玻璃纤维增强热塑性树脂的力学性能

材　料	密度/(g·cm^{-3})	拉伸强度/MPa	弯曲模量/GPa
尼龙 66 玻璃钢	1.37	182	91
ABS 玻璃钢	1.28	101	77
聚苯乙烯玻璃钢	1.28	95	91
聚碳酸酯玻璃钢	1.43	130	84

3. 碳纤维增强树脂基复合材料(CFRP)

碳纤维增强树脂基复合材料是以环氧树脂、酚醛树脂和聚四氟乙烯为主要基体的复合材料,是一种强度、刚度和耐热性均较好的复合材料。碳纤维增强环氧树脂基复合材料,其比强度和比模量的综合指标在现有的结构材料中是最高的,现已成为一种先进的航空航天材料[30-31]。

4. 凯芙拉(Kevlar)纤维增强树脂基复合材料(KFRP)

Kevlar纤维增强树脂基复合材料的基体主要是环氧树脂,其次是热塑性塑料,如聚乙烯、聚碳酸酯、聚酯等。Kevlar 纤维增强环氧树脂的抗拉强度大于玻璃纤维增强热固性塑料(GFRP),而与碳纤维增强环氧树脂的相似。其突出的特点是有压延性,与金属相似,而与其他增强纤维则大大不同[32]。其耐冲击强度超过了碳纤维增强塑料,自由振动的衰减性为钢筋的8倍、为GFRP的4～5倍,耐疲劳性比GFRP和金属铝还好。

5. 硼纤维增强树脂基复合材料(BFRP)

硼纤维增强树脂基复合材料主要指硼纤维增强环氧树脂和聚酰亚胺树脂。该材料突出的优点是刚度好,其刚度和弹性模量均高于碳纤维增强环氧树脂和聚酰亚胺树脂,是高强度、高模量纤维增强塑料中性能最好的。

表2-12给出了单向连续纤维(60vol.%①)增强聚合物基复合材料的性能[29,32-33]。与典型的金属材料相比,采用玻璃纤维、碳纤维、芳纶纤维、硼纤维、氧化铝纤维、碳化硅纤维等不同纤维增强的聚合物基复合材料均具有高的比强度和比模量。表2-13给出了几种典型二维聚合物基复合材料的力学性能比较[34]。聚合物基复合材料密度低,且沿纤维承力方向的力学性能远优于铝合金的力学性能,但在径向的力学性能较低。

总体而言,纤维增强聚合物基复合材料具有以下性能特点:

(1)密度低;

(2)比强度、比模量高;

(3)力学性能各向异性显著,纵向力学性能远高于横向力学性能。

表2-12 单向连续纤维(60vol.%)增强聚合物基复合材料的性能[29,32-33]

材料	GFRP	CFRP	KFRP	BFRP	AFRP	SFRP	钢	铝	钛
密度/($g\cdot cm^{-3}$)	2.0	1.6	1.4	2.1	2.4	2.0	7.8	2.8	4.5
拉伸强度/GPa	1.2	1.8	1.5	1.6	1.7	1.5	1.4	0.48	1.0
拉伸模量/GPa	42	130	80	220	120	130	210	77	110
热导率/[$W\cdot(m\cdot K)^{-1}$]	21	180	10	23	8.4		272	669	222
CTE(热膨胀系数)/($\times10^{-6}\cdot K^{-1}$)	8.0	0.2	1.8	4.0	4.0	2.6	12	23	9.0

① vol.%表示体积分数。

表 2-13　二维聚合物基复合材料的力学性能比较[34]

牌　号	T300/5208	AS/3501	B(4)/5505	Seoth/1002	Kevlar/epoxy	
材　料	碳/环氧	碳/环氧	硼/环氧	玻璃/环氧	芳纶/环氧	铝合金
纤维体积分数 V_f/(%)	70	66	50	45	60	
密度/($g \cdot cm^{-3}$)	1.6	1.6	2.0	1.8	1.46	2.8
纵向弹性模量 E/GPa	181	138	204	38.6	76	69
横向弹性模量 E/GPa	10.3	8.96	18.5	8.27	5.5	69
纵横剪切弹性模量 E/GPa	7.17	7.1	5.89	4.14	2.3	26.5
纵向拉伸强度/MPa	1 500	1 447	1 260	1 062	1 400	400
纵向压缩强度/MPa	1 500	1 447	2 500	610	235	400
横向拉伸强度/MPa	40	51.7	61	31	12	400
横向压缩强度/MPa	246	206	202	118	53	400
层间剪切强度/MPa	68	93	67	72	34	230

2.2.4　聚合物基复合材料的应用

由于不同种类的纤维增强聚合物基复合材料的性能差别较大，因此对于不同的纤维增强聚合物基复合材料，其应用领域也有所不同。聚合物基复合材料中得到广泛应用的是纤维增强聚合物基复合材料。俗称玻璃钢的玻璃纤维增强热固性塑料，在需要轻质高强材料的航空航天工业首先得到广泛应用，在波音 B-747 飞机内、外结构件中玻璃钢的使用面积达到了 2 700m^2，如雷达罩、机舱门、燃料箱、行李架和地板等。火箭结构件不但要求材料具有高的比强度和比模量，而且还要求材料具有好的耐烧蚀性能，玻璃钢是满足上述要求的材料，已用于火箭发动机的壳体和喷管。玻璃纤维增强热塑性塑料作为工程材料，广泛应用于机械零部件、汽车、化工设备等。高性能环氧树脂基复合材料主要用作飞机、卫星、航天器等的结构件、固体火箭发动机壳体，以及高级体育用品如球拍、球棒、钓鱼杆、赛艇等[30]。

对于高性能纤维增强的聚合物基复合材料，采用碳纤维增强热塑性树脂基复合材料制造发动机进气道，可使成本降低 30%。用碳纤维/环氧树脂制造的构件取代铝结构，可使结构减轻 40%。当航天飞机进入轨道后，用机械手投放和回收卫星，机械手上臂、前臂是用超高模量石墨纤维 GY-70 增强环氧树脂制成的。

对于玻璃纤维增强聚酯树脂、玻璃纤维增强环氧树脂和碳纤维增强环氧树脂三种复合材料，从性能来讲碳纤维增强环氧树脂最好，玻璃纤维增强环氧树脂次之。以风力发电机叶片为例[31]，随叶片长度的增加，要求提高所用材料性能的同时减轻叶片的质量。同样是 34m 长的叶片，采用玻璃纤维增强聚酯树脂时其质量为 5 800kg，采用玻璃纤维增强环氧树脂时其质量为 5 200kg，而采用碳纤维增强环氧树脂时其质量仅为 3 800kg。因此，叶片材料发展的趋势是采用碳纤维增强环氧树脂复合材料，特别是随着功率的增大、叶片长度的增加，更要求采用碳纤维增强环氧树脂复合材料。

2.3 金属基复合材料

金属基复合材料在20世纪60年代末才有较快的发展，是复合材料的一个新分支，因其制备工艺相对复杂和困难，目前尚远不如聚合物基复合材料那样成熟。但由于金属基复合材料比聚物基复合材料耐高温性好，同时具有防燃、不吸湿、高导电与导热等特点，所以仍具有发展的必要性。金属基复合材料基本上可分为连续纤维增强，非连续体增强（包括颗粒、短纤维和晶须）和叠层复合。近年来，随着对其结构与性能的深入研究，以及探索新的复合工艺方法，促进了金属和金属间化合物基复合材料的迅速发展。

2.3.1 金属（金属间化合物）基体

1. 金属（金属间化合物）基体的种类

金属基体有铝基、镁基、铜基、铁基、钛基、镍基、高温合金基、金属间化合物基及难熔金属基等。金属通常表现出良好的韧性，但其强度随温度升高下降却很快。金属间化合物是指由两个或更多的金属组元或类金属组元按比例组成的具有金属基本特性和不同于其组元的长程有序晶体结构的化合物。这种原子结构使大多数金属间化合物一方面在七八百摄氏度的高温下强度仍较高，另一方面却表现出其本质上难以克服的室温脆性。当金属间化合物以微小颗粒形式存在于金属合金组织中时，将会使金属合金的整体强度提高，特别在一定温度范围内，强度随温度升高而增加[35]。

目前，已有300多种金属间化合物可用，除了作为高温结构材料以外，金属间化合物的其他功能也被相继开发[36]。

2. 金属（金属间化合物）基体的结构

在已知的几十种金属元素中，除少数十几种晶体结构比较复杂外，大多数金属都具有比较简单的晶体结构，其中最典型、最常见的有三种晶体结构——面心立方、体心立方、密排六方，这些晶体结构的对称性较高，位错运动滑移面较多，有利于提高塑性。

体心立方晶格的晶胞形状为一个立方体，晶格参数为 $a=b=c, \alpha=\beta=\gamma=90°$，所以只用一个晶格常数 a 表示即可。在体心立方晶胞的每个顶角上和晶胞中心都有一个原子，晶格结构可用符号BCC表示，其晶格结构如图2-5(a)所示。具有体心立方晶格的金属有α-Fe，W，Mo，V，Cr，Nb，β-Ti等。

面心立方晶格的晶胞形状也是一个立方体，晶格参数为 $a=b=c, \alpha=\beta=\gamma=90°$，所以也只用一个晶格常数 a 表示即可。在面心立方晶胞的每个顶角上和六个面的中心各有一个原子，晶格结构可用符号FCC表示，其晶格结构如图2-5(b)所示。属于面心立方晶格的金属有γ-Fe，Al，Cu，Ag，Au，Pb，Ni，β-Co等。

密排六方晶格的晶胞形状是一个正六方柱体，晶格参数为 $a=b\neq c, \alpha=\beta=90°, \gamma=120°$。其中 a，b 为六方柱体的边长，c 为上下底面之间的距离。在密排六方的各个顶角上和上下底面的中心各有一个原子，在晶胞中间还有三个原子，其分布是每间隔一个三棱柱的中央存在一个原子，晶格结构可用符号HCP表示，其晶格结构如图2-5(c)所示。属于密排六方晶格的金属有Mg，Zn，Be，Cd，α-Ti，α-Co等。

金属间化合物的结构类型可分为正常价化合物、电子浓度化合物、拓扑密堆相三种。

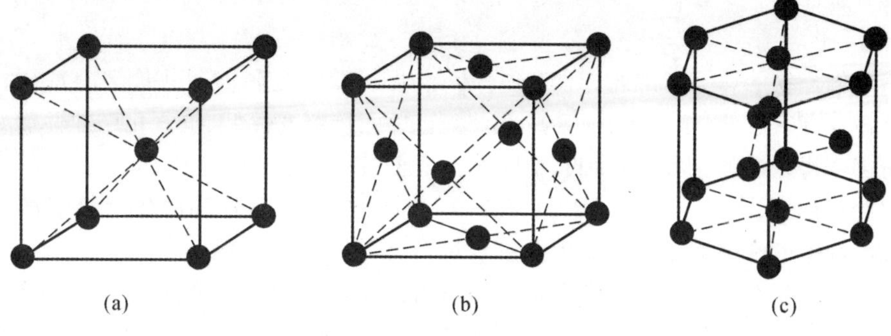

图 2-5　常见的晶体结构

(a)体心立方晶格；(b)面心立方晶格；(c)密排六方晶格

正常价化合物是按照化学上的原子价规律所形成的化合物，即符合定比定律和倍比定律的化合物，一般由金属与电负性较强的ⅣA，ⅤA，ⅥA 族元素组成。这类化合物可分为四种晶体结构：①NaCl 型(如 MgSe，MnSe，SnTe，PbTe)。②β-ZnS 型(如 MnS)。③六方 ZnS 型(如 ZnS，AlN，CdS)。④CaF_2(AB_2)型(如 $AuAl_2$，$PtSn_2$)；A_2B 型，属反 CaF_2 型(如 Mg_2Si，Mg_2Ge，Mg_2Sn，Mg_2Pb)。

电子浓度化合物是由ⅠB 族的贵金属与ⅡB，ⅢA，ⅣA 族元素形成的化合物，它们不遵守化合价规律，但满足一定的电子浓度，虽然电子浓度化合物可用化学式表示，但实际成分可在一定的范围内变动，而且可溶解一定量的固溶体，如 CuZn，CuAl 和 CuSn 等。电子浓度相同的金属间化合物具有相同的晶体结构类型，包括密排六方结构(如 Cu_3Ga，Ag_5Sn)和体心立方结构(如 β-CuZn，β-Cu_3Al，β-Cu_5Sn，FeAl)。

拓扑密堆相是由两种大小不同的原子堆积成具有高致密度和高配位数晶体结构的中间相。拓扑密堆相属于四面体紧密堆积，形成四面体空隙的密排结构，原子配位数为 12，14，15，16。拓扑密堆相有拉弗氏相(Laves)(如 $MgCu_2$，$TiBe_2$，$MgZn_2$，$ZrRe_2$，$TaFe_2$，$HfCr_2$)和 σ 相(如 FeCr，FeMo，FeV，CrMo)两种。

3. 金属(金属间化合物)基体的性能

金属易失去电子形成阳离子，有时被描述为由无数失位电子环绕的正离子排列组成的材料。有些金属(如铝、镁、某些钢和钛)氧化后表面形成氧化物阻挡层，可阻止氧分子向内扩散而保留金属光泽和好的导电性。过渡金属(如铁、铜、锌、镍)氧化需要很长时间，其他金属(如钯、铂、金)则不发生氧化反应。金属氧化物呈碱性，而非金属氧化物呈酸性。

与非金属相比，大多数金属具有高密度，但密度变化范围很宽。碱金属(ⅠA 族元素中所有的金属，Li，Na，K，Rb，Cs，Fr)和碱土金属(ⅡA 族元素如 Be，Mg，Ca，Sr，Ba，Ra)密度低，被称为轻金属。这些金属极其活波，很少以金属单质的形式存在。在元素周期表中处于过渡金属中心位置的金属具有最强的金属健，这是由于其具有大量的失位电子[37]。

金属的电导率和热导率取决于金属键，而金属键的强弱与金属原子外层电子形成的自由电子云有关，因此，采用自由电子模型可计算预测金属的电导率、热容和热导率，而不考虑离子晶格的具体结构[38-39]。金属的塑性是由于其具有固有塑性变形的能力。在弹性范围内，金属可逆弹性变形的回复力可由胡克定律描述，且应力与应变成线性关系；当外力或热超过金属的弹性极限时，金属会发生不可逆的永久变形，称为塑性变形。金属键无方向性的特性也是大多数金属具有塑性的一个原因[40]。导致金属发生塑性变形的原因有两个,即外力作用和温度变化。

金属间化合物的原子间排列长程有序,结合力强,兼有金属键和共价键的特征。因此,金属间化合物具有密度低、熔点高、强度高、弹性模量高、抗蠕变性好、抗氧化腐蚀性能好等优点。而金属间化合物室温脆性大、塑性低,难以加工成型,高温抗蠕变性差,高温强度不足(主要问题是强韧性不足)[41]。由于采用连续纤维对金属间化合物进行增韧的作用并不显著,且成本太高,因此,对连续纤维增韧金属间化合物基复合材料的研究较少。

由于金属间化合物是在金属或合金中掺杂元素获得的,主要问题是其脆性,这限制了其制备和使用。但是金属间化合物的脆性没有陶瓷严重,因为金属间化合物的原子结合至少有部分是金属键,而陶瓷材料主要是共价键或离子键。金属间化合物的塑性变形比金属和传统的金属合金困难,这是由于其强的原子结合和有序的原子排列,以及更复杂的晶体结构[42]。研究表明,金属间化合物的脆性随着晶格对称性的降低和晶胞尺寸的增加而增加[43]。因此,晶体的高对称性(如立方晶体结构)和小晶胞的金属间化合物是优先发展的材料体系。表 2-14 给出了几种典型金属间化合物的晶体结构和性能。具有这种结构和性能的金属间化合物有 FeAl,NiAl,Fe_3Al,Ni_3Al,TiAl 等[44]。

表 2-14 典型金属间化合物的晶体结构和性能

金属间化合物	晶体结构	熔点 T_m/℃	ρ/(g·cm^{-3})	E/GPa
FeAl	有序体心立方晶格 BCC	1 250~1 400	5.6	263
Ni_3Al	有序面心立方晶格 FCC($L1_2$)	1 390	7.5	337
NiAl	有序面心立方晶格 FCC(B_2)	1 640	5.9	206
Ti_3Al	有序密排六方晶格 HCP	1 600	4.2	210
TiAl	有序四方晶格($L1_0$)	1 460	3.8	94
$MoSi_2$	四方晶格	2 020	6.3	430

表 2-15 给出了典型金属与金属间化合物的性能比较。金属间化合物的强度和模量优于金属,而且其使用温度高[45-46]。金属间化合物在高温下使用时必须具有良好的抗氧化性能,当材料中含有某些组元时会提高其抗氧化性能,如 Cr,Al,Si,这是因为以上元素可形成保护性的氧化物薄膜,但是氧化铬在 1 000℃以上会挥发,氧化硅会形成低熔点硅酸盐。

2.3.2 金属基复合材料的种类

金属基复合材料常用的增强体主要有纤维(如 C 纤维、SiC 纤维、Ti 纤维、B 纤维、Al_2O_3 短纤维)、晶须(如 SiC 晶须)、颗粒(如 SiC 颗粒、B_4C 颗粒、Si_3N_4 颗粒、WC 颗粒、MoC 颗粒、ZrO_2 颗粒、ZrB_2 颗粒、$A1_2O_3$ 颗粒)以及碳纳米管等。按增强体的类别,金属基复合材料可分为纤维增强(包括长纤维和短切纤维)、晶须增强和颗粒增强金属基复合材料,其中颗粒、晶须及短纤维增强金属基复合材料亦称为非连续增强型金属基复合材料。

颗粒和晶须增强金属基复合材料的金属基体大多数采用密度较低的铝、镁和铁合金,以便提高复合材料的比强度和比模量,其中较为成熟、应用较多的是铝基复合材料,所采用的增强材料为碳化硅、碳化硼、氧化铝颗粒或晶须，其中以 SiC 颗粒为主。这类复合材料中增强材料的承载能力尽管不如连续纤维，但复合材料的强度、刚度和高温性能往往超过金属基体，既可作为结构材料，也可作为结构件中的耐磨件使用[47]。

表 2－15　典型金属与金属间化合物的性能比较

基　体		密度 g/cm^3	强度 MPa	模量 GPa	使用温度 ℃
铝合金	LF6	2.64	330～360	67	450 以下
	LY12	2.8	172～549	68～71	
	ZL101	2.66	165～275	69	
钛合金	TA1	4.51	345～685	100	450～650
	TC3	4.45	991	118	
	TC11	4.48	1 030～1 225	123	
金属间化合物	TiAl，Ti_3Al，FeAl，NiAl	3.8～7.9	300～1 525	115～400	600～1 000
高温合金	铁基	7～9			
	镍基	7～9			

目前，金属基复合材料主要的增强纤维包括连续纤维（如碳纤维、石墨纤维、硼纤维、碳化硅纤维、碳化硼纤维等）和短纤维（如 Saffil 氧化铝纤维等）。在纤维增强金属基复合材料中，金属基体主要起黏接纤维、传递应力的作用，大都选用工艺性能（塑性加工、铸造）较好的合金，常作为结构材料使用。

按金属或合金基体的不同，金属基复合材料可分为用于 450℃以下的轻金属基体（铝、镁合金）、低于 650～700℃使用的钛合金以及高于 1 000℃使用的高温合金等。由于金属基复合材料的加工温度高、工艺复杂、界面反应控制困难、成本相对高，应用的成熟程度远不如树脂基复合材料，且应用范围较小。

2.3.3　金属基复合材料的性能

金属基复合材料（MMCs）较金属或金属间化合物具有许多优异的性能，在过去几十年日益受到关注，有以下几方面原因。

（1）金属基复合材料可以显著改变金属材料的物理性能。金属基复合材料的弹性模量远高于金属材料，还可以对金属材料的物理性能进行设计和优化。例如，设计具有低热膨胀系数且具有高热导率的金属基复合材料，可解决金属材料高热导率和低热膨胀系数不能兼顾的难题。

（2）与聚合物基复合材料相比，金属基复合材料的使用温度、强度、化学稳定性、硬度和抗磨损性能均有大幅度提高，而且金属基复合材料具有陶瓷基复合材料所缺乏的韧性和塑性。

（3）金属基复合材料的力学性能可大幅度提高。例如，3M Nextel 增强铝基复合材料沿纤维方向的拉伸强度为 1.5 GPa，压缩强度为 3 GPa，横向强度超过 200 MPa，但密度仅为3g/cm^3[48]。

总体而言，金属基复合材料具有以下性能特点：

(1)高的比强度、比模量；

(2)好的高温性能；

(3)好的耐磨性能；

(4)高的断裂韧性和抗疲劳性能；

(5)好的导热和导电性能；

(6)热膨胀系数比金属小、尺寸稳定性好；

(7)不吸潮、不老化、气密性好。

2.3.4 金属基复合材料的应用

金属基复合材料特别适合用作航天飞机主舱骨架支柱、发动机叶片、尾翼、空间站结构材料。另外，金属基复合材料在汽车构件、保险杠、活塞连杆及自行车车架、体育运动器械上也得到了应用。金属基复合材料中应用比较多的有铝基复合材料、镁基复合材料、钛基复合材料以及镍基复合材料等。

1.铝基复合材料

铝基复合材料通常使用各种铝合金为基体，是金属基复合材料中应用最广、成本最低的一种。长纤维增强铝基复合材料包括 Al/B 复合材料、Al/C 复合材料、Al/SiC 复合材料和 Al/Al_2O_3复合材料等。

由于硼纤维的性能好，且为直径较粗(100～140μm)的单丝，因而 Al/B 复合材料较易制造，是长纤维复合材料中最早研究成功和应用的金属基复合材料[49]。美国和苏联航天飞机的机身框架及支柱、起落架拉杆等都采用 Al/B 复合材料制成。由于其弹性模量和拉伸强度均明显优于基体，美国航天飞机的主舱框架采用 Al/B 复合材料比 Al 合金框架减重 44%。Al/B复合材料的导热性好，热膨胀系数与半导体芯片非常接近，可作为半导体芯片支座的散热冷却板材料。此外，Al/B 复合材料还可用作中子吸收材料、废核燃料的运输容器和储存容器、可移动防护罩、控制杆、喷气发动机网扇叶片、飞机机翼蒙皮、结构支撑件、飞机垂直尾翼、导弹构件、飞机起落架部件、自行车架、高尔夫球杆等。

碳(石墨)纤维密度小，具有优异的力学性能，是目前可作为金属基复合材料增强体的高性能纤维中价格最便宜的一种，因此引起了人们的广泛关注，用它与 Al 合金基体复合，可以制成高性能 Al/C 复合材料[50]。Al/C 复合材料最成功的应用是美国哈勃望远镜长为 3～6 m 的长方形天线支架，此外它还可用作人造卫星的支架、平面天线、人造卫星抛物面天线、照相机波导管和镜筒、红外反射镜等。

碳化硅纤维增强铝基复合材料(Al/SiC)主要用作飞机、导弹、发动机的高性能结构件，如飞机的 3m 长加强板、喷气式战斗机垂直尾翼平衡和尾翼梁、导弹弹体及垂直尾翼、汽车空调器箱等[51]。

2.镁基复合材料

镁基复合材料是继铝基复合材料之后又一种具有竞争力的轻金属基复合材料。石墨纤维增强镁基复合材料(C/Mg)用于制造人造卫星抛物面天线骨架，使天线效率提高 539%。美国已将镁基复合材料作为海军卫星的支架、轴套、横梁等结构件使用，其综合性能优于铝基复合材料。由于镁基复合材料还具有优良的阻尼减震、电磁屏蔽等性能，在汽车制造工业中用作方向盘减震轴、活塞环、支架、变速箱外壳等，在通信电子产品中也用作手机、便携电脑等外壳。此外，镁基复合材料具有高储氢容量，氢化动力学性能较好，正逐渐成为具有很好发展前景的储氢材料[52]。

3. 钛基复合材料(TMCs)

钛基复合材料可在比铝、镁基复合材料使用温度更高的温度下使用，在航空航天、汽车等领域有着广阔的应用前景。国外对钛基复合材料的研究已有 40 多年的历史，开发的原位合成工艺、纤维涂层等制备技术已经成功用于制备高性能钛基复合材料[53]。美国大型高性能涡轮发动机技术计划(IHPTET)已经开发了大量不同的 TMCs 部件，如空心翼片、压缩机转子、箱体结构件、连接件以及传动机构等。随着在美国空军 F-22 中的应用，TMCs 已经进入了应用阶段。日本制备出一系列耐磨性好的 TiC 和 TiB 颗粒增强的钛基复合材料，可望应用于汽车部件[54-55]。

4. 镍基复合材料

镍基复合材料可用于 1 000℃以上高温领域。在高温下由于其具有抗氧化、抗腐蚀、抗蠕变和耐疲劳等优异性能，镍基复合材料主要用于制造液体火箭发动机中的全流循环发动机，且该发动机的涡轮部件要求材料在一定温度下具有高强度、抗蠕变、抗疲劳、耐腐蚀、与氧化剂相容等性能。

2.4　陶瓷基复合材料

20 世纪 70 年代，航天技术的发展对低密度、耐高温陶瓷提出了迫切需求。为了克服陶瓷材料的脆性，人们开始发展陶瓷基复合材料。陶瓷基复合材料由碳纤维(或陶瓷纤维)与陶瓷基体组成。陶瓷基复合材料的微结构特点包括：①弱界面结合，即纤维与基体之间具有较弱的结合力；②基体是多孔的或具有微裂纹。以上微结构特征导致陶瓷基复合材料具有假塑性失效行为，其失效应变比单体陶瓷高一个数量级以上，其 1 000℃以上的比强度优于其他材料。

2.4.1　陶瓷基体

1. 陶瓷的种类

陶瓷按原料来源分为传统陶瓷和先进陶瓷。传统陶瓷材料是指以天然硅酸盐矿物，如黏土、石英和长石为主要原料配制、烧结而成的陶瓷，具有多孔、不均匀、粗晶的多相微结构，因此强度较低，在较高温度下易软化，耐高温和绝缘性能不及其他陶瓷。先进陶瓷是指以纯度较高的人工合成的化合物为主要原料、采用先进工艺成型、在先进设备中烧结的陶瓷，具有致密、均匀、细晶的微结构。先进陶瓷是由金属和非金属原子组成的共价化合物。

先进陶瓷材料包括氧化物、非氧化物以及玻璃陶瓷。常见的氧化物陶瓷包括氧化铝和氧化锆，非氧化物陶瓷包括碳化物、氮化物和硼化物陶瓷，玻璃陶瓷包括锂铝硅、镁铝硅以及钡铝硅陶瓷等，如图 2-6 所示。

硼化物、碳化物、氮化物陶瓷都具有非常强的化学键，因此其高温结构稳定性好。由于碳原子间极强的键合，碳化物陶瓷满足脆性陶瓷的经典定义。碳化物陶瓷有很高的熔点、硬度(近于金刚石)和耐磨性(特别是在浸蚀性介质中)，其缺点是耐高温氧化能力差(约 900～1 000℃开始氧化)、脆性极大。碳化物陶瓷可分为三类，即离子碳化物、共价碳化物、间隙碳化物。由于离子碳化物(如 Al_4C_3,Na_2C_2,CaC_2,Li_4C_3,Mg_2C_3等)极其脆,还没有获得工程应用。两个最重要的共价碳化物(SiC 和 B_4C)均具有极高的硬度和优秀的热化学稳定性,受到广泛关注。最大的一类碳化物是间隙碳化物(包括金属 Hf,Zr,Ti,Ta 等的碳化物),由于具有强的碳网络,通常具有极高的熔点和较高的高温强度[56]。由此可见,碳化物在许多工程领域具有极大的应用前景,但是这些材料熔点高,很难制备。

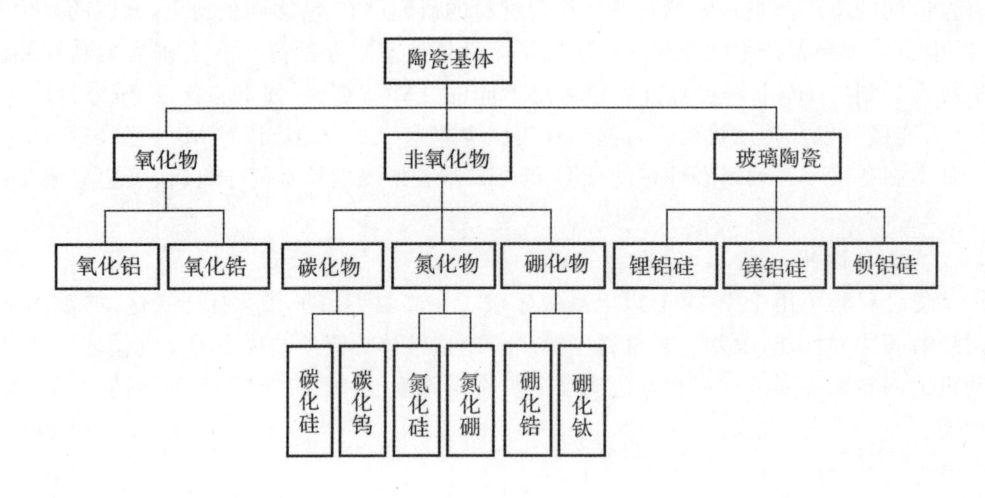

图 2-6　陶瓷材料的种类

氮化物陶瓷是指由氮与金属或非金属元素以共价键相结合的,以难熔化合物为主要成分的陶瓷,具有许多与碳化物相同的性能。由于其强共价键结合特性使其很难制备,尤其是高纯度陶瓷。目前应用较广的氮化物陶瓷有氮化硅(Si_3N_4)、氮化硼(BN)、氮化铝(AlN)等,其中以氮化硅陶瓷的抗氧化能力最佳,1 400℃时开始活性氧化,抗化学腐蚀性很好,而且还具有特殊的力学、介电或导热性能。氮化硅和氮化硼是可供工程应用的氮化物陶瓷。

硼化物陶瓷的硼原子间也具有很强的键合,但是没有碳化物中的强,因此硼化物陶瓷的熔点低于碳化物的熔点。在硼化物晶格中硼原子间以单键、双键、网络和空间骨架形式形成结构单元。随着硼化物中硼相对含量的增加,结构单元愈加复杂。一般而言,其结构越复杂,越不易水解,材料的抗氧化和抗氮化稳定性也越强。常用的硼化物有二硼化锆(ZrB_2)、二硼化钛(TiB_2)和六硼化镧(LaB_6)等。这类材料中硼键合的独特电子属性导致硼化物具有比碳化物和氮化物高的热导率和电导率,低的热膨胀系数以及相对较好的抗热震性和抗氧化性。

2. 陶瓷的结构

陶瓷的基本结构是由金属元素与非金属元素通过离子键和共价键结合而成,其结构比金属的晶体结构复杂。陶瓷的阴离子和阳离子如按矿盐结构排列(如 NiO 和 FeO),即为矿盐晶体结构;如按金刚砂结构排列即为金刚砂晶体结构。

图 2-7 所示为几种陶瓷的晶体结构示意图,不同的晶体结构具有不同的阴/阳离子半径比。陶瓷的晶体结构的影响因素为晶体化学计量学、阴阳离子半径比、共价键性和四面体配位数等[57]。

任何晶体都必须是电中性的,即正电荷总数与负电荷总数相等,这可由分子式反映出来,如 Si_3N_4,每 3 个 Si^{4+} 阳离子必须由 4 个 N^{3-} 阴离子来平衡,其分子式为 Si_3N_4。分子电中性的要求为离子晶体结构类型带来了限制，如 AX_2 化合物不能形成矿盐的结构，而 AX 化合物才能形成矿盐的结构。

为了使晶体结构的能量达到最低，阳离子和阴离子的结合趋向于引力最大而斥力最小。当每个阳离子由尽可能多的阴离子包围且每个阴离子之间及每个阳离子之间均不接触时，引力最大。由于阳离子半径通常小于阴离子半径，晶体结构通常由阴离子围绕阳离子的最大数量确定。当阴离子尺寸确定时，阴离子数量随阳离子尺寸的增加而增加。

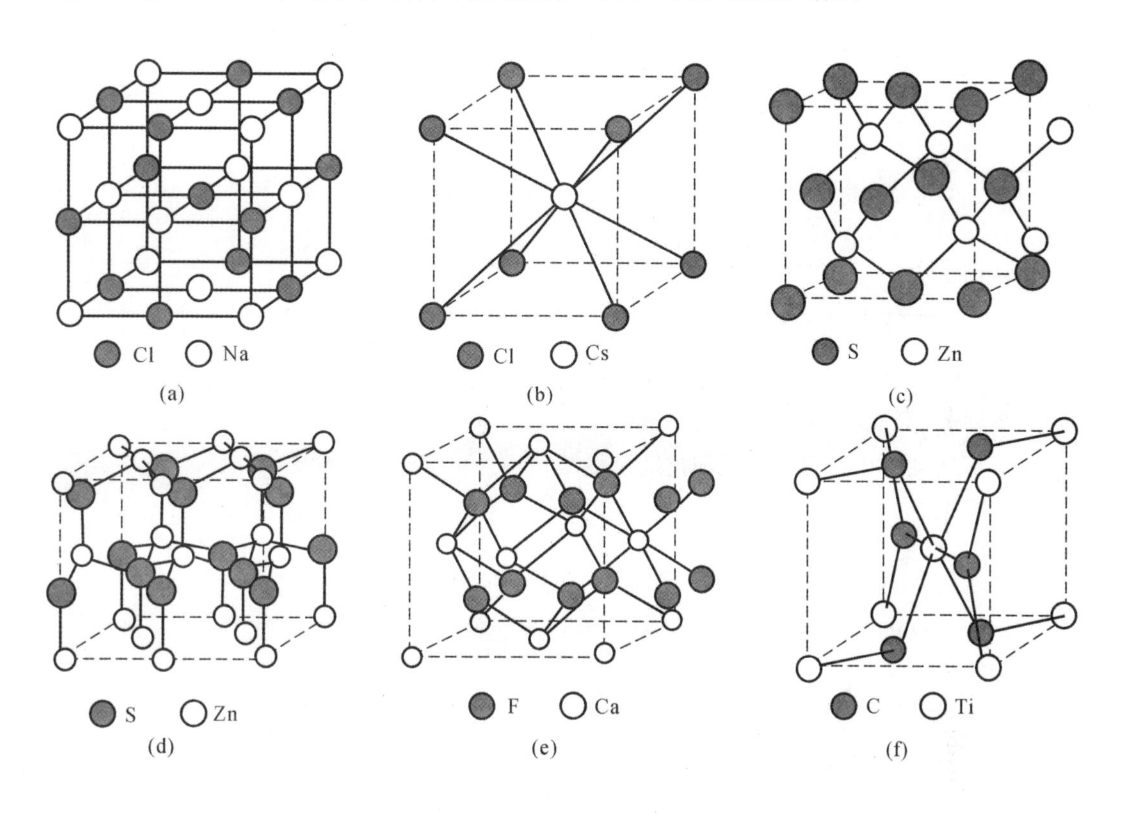

图 2－7　陶瓷的典型结构[57]

(a)矿盐；(b)氯化铯；(c)闪锌矿；(d)纤维锌矿；(e)氟化钙；(f)金红石

3. 陶瓷的性能

陶瓷是工程材料中刚度最好、硬度最高的材料，其硬度大多高于 1 500HV。陶瓷的抗压强度较高，但抗拉强度较低，塑性和韧性很差。陶瓷材料一般具有高熔点(大多高于 2 000℃)，高温下具有极好的化学稳定性。同时陶瓷的线膨胀系数比金属低，当温度发生变化时，陶瓷具有良好的尺寸稳定性。表 2－16 给出了不同陶瓷材料的性能[58]。

大多数陶瓷具有良好的电绝缘性，因此大量用于制作耐各种电压的绝缘器件；少数陶瓷还具有半导体特性。陶瓷在高温下不易氧化，并对酸、碱、盐具有良好的抗腐蚀能力。此外陶瓷还有独特的光学性能，可用作固体激光器材料、光导纤维材料、光储存器等，而且透明陶瓷可用于高压钠灯管等。磁性陶瓷(铁氧体如 $MgFe_2O_4$，$CuFe_2O_4$，Fe_3O_4)在录音磁带、唱片、变压器铁芯、大型计算机记忆元件方面的应用有着广泛的前景[59-60]。

表 2-16 不同陶瓷基体的性能

基体		密度 g/cm³	强度 MPa	模量 GPa	使用温度 ℃
氧化物	氧化硅	2.64			450 以下
	氧化铝	3.93	689	393	1 850
	氧化锆	5.6～5.9			2 175
碳化物	碳化硅	3.21	655	455	2 700
	碳化锆	6.66		348	3 530
	碳化钨	15.7	549	69	2 720
硼化物	硼化锆	6.1		343	3 040
	硼化钛	4.45		529	2 980
	硼化镧	4.7		460	2 530

简言之，陶瓷具有以下特点：

(1)耐高温；

(2)具有优良的高温力学性能和抗蠕变性能；

(3)耐腐蚀、抗氧化；

(4)硬度、抗剪切强度高；

(5)质量轻；

(6)刚度和抗压强度高；

(7)韧性低。

Orowan 给出了估算固体材料理论断裂强度的近似公式[61]：

$$\sigma_{th}=\sqrt{\frac{E\gamma_s}{r_0}} \tag{2-3}$$

式中 σ_{th}—— 理论强度；

E—— 弹性模量；

γ_s—— 单位断裂表面的表面能；

r_0—— 晶格常数(原子间距)。

由式(2-3)可知，减小陶瓷材料晶体结构中原子间的平衡距离，提高材料的弹性模量和表面自由能可提高其理论断裂强度。由式(2-3)计算得到的典型材料的理论断裂强度见表2-17[62]。

表 2-17 几种典型材料的断裂强度

材料	E/GPa	γ/(J·m^{-2})	r_0/μm	σ_{th}/GPa
α-Fe	200	1.00	0.25	28.3
石英玻璃	70	0.58	0.16	15.9
MgO	240	1.59	0.21	42.6
Al_2O_3	380	1.06	0.19	46.0

固体材料的实际断裂强度远低于理论值(至少低一个数量级),主要是由于在陶瓷中存在较多的裂纹、位错和气孔等缺陷。为了研究玻璃、陶瓷等脆性材料的实际强度比理论强度低的原因,Griffith 在 20 世纪 20 年代提出了固体材料中存在裂纹的设想,得出了材料强度与裂纹尺寸的关系[63],即

$$\sigma_{th}=\frac{1}{Y}\sqrt{\frac{2E\gamma_s}{C_0}} \tag{2-4}$$

式中　Y—— 常数,与裂纹的几何形状、位置、外加力的作用方式、样品的几何形状及尺寸有关;

γ_s—— 单位断裂表面的表面能;

C_0—— 裂纹尺寸;

E—— 弹性模量。

Kipling 和 J. E. Goedon 指出,对于工程材料,最糟糕的事情不在于其缺乏强度和刚度,而在于其缺乏韧性,即缺乏对裂纹扩展的抵抗能力。对于先进陶瓷尤其如此,如果不是由于陶瓷的脆性,陶瓷作为高温结构材料的使用将更加广泛。通过减小陶瓷材料内部的裂纹尺寸,可显著改善其力学性能,如硬度、刚度、抗氧化性、抗蠕变性等,但难以提高其断裂韧性。

众所周知,对固体材料施力时,它先产生一个可逆的弹性应变,接着会发生脆性断裂,或者发生伴随塑性变形的断裂。陶瓷和玻璃属于前一类,是脆性材料(见图 2-8(a)),而大多数金属和部分聚合物属于后者(见图 2-8(b))。

简言之,如何提高陶瓷材料的断裂韧性,避免伴随着的灾难性失效行为是一个真正的挑战。

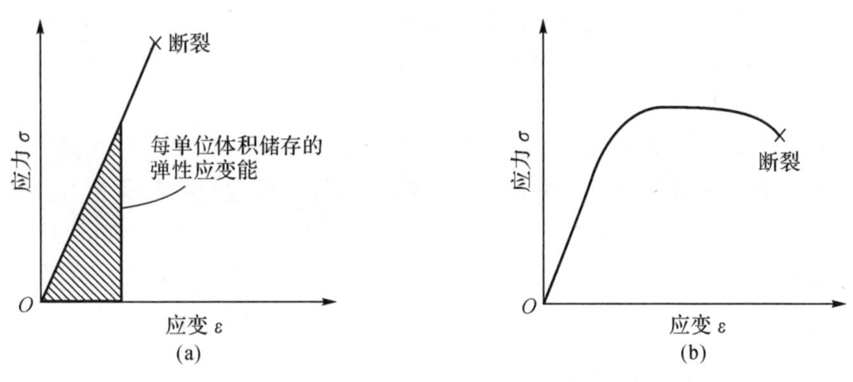

图 2-8　材料典型的应力-应变曲线[63]

(a)陶瓷材料;　(b)金属材料

2.4.2　陶瓷基复合材料的种类

陶瓷基复合材料由陶瓷基体、增强体、界面层和涂层等结构单元组成,根据复合材料的性能要求,增韧补强的方式有颗粒增韧、晶须增韧、金属丝增韧、层状物和连续纤维增韧四种。其中,连续纤维增韧陶瓷基复合材料(CMC)克服了陶瓷的脆性,具有低密度、高韧性、高强度、耐高温、抗热震以及不发生灾难性破坏等优点,是陶瓷基复合材料的主要发展方向。

根据基体种类的不同,连续纤维增韧陶瓷基复合材料可分为非氧化物基、氧化物基、自愈

合基和玻璃基复合材料四种。

1. 非氧化物陶瓷基复合材料

非氧化物基体主要包括碳化物、氮化物以及其他非氧化物，界面层主要包括热解碳和氮化硼。碳纤维和碳化硅纤维增韧碳化硅(C/SiC 和 SiC/SiC，统称 CMC－SiC)是研究最多的非氧化物陶瓷基复合材料[64]。

2. 氧化物陶瓷基复合材料

氧化物基体主要有氧化铝(Al_2O_3)、莫来石($3Al_2O_3 \cdot 2SiO_2$)、氧化铝硅酸盐($xAl_2O_3 \cdot ySiO_2$)以及石英(SiO_2)，氧化物纤维通常有氧化铝、莫来石-氧化铝和石英，其中 Nextel 是商品化的莫来石-氧化铝纤维，界面层材料主要有 BN、热解碳和 $LaPO_4$。典型的氧化物陶瓷基复合材料包括石英纤维增强石英 (SiO_2/SiO_2)以及 Nextel 纤维增强氧化铝硅酸盐、氧化铝和莫来石 (Nextel/$xAl_2O_3 \cdot ySiO_2$，Nextel/Al_2O_3，Nextel/$3Al_2O_3 \cdot 2SiO_2$)。其中，Nextel/$xAl_2O_3 \cdot ySiO_2$ 和 Nextel/Al_2O_3 已经商品化。

3. 自愈合陶瓷基复合材料

自愈合陶瓷基复合材料(CMC－MS)也是 CMC－SiC 的一种，所不同的是 CMC－MS 的基体中含有自愈合组元(一般为硼化物)。自愈合组元的引入方式有两种：一是多元弥散自愈合，自愈合组元与 SiC 组元相互弥散在一起，如 SiB_4－SiC，或基体本身就是自愈合组元，如 Si－B－C；二是多元多层自愈合，自愈合组元与 SiC 组元交替叠层构成多元多层基体，如 $(B_4C-SiC)_n$。自愈合组元能够与侵入的环境介质(氧、水蒸气)快速反应生成玻璃封填剂，在环境介质对纤维和界面造成损伤前，封填孔隙和裂纹，从而阻止环境介质继续向材料内部扩散。C/Si－B－C 和 SiC/Si－B－C 是研究最多的 CMC－MS，具有与 CMC－SiC 相同的力学性能，但抗氧化性能更好，比钛合金、高温合金和金属间化合物更耐高温、密度更低、热膨胀系数更低、抗高低周疲劳和抗热震疲劳性能更好[65]。

4. 玻璃陶瓷基复合材料

玻璃陶瓷基体材料主要有锂铝硅微晶玻璃(LAS)、镁铝硅微晶玻璃(MAS)、钡长石(BAS)，界面层主要有热解碳和 BN，并以陶瓷、碳、金属等纤维、晶须、晶片为增强体。玻璃陶瓷基复合材料主要有碳化硅纤维增强锂铝硅(SiC/LAS)和碳纤维增强钡铝硅(C/BAS)，其耐热温度一般不超过 1 000～1 300℃，比金属间化合物基复合材料具有更低的密度和更好的抗氧化性。

2.4.3 陶瓷基复合材料的性能

陶瓷基复合材料(CMC)具有高强度、高硬度、高弹性模量、热化学稳定性等优异性能，被认为是推重比 10 以上航空发动机的理想耐高温结构材料。表 2－18 给出了几种典型陶瓷基复合材料与陶瓷材料的综合性能对比。与陶瓷材料相比，陶瓷基复合材料的性能表现出各向异性，且拉伸强度大幅度提高[62,66-67]。

陶瓷基复合材料显著改善了陶瓷的脆性，且具有比陶瓷优异的力学性能。断裂韧性是考核陶瓷基复合材料力学性能的主要因素，通过选择不同的基体和增强体，可获得具有良好断裂韧性的陶瓷基复合材料。

表 2-18 陶瓷与陶瓷基复合材料的综合力学性能对比

材 料	Al_2O_3/Al_2O_3	Al_2O_3	CVI-C/SiC	CVI-SiC/SiC	PIP-C/SiC	LSI-C/SiC	Si/SiC
孔隙率/(%)	35	<1	12		12	3	<1
密度/($g\cdot cm^{-3}$)	2.1	3.9	2.1		1.9	1.9	3.1
拉伸强度/MPa	65	250	310		250	190	200
伸长率/(%)	0.12	0.1	0.75		0.5	0.35	0.05
弹性模量/GPa	50	400	95		65	60	395
弯曲强度/MPa	80	450	475		500	300	400
层间剪切强度/MPa			45	50	30	33	
垂直于纤维布方向的拉伸强度/MPa			6	7	4		
垂直于纤维布方向的压缩强度/MPa			500	500	450		
热导率(p)/W/(m·K)			15	18	11	21	>100
热导率(v)/W/(m·K)			7	10	5	15	>100
线膨胀系数(p)/$\times10^{-6}$/K			1.3	2.3	1.2	0	4
线膨胀系数(v)/$\times10^{-6}$/K			3	3	4	3	4
电阻(p)/Ω·cm							50
电阻(v)/Ω·cm			0.4	5			50

注:p—平行纤维布方向(parallel);v—垂直纤维布方向(vertical)。

1. 陶瓷基复合材料的断裂韧性

复合材料在受冲击载荷时发生破坏(断裂),其韧性取决于材料吸收冲击能量的大小和抵抗裂纹扩展的能力。纤维增韧陶瓷基复合材料克服了陶瓷材料的脆性,陶瓷和陶瓷基复合材料的失效模式如图 2-9 所示。在陶瓷基复合材料中[68],通常采用陶瓷颗粒、晶片、晶须、短切或连续纤维进行增韧,使其具有低密度、高强度、高韧性、耐高温和非灾难性的断裂行为。通过合理设计纤维/基体界面来实现的,有助于阻止、偏转脆性基体在承载时产生的裂纹,从而避免裂纹直接穿过纤维,实现陶瓷基复合材料的非灾难性断裂。

表 2-19 列出了不同陶瓷材料与陶瓷基复合材料的断裂韧性[69]。由表可见,采用颗粒和晶须均可显著提高陶瓷的断裂韧性,陶瓷的断裂韧性可由 2.5~4 $MPa\cdot m^{1/2}$ 提高到4.2~10.5$MPa\cdot m^{1/2}$。与它们相比,连续纤维可大幅度提高陶瓷的断裂韧性,可达20.3~28.5$MPa\cdot m^{1/2}$。

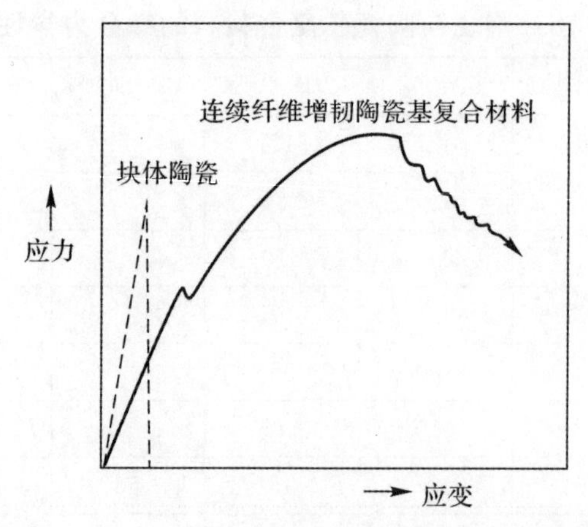

图 2-9　陶瓷与陶瓷基复合材失效模式对比[68]

表 2-19　陶瓷与陶瓷基复合材料的断裂韧性

材　料		断裂韧性 $K_{\mathrm{I}c}$/(MPa · $m^{1/2}$)
Al_2O_3		3.5～4.0
SiC		3.0～3.5
RBSN		2.5
颗粒增韧陶瓷基复合材料	Al_2O_3-30 wt.% TiC	4.2～4.5
	Si_3N_4-30 vol.% SiC	6.7
	SiC-16 vol.% TiB_2	6.8～8.9
晶须增韧陶瓷基复合材料	Al_2O_3-30 vol.% SiC_w	6.9～8.6
	Si_3N_4-30 vol.% SiC_w	6.4～10.5
	CVI SiC-25 vol.% SiC_w	5.7～7.2
纤维增韧陶瓷基复合材料	C_f/CVI SiC	20
	SiC_f/CVI SiC	29

注：下标"w"代表晶须。

2. 陶瓷基复合材料的增韧机理

陶瓷材料的增韧机理主要包括颗粒增韧、纤维拔出、脱黏和搭桥增韧、层状结构增韧、微裂纹增韧和相变增韧。陶瓷基复合材料的增韧机理包括界面脱黏和纤维拔出。

复合材料在受力过程中，首先发生弹性变形，然后基体中的裂纹开始扩展，纤维与基体在界面处发生脱黏，纤维断裂、拔出，直至材料失效。由图 2-10 可见陶瓷基复合材料的界面脱黏过程。复合材料在纤维脱黏后产生了新的表面，因此需要能量。尽管单位面积的表面能很小，但所有脱黏纤维总的表面能很大。假设纤维脱黏能等于由于应力释放引起的纤维应变释放能，则每根纤维的脱黏能 Q_d 为[70]

$$Q_d = (\pi d^2 \sigma_{fu}^2 l_c)/(48E_f) \tag{2-5}$$

式中　d—— 纤维直径；

l_c—— 纤维临界长度；

σ_{fu}—— 纤维拉伸断裂强度；

E_f—— 纤维弹性模量。

考虑纤维体积 $V_f=\pi d^2 l/4$（l 为纤维长度，$l=\frac{1}{2}l_c$），并将其代入式(2-5)可得单位面积的最大纤维脱黏能 Q_d 为

$$Q_d=(\sigma_{fu}^2 V_f)/(6E_f) \tag{2-6}$$

由式(2-6)可见，提高纤维的体积分数和临界纤维长度 l_c 可达到增韧的效果。

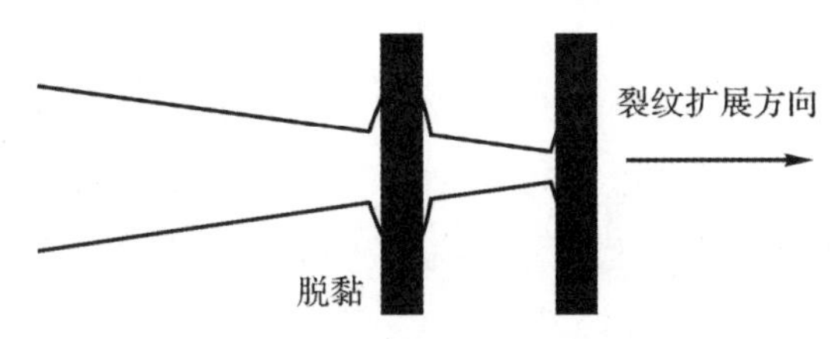

图 2-10　陶瓷基复合材料界面脱黏示意图[70]

随着应力的进一步增加，对于特定位向和分布的纤维，裂纹很难偏转，只能沿着原来的扩展方向继续扩展。这时靠近裂纹尖端处的纤维并未断裂，而是在裂纹两岸搭起小桥（见图 2-11），使两岸连在一起。由于界面脱黏是裂纹桥接的前提，因此当裂纹桥接时，在裂纹表面产生一个压应力，以抵消外加应力的作用，从而使裂纹难以进一步扩展，起到增韧作用。随着裂纹的扩展，裂纹生长的阻力增加，直到在裂纹尖端形成一定数量的纤维搭桥区，这时达到稳态韧化。

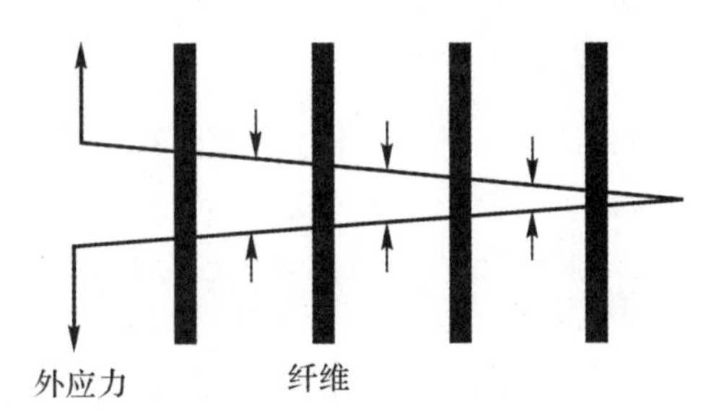

图 2-11　陶瓷基复合材料裂纹桥接示意图[70]

纤维拔出是指靠近裂纹尖端的纤维在外应力作用下沿着纤维和基体的界面滑出的现象。纤维首先与基体脱黏、断裂后才能被拔出，而纤维拔出会使裂纹尖端应力松弛，从而减缓裂纹的扩展。纤维的拔出须外力做功，因此起到增韧作用[71]。纤维拔出须做的功 Q_p 等于拔出纤维时克服的阻力乘以纤维拔出的距离，可以表示为

$$Q_p=\text{平均力}\times\text{距离}=\pi d l^2 \tau/2 \tag{2-7}$$

式中　τ —— 界面剪切强度；

d—— 纤维直径；

l—— 纤维拔出长度。

当纤维发生断裂时，拔出纤维的最大长度为 $l_c/2$。当纤维拔出时，在纤维上施加的拉应力 σ 与剪应力 τ 的关系可表示为 $\frac{l_c}{d}=\frac{\sigma_{fu}}{2\tau}$，将其代入式(2-7)可得拔出每根纤维所做的最大功为

$$Q_p = \pi d l_c^2 \tau / 8 = \pi d^2 \sigma_{fu} l_c / 16 = \sigma_{fu} V_f / 2 \tag{2-8}$$

$$Q_p / Q_d = 3E_f / \sigma_{fu} \tag{2-9}$$

因 $E_f > \sigma_{fu}$，所以纤维拔出能总大于纤维脱黏能，纤维拔出的增韧效果要比纤维脱黏更强。因此，纤维拔出是更重要的增韧机理。

简言之，陶瓷基复合材料具有以下性能特点：

(1)耐高温；

(2)密度低；

(3)高温比强度高；

(4)高温比模量高；

(5)由基体开裂造成的非线性应力-应变曲线，称为准塑性；

(6)氧化物陶瓷基复合材料因其高气孔率具有好的绝缘性能和隔热性能；

(7)耐腐蚀，抗氧化；

(8)对裂纹不敏感，不发生灾难性损毁。

综上所述，陶瓷基复合材料克服了陶瓷材料灾难性失效、低断裂韧性和低抗热震性的缺点。

2.4.4 陶瓷基复合材料的应用

陶瓷基复合材料具有高的热稳定性、好的耐腐蚀和耐磨损性能，已应用于航天和军事领域的热防护系统和喷管等。近年来，陶瓷基复合材料开始应用于民用领域，在地面交通(如刹车系统)、机械工程(如轴承和防弹)以及发电装置(如燃烧器和热交换器)等领域均有潜在的应用前景[72]。

陶瓷基复合材料可应用于超出金属的工作温度、高温可靠性高、抗腐蚀、耐磨损的使用环境，成为1 650℃以下长寿命、2 200℃以下有限寿命和3 000℃以下瞬时寿命的热结构材料，同时具有优良的超低温性能和抗辐照性能[73]。因此，陶瓷基复合材料应用覆盖的使用温度和寿命范围宽，其应用领域广(见图2-12)。

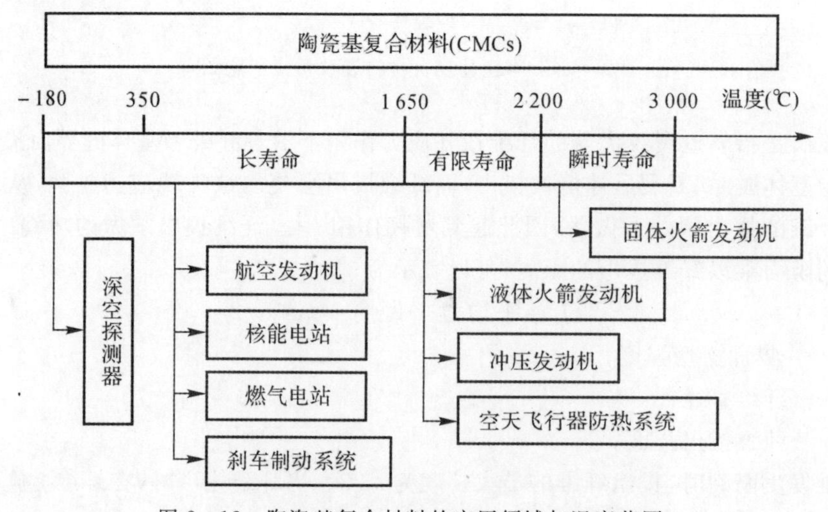

图2-12 陶瓷基复合材料的应用领域与温度范围

总之，陶瓷基复合材料的典型应用环境如下：

(1)高温汽轮机部件，如燃烧室、静止叶片和涡轮叶片等。

(2)飞行器高温热结构件和热防护系统，如航天飞行器机身襟翼、控制舵、机翼前缘、头锥、大面积防热瓦等。

(3)火焰稳定器、热气净化器等。

(4)耐高温、热震刹车系统。

(5)耐腐蚀、耐磨损滑动轴承。

2.5　碳/碳(C/C)复合材料

C/C 复合材料是指以碳纤维或其织物为增强相，以化学气相渗透的热解碳或液相浸渍-碳化的树脂碳、沥青碳为基体组成的一种纯碳多相结构。它源于 1958 年，美国 Chance-Vought 公司由于实验室事故，在碳纤维增强树脂基复合材料固化时超过了工艺温度，树脂碳化形成 C/C 复合材料。

C/C 复合材料是一种新型高性能结构功能一体化复合材料，具有高强度、高模量、高断裂韧性、高导热、隔热优异和低密度等优异特性，在机械、电子、化工、冶金和核能等领域中得到广泛应用，并且在航天、航空和国防领域中的关键部件上被大量应用[74]。

2.5.1　碳基体

2.5.1.1　碳的种类

碳材料除了两个常见的同素异形体(金刚石和石墨)以外，从几乎无定形态到高度结晶的石墨态范围内存在许多种晶型。结构的变化带来性质上的差异，从而使碳素材料具有许多优异的性能，因此得以成功地用于许多方面。石墨与金刚石、碳 60、碳纳米管、石墨烯等都是碳元素的单质，它们互为同素异形体。热解碳和玻璃碳是包含石墨微晶的碳元素的混合物。

2.5.1.2　碳的结构

1. 石墨

石墨晶体具有层状点阵，由许多碳原子正六角环联结在一起形成巨大的平面网，互相平行重叠而成。最常见的石墨晶体多属于六方晶系，其点阵常数为 $a_0=2.461\ 2\times10^{-10}$ m，$c_0=6.708\times10^{-10}$ m(见图 2-13)。晶体结构具有明显的各向异性。石墨晶体属于混合键型的晶体，每个碳原子用 sp^2 杂化轨道与相邻的 3 个碳原子(排列方式呈蜂巢式的多个六边形)以 σ 共价键结合，构成正六角形蜂巢状的平面层状结构共价分子。6 个碳原子在同一个平面上形成了正六边形的环，伸展成片层结构，这里 C—C 键的键长皆为 142pm，正好属于原子晶体的键长范围，因此，对于同一层来说，它是原子晶体。由于每个碳原子还有一个 2p 轨道，其中有一个 2p 电子。这些 p 轨道又都互相平行，并垂直于碳原子 sp^2 杂化轨道构成的平面，形成了大 π 键，这些 π 电子能够在整个碳原子平面上自由移动，相当于金属中的自由电子，所以石墨能导热和导电，表现为金属晶体的特征，因此也归类于金属晶体。

石墨晶体中层与层之间相隔 340pm，距离较大，是以范德华力结合起来的，即层与层之间属于分子晶体。但是，由于同一平面层上的碳原子间结合很强，极难破坏，所以石墨的熔点也很高，化学性质也稳定。

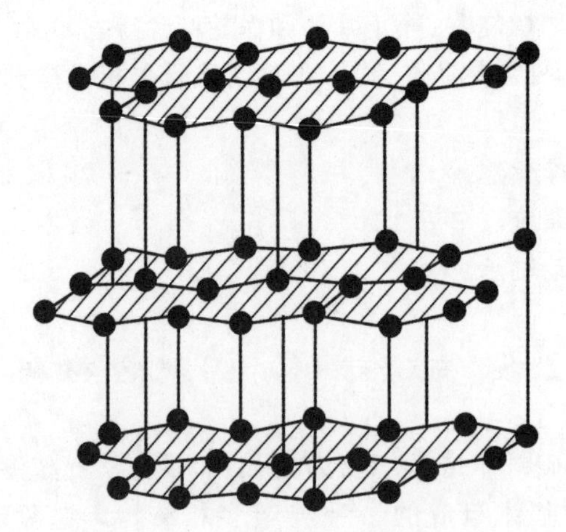

图 2-13　石墨的晶体结构示意图

2. 金刚石

金刚石和石墨都属于碳单质，它们的化学性质完全相同，而物理性质不同。金刚石是目前最硬的物质，而石墨却是最软的物质之一。金刚石的熔点是 3 823K，石墨的熔点是 3 773K。虽然石墨晶体片层内共价键的键长小于金刚石晶体内共价键的键长，破坏它需要提供更多的能量，但是熔化时须破坏金刚石中的共价键数目多于石墨，导致金刚石的熔点大于石墨。

在金刚石晶体中，碳原子按四面体成键方式互相连接，组成无限的三维骨架，是典型的原子晶体（见图 2-14）。每个碳原子都以 sp^3 杂化轨道与另外 4 个碳原子形成共价键，构成正四面体。由于金刚石中的 C—C 键很强，所有的价电子都参与了共价键的形成，没有自由电子，所以金刚石不仅硬度大，熔点极高，而且不导电。金刚石的密度为 3.52g/cm³。

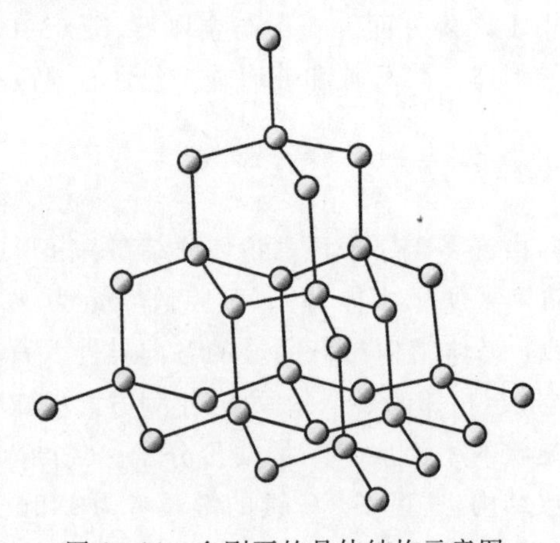

图 2-14　金刚石的晶体结构示意图

3. 热解碳

热解碳是由碳氢化合物气体（如丙烷、甲烷等）在高温炉内经热解脱氢、缩聚等复杂过程使碳沉积在基体（如石墨材料等）上而制成的。热解碳按生产工艺条件的不同，可分为高温热解碳和低温热解碳。高温热解碳的沉积温度较高（1 800℃以上），气体压力（炉压）较低（1.3～

2.6 kPa)，基体一般是静止的。高温热解碳又称热解石墨，具有较强的异向性质，其六角形碳网面与基体表面接近平行。热解碳的显微结构与沉积温度、炉压、气体流量等因素有关。一般而言，沉积温度高易生成细锥状结构热解碳；沉积温度低易生成粗锥状结构热解碳。低温热解碳的沉积温度较低(1 500℃以下)，炉气体压力较高(1.3～101.3 kPa)，基体有静止的(如以碳纤维编织物为基体制造的碳-碳复合材料)和非静止的(如用流化法制造的热解碳材料)。碳-碳复合材料中的热解碳的显微结构与碳纤维附近的气相成分等因素有关。一般来说，随着气相中 C/H 原子比的减小，热解碳的结构形态将依照光滑层→粗糙层→各向同性的顺序进行变化。热解碳的三显微结构形态见表 2 - 20，即平滑层片组织(SL)、粗糙层片组织(RL)和各向同性碳(ISO)[75]。SL 具有较弱的光学各向异性，RL 具有较强的光学各向异性，ISO 具有光学各向同性。

表 2 - 20　不同热解碳结构的热导率

热解碳结构	晶粒大小/$\times 10^{-10}$ m	导热率/[$W \cdot (m \cdot K)^{-1}$]
SL	125	25
RL	385	96
ISO	90	25

4. 玻璃碳

玻璃碳(GC)是一种新型的碳材料。因其端口形貌和结构特征类似玻璃而被称作玻璃碳，它是在 1962 年由英国的 Davison 和日本 Yamada 几乎同时发现的[76-77]。当树脂碳化后，主要形成玻璃态各向同性碳；但当树脂碳化后再进行高温石墨化热处理后，各向同性碳可转变为各向异性的石墨形态。

玻璃碳是一种具有高度无序结构的碳的形式，具有类似富勒烯的微观结构。sp^2 键合的碳原子在同一个平面上排列，具有六边形对称结构。非六元环(五边形、七边形)使六边形碳平面发生弯曲。基于这些观察，目前提出的一个玻璃碳结构模型认为，玻璃碳是由具有不同形状碳平面的独立碎片组成的，其中五边形和七边形碎片随机分布于六边形平面网格之中。这一结构模型将会解释玻璃碳的许多令人感兴趣的性质，诸如耐高温、高硬度(莫氏 7)、低密度、低电阻、低摩擦、低导热性、超强耐化学侵蚀性、不渗透于气体和液体等。

2.5.1.3　碳的性能

表 2 - 21 中总结了不同碳材料的性能[78-80]。在所有的块体碳素材料中，金刚石具有最高的力学性能和热导率，但其价格昂贵、韧性低且无法制备大尺寸构件。由于碳材料种类多，且性能相差很大，因此下面简单给出了石墨、热解碳和玻璃碳的优异性能及存在的问题。

石墨、热解碳以及玻璃碳材料，具有以下优点。

(1)在惰性气氛或真空中，3 000℃以下的高温稳定性好；

(2)具有极强的耐腐蚀性；

(3)低密度；

(4)高的耐热冲击性；

(5)好的导电性；

(6)低热膨胀性。

作为热结构材料，石墨、热解碳以及玻璃碳材料存在的主要问题如下：

(1)强度低；

(2)韧性低；

(3)在 400℃以上含氧环境中发生氧化。

表 2-21 不同种类碳材料的综合性能对比[78-80]

碳 基	密度 g/cm³	强度/MPa	模量 GPa	硬度 GPa	断裂韧性 MPa·m^1/2	泊松比	热膨胀系数 ×10⁻⁶/K	热导率 W/(m·K)	电导率 S/m
CVD 金刚石	3.52	450～1 100(拉伸) 9 000(压缩)	400～1 000	85～100	5.5	0.07	1.21(100～250℃) 3.84(500℃)	500～2 200(20℃) 500～1 100(200℃)	
石墨	1.82	28～33(拉伸) 83～84(压缩)	7.7～10.7(拉伸) 6.7～8.7(压缩)				1～1.5(25～1 093℃)	66(260℃) 43(816℃)	
石墨烯		130±10GPa(拉伸)						(4.84±0.44)×10³～(5.30±0.48)×10³	7 200
CNT		60～150GPa(拉伸)						3 500	3 000～4 000
热解碳	1.4～2.2	100(弯曲)							
玻璃碳	1.42～1.54	210～260(弯曲) 480～580(压缩)	35	2.3～3.4			2.6～3.5	4.6～6.3(30℃)	

2.5.2 C/C 复合材料的性能

可将 C/C 复合材料具有的许多优异性能[81-82]总结如下：

(1)物理性能。C/C 复合材料在高温热处理之后的碳元素含量高于 99%，密度低；由于碳元素熔点高，它具有耐高温、抗腐蚀和热冲击性能好的特性；在常温下其导热性可与铝合金媲美；热膨胀系数远比金属低；同时具有最好的生物相容性。

(2)力学性能。与石墨材料相比，C/C 复合材料的力学性能显著提高，而且密度低，因此其比强度和比模量高。

(3)摩擦性能。C/C 复合材料耐摩擦、磨损性能好。C/C 复合材料中碳纤维的微观结构为乱层石墨结构，其摩擦因数比石墨高，因而提高了复合材料的摩擦性能。石墨的层状结构使其具有自润滑能力，可降低摩擦因数。通过改变基体碳的石墨化程度就可以获得摩擦因数适中而又有足够强度和刚度的 C/C 复合材料。

(4)高温稳定性。C/C 复合材料的室温强度可以保持到 2 500℃，且其强度随温度的升高不降反而升高，对热应力不敏感，抗烧蚀性能好。

但是，C/C 复合材料存在一个致命的弱点，即在高温氧化性气氛下极易氧化。该材料在氧化性气氛下 400℃以上就开始氧化，并且氧化速率随着温度的升高迅速增加。氧化会使其孔隙增大，力学性能大幅度降低。当 C/C 复合材料氧化失重率为 1%时，其强度降低 10%。

2.5.3　C/C 复合材料的应用

C/C 复合材料的应用环境如下：

(1)航天飞行器机翼前缘、头锥、大面积防热瓦等。

(2)发动机涡轮转子、燃烧室、喷管等。

(3)耐高温、热震刹车系统。

C/C 复合材料应用的关键是提高其抗氧化性能，包括基体改性和涂层改性。在 C/C 复合材料的基体碳中添加硅化物(如 SiC)、硼化物(如 B_4C)以及高熔点氧化物(如 ZrO_2)，对其进行基体改性处理，会使材料的抗氧化性能大大提高。采用抗氧化涂层可以大幅度提高 C/C 复合材料的抗氧化性能，在 1 000℃以上环境中使用的抗氧化涂层主要是硅化物(如 $MoSi_2$，$ZrSi_2$，WSi_2)。

如图 2－15 所示为各种复合材料在不同温度的比强度[82]。连续纤维增强聚合物基复合材料具有低密度和高强度，其比强度随温度的升高而降低，适用于 300℃以下的环境。CMC 复合材料和 C/C 复合材料适用于高温场合。其中，C/C 复合材料适用于 1 300℃以上的环境。

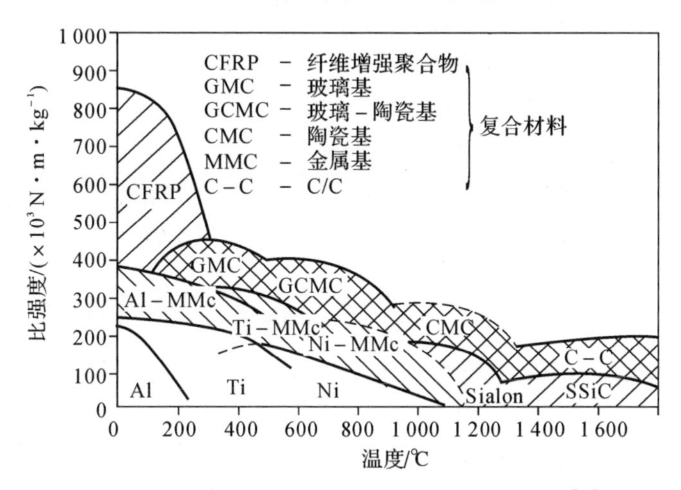

图 2－15　各种复合材料在不同温度时的比强度[82]

实　　例

假定碳的原子间距为 3.34×10^{-10} m，表面能为 0.2 N/m，弹性模量为 2 000GPa。碳纤维表面裂纹尺寸 c(裂纹半长)为 0.04μm。那么碳纤维的理论强度可以达到多大？实际强度多大？怎样提高碳纤维的强度？

答:(1)根据 Orwan 模型,碳纤维的理论强度为

$$\sigma_{th}=\sqrt{\frac{E\gamma}{r_0}}=\sqrt{\frac{2\ 000\times10^9\times0.2}{3.34\times10^{-10}}}=34.6\ \text{GPa}$$

(2)根据 Griffith 理论,碳纤维的实际强度与裂纹尺寸有关,即

$$\sigma=\sqrt{\frac{2E\gamma}{\pi c}}=\sqrt{\frac{2\times2\ 000\times10^9\times0.2}{3.14\times0.04\times10^{-6}}}=2.52\ \text{GPa}$$

可知碳纤维的实际强度随裂纹尺寸的减小而增大。

(3)可通过减小纤维直径,降低纤维表面晶化层厚度,沉积热解碳修复裂纹等方法来提高纤维的强度。

参考文献

[1] 刘克杰,朱华兰,彭涛,等. 无机特种纤维介绍(一)[J]. 合成纤维,2013,5:32-37.

[2] 覃小红. 高性能纤维的发展及应用[J]. 纺织科技进展,2004,5:49-52.

[3] 祖群,陈士洁,孔令珂. 高强度玻璃纤维研究与应用[J]. 航空制造技术,2009,15:92-95.

[4] 靳治良,李胜利,李武. 晶须增强体复合材料的性能与应用[J]. 盐湖研究,2003,11:57-66.

[5] 权高峰,柴东朗. 增强体种类及含量对金属基复合材料力学性能的影响[J]. 复合材料学报,1999,2:62-66.

[6] Li H, Richards C, Watson J. High-performance glass fiber development for conposite applications[J]. International Journal of Applied Glass Science, 2013,5:65-81.

[7] 韩利雄,赵世斌. 高强度高模量玻璃纤维开发状况[J]. 玻璃纤维,2011,3:34-38.

[8] Hughes J D H. The carbon fibre/epoxy interface — a review[J]. Composites Science and Technology, 1991, 41:13-45.

[9] 陈娟,王成国,丁海燕,等. PAN 基碳纤维的微观结构研究[J]. 化工科技,2006,4:9-12.

[10] Güliz Çakmak, Zuhal Küçükyavuz, Savaş Küçükyavuz, et al. Mechanical, electrical and thermal properties of carbon fiber reinforced poly(dimethylsiloxane)/polypyrrole composites[J]. Composites Part A: Applied Science and Manufacturing, 2004, 35:417-421.

[11] 徐婷. CVD 法 SiC 连续纤维制备技术[D]. 西安:西北工业大学材料学院,2006.

[12] Guo S Q, Kagawa Y, Tanaka Y, et al. Microstructure and role of outermost coating for tensile strength of SiC fiber[J]. Acta Materialia, 1998, 46:4941-4954.

[13] Seishi Yajima, Josaburo Hayashi, Mamoru Omori. Continuous silicon carbide fiber of high tensile strength[J]. Chemistry Letters, 1975, 4:931-934.

[14] Guo Shuqi, Yutaka Kagawa. Tensile fracture behavior of continuous SiC fiber-reinforced SiC matrix composites at elevated temperatures and correlation to in situ constituent properties [J]. Journal of the European Ceramic Society, 2002,

22:2349 - 2356.

[15] 陈建军，彭志勤，董文钧，等. 先驱体制备 SiC 纤维的发展历程与研究进展[J]. 高科技纤维与应用，2010，35:35 - 42.

[16] 李东风，王浩静，王心葵. 高性能无机连续纤维[J]. 合成纤维工业，2005，28:40 - 43.

[17] Michio Takeda，Akira Urano，Jun-ichi Sakamoto，et al. Microstructure and oxidative degradation behavior of silicon carbide fiber Hi-Nicalon type S[J]. Journal of Nuclear Materials，1998，258 - 263(2):1594 - 1599.

[18] James A DiCarlo，Hee-Mann Yun. Handbook of ceramic composites[M]. New York: Springer US,2005.

[19] 孙酣经，柴宗华. 高性能化工新材料及其应用(二):芳纶纤维及其应用[J]. 化工新型材料，1998，5:41 - 43.

[20] 杜玉芬. 凯芙拉(Kevlar)纤维的发展与应用[J]. 飞航导弹，1988，4:58 - 60.

[21] 高启源. 高性能芳纶纤维的国内外发展现状[J]. 化纤与纺织技术，2007，3:31 - 36.

[22] 刘琳，戴光宇，李文峰. 航空航天用高性能热固性树脂基体应用及研究进展[J]. 中国塑料，2008，22:9 - 12.

[23] 余训章. 高性能树脂基体在航空航天复合材料上的应用[J]. 玻璃钢，2006，4:26 - 31.

[24] 王兴刚，于洋，李树茂，等. 先进热塑性树脂基复合材料在航天航空上的应用[J]. 纤维复合材料，2011，2:44 - 47.

[25] Lawrence E Nielsen，Robert F Landel. Mechanical properties of polymers and composites[M]. Boca Ration，US: CRC Press，1993.

[26] 娄葵阳，张凤翻. 航空工业用热塑性树脂基复合材料研究进展[J]. 材料工程，1996，6:15 - 16.

[27] 吴良义，罗兰，温晓蒙. 热固性树脂基体复合材料的应用及其工业进展[J]. 热固性树脂，2008，23(增刊):22 - 31.

[28] 潘玉琴. 玻璃钢复合材料基体树脂的发展现状[J]. 纤维复合材料，2006，4:55 - 59.

[29] 曾天卷. 玻璃纤维增强热塑性塑料——短纤维粒料和长纤维粒料[J]. 玻璃纤维，2008，4:33 - 39.

[30] 梁群群. 玻璃纤维增强热塑性复合材料的制备及其性能研究[D]. 天津: 天津工业大学材料科学与工程学院，2013.

[31] Toldy A，Szolnoki B，Marosi Gy. Flame retardancy of fibre - reinforced epoxy resin composites for aerospace applications[J]. Polymer Degradation and Stability，2011，96:371 - 376.

[32] Paul S Veers，Thomas D Ashwill，Herbert J Sutherland，et al. Trends in the design，manufacture and evaluation of wind turbine blades[J]. Wind Energy，2003，6: 245 -259.

[33] Piggott M R，Harris B. Compression strength of carbon，glass and Kevlar - 49 fibre reinforced polyester resins[J]. Journal of Materials Science，1980，15: 2523 - 2538.

[34] Lavengood R E，Gulbransen L B. The effect of aspect ratio on the fatigue life of short boron fiber reinforced composites[J]. Polymer Engineering & Science，1969，

9:365－369.

[35] 郑亚萍，宁荣昌，乔生儒. 环氧树脂基纳米复合材料研究进展[J]. 化工新型材料，2000，28:17－18.

[36] 尹衍升，张金升，李嘉，等. 新型半陶瓷材料——金属间化合物及其应用[J]. 中国陶瓷，2002，1:39－42.

[37] 仲增墉. 金属间化合物高温结构材料[J]. 材料科学进展，1990，4:132－142.

[38] 徐万东，张瑞林，余瑞璜. 过渡金属化合物晶体结合能计算[J]. 中国科学:A辑，1988，3:323－330.

[39] 陈念贻. 键参数函数及其应用(一)——金属键的形成条件[J]. 中国科学:A辑，1974，6:580－584.

[40] 吕立华. 金属塑性变形与轧制理论[M]. 北京：化学工业出版社，2006.

[41] 范润华，刘英才. Fe_3Al 金属间化合物强韧化研究进展[J]. 材料科学与工程，1997，4:47－50.

[42] Paufler P, Cahn R W, Haasen (eds) P. Physical metallurgy 3rd revised and enlarged edition[M]. New York: North－Holland physics publishing, 1985.

[43] Paufler P. Zur Kristallographie－Ausbildung in der UdSSR[J]. Mitteilungen der VFK, 1986, 21:3－5.

[44] Sauthoff G. Intermetallic phases－materials developments and prospects [J]. Materials Science, 1989, 20:337－344.

[45] 张汉谦，吉晓华. 金属断裂表面分形维数与金属力学性能之间关系的研究进展[J]. 太原理工大学学报，2000，5:535－540.

[46] 林栋梁. 有序金属间化合物研究的新进展[J]. 上海交通大学学报，1998，2:8－15.

[47] 宋伟. 金属基复合材料的发展与应用[J]. 铸造设备研究，2004，5:48－50.

[48] Zhang Wenlong, Gu Mingyuan, Chen Jiayi, et al. Tensile and fatigue response of alumina－fiber－reinforced aluminum matrix composite[J]. Materials Science and Engineering: A, 2003, 341:9－17.

[49] Herring H W. NASA TR R－383 Fundamental mechanisms of tensile fracture in aluminum sheet undirectionally reinforced with boron filament[R]. Washington, D C: NASA, 1972.

[50] 张帆，王松. 碳(石墨)/铝复合材料制备工艺及力学性能的研究[J]. 热加工工艺，1999，2:5－7.

[51] Nair S V, Tien J K, Bates R C. SiC－reinforced aluminium metal matrix composites [J]. International Metals Reviews, 1985, 30:275－290.

[52] 任富忠. 短碳纤维增强镁基复合材料的制备及其性能的研究[D]. 重庆：重庆大学材料科学与工程学院，2011.

[53] 吕维洁. 原位自生钛基复合材料研究综述[J]. 中国材料进展，2010，29：41－48.

[54] 李邦盛，尚俊玲，郭景杰，等. 原位 TiB 晶须增强钛基复合材料的磨损机制[J]. 摩擦学学报，2005，25:18－21.

[55] 孔令超，宋卫东，宁建国，等. TiC 颗粒增强钛基复合材料的静动态力学性能[J]. 中

国有色金属学报，2008，18:1756 - 1762.
[56] 朱全力，杨建，季生福，等. 过渡金属碳化物的研究进展[J]. 化学进展，2004，16:382 - 385.
[57] Barsoum M W. Fundamentals of ceramics-Series in Materials Science and Engineering [M]. Oxfordshire，UK：Institute of Physics Publishing，2002.
[58] 朱教群，梅炳初，陈艳林. 纳米陶瓷材料的制备和力学性能[J]. 佛山陶瓷，2002，1:1 - 4.
[59] 李龙士. 功能陶瓷材料及应用研究新进展[J]. 中国建材，2003，10:107 - 110.
[60] 杜若昕，兰发华. 微波介电陶瓷与微波磁介电陶瓷[J]. 压电与声光，1996，4:255 -259.
[61] Orowan E. Fracture and strength of solids[J]. Reports on Progress in Physics XII，1948，12:185 - 232.
[62] 龚江洪. 陶瓷材料断裂力学[M]. 北京:清华大学出版社，2001.
[63] Griffith A A. The phenomena of rupture and flow in solids [J]. Philosophical Transactions of the Royal Society，1920，221:163 - 198.
[64] Justin J F，Jankowiak A. Ultra high temperature ceramics：densification，properties and thermal stability[J]. Journal Aerospace Lab，2011，3:1 - 11.
[65] 李思维. 纤维增韧自愈合碳化硅陶瓷基复合材料的高温模拟环境微结构演变[D]. 厦门:厦门大学材料学院，2008.
[66] 徐永东，成来飞. 连续纤维增韧碳化硅陶瓷基复合材料研究[J]. 硅酸盐学报，2002，2:184 - 188.
[67] 于海蛟，周新贵，周长城. 短 C_f 增强 SiC 基复合材料及制备压力和 C_f 含量对其性能的影响[J]. 粉末冶金材料科学与工程，2006，1:49 - 53.
[68] 张振东，庞来学. 陶瓷基复合材料的强韧化研究进展[J]. 江苏陶瓷，2006，39(3):8 -13.
[69] George A Gogotsi. Fracture toughness of ceramics and ceramic composites [J]. Ceramics International，2003，29:777 - 784.
[70] Anthony G Evans，Ming Y He. Interface Debonding and Fiber Cracking in Brittle Matrix Composites [J]. Journal of the American Ceramic Society，1989，72:2300 -2303.
[71] CHUN - HWAY HSUEH. Interfacial debonding and fiber pull - out stresses of fiber - reinforced composites [J]. Materials Science and Engineering，1990，A123:1 - 11.
[72] 甘永学. 纤维增强陶瓷基复合材料的研究及其在航空航天领域的应用[J]. 宇航材料工艺，1994，5:1 - 5.
[73] 邱海鹏，陈朋伟，谢巍杰. SiC/SiC 陶瓷基复合材料研究及应用[J]. 航空制造技术，2015，14:94 - 97.
[74] 廖勋鸿，廖名华. C/C 复合材料在火箭发动机和飞机上的应用[J]. 碳素，2002，3:11 - 13.

[75] Luo Ruiying, Cheng Yonghong. Effects of preform and pyrolytic carbon structure on thermophysical properties of 2D carbon/carbon composites[J]. Chinese Journal of Aeronautics, 2004, 17:112 - 118.

[76] Davidson H W. The properties of G. E. C. impermeable carbon[J]. Nuclear Engineer, 1962,7:159 - 161.

[77] Yamada, Shigehiko, Sato, et al. Some physical properties of glassy carbon[J]. Nature, 1962, 193:261 - 262.

[78] Coe S E, Sussmann R S. Optical thermal and mechanical properties of CVD diamond [J]. Diamond and Related Materials, 2000, 9:1726 - 1729.

[79] Rodney S Ruoff, Donald C Lorents. Mechanical and thermal properties of carbon nanotubes[J]. Carbon, 1995, 33:925 - 930.

[80] Hao Feng, Fang Daining, Xu Zhiping. Mechanical and thermal transport properties of graphene with defects[J]. Applied Physics Letters, 2011, 99:41901 - 41903.

[81] Torsten Windhorst, Gordon Blount. Carbon - carbon composites: a summary of recent developments and applications[J]. Materials & Design, 1997, 18:11 - 15.

[82] Ruiying Luo, Tao Liu, Jinsong Li, et al. Thermophysical properties of carbon/carbon composites and physical mechanism of thermal expansion and thermal conductivity[J]. Carbon, 2004, 42:2887 - 2895.

第3章　复合材料中的表面与界面

复合材料的界面是基体与增强体之间化学成分有显著变化、构成彼此结合、能起载荷传递作用的微小区域。在复合材料制备过程中，涉及的界面问题主要包括液-固界面、固-固界面和气-固界面。其中，以液-固界面最为常见。例如聚合物基复合材料(PMC)制备过程中树脂基体的浸渍固化、聚合物基体的浸渍裂解(PIP)、陶瓷基复合材料的反应熔体渗透(RMI)和金属基复合材料的充型过程等工艺过程都存在液-固界面问题。在复合材料制备完成后，液-固界面就变成了固-固界面。复合材料制备过程中纤维和基体先驱体之间的液-固界面行为决定了复合材料纤维与基体之间的固-固界面行为，从而影响复合材料的界面结合强度。

本章主要从表面与界面、表面与界面热力学、表面与界面效应以及表面与界面行为等四个方面入手，介绍复合材料中表面与界面之间的关系，及其对复合材料界面行为的影响。

3.1　表面与界面

3.1.1　表面与界面的定义

传统理论认为，物质有气、液、固三态。任何一态物质都会存在界面，通常将两态物质的接触面称为界面，界面具有一定厚度。而将其与气体接触的界面称为表面。

Honig 将表面定义为“键合在固体最外面的原子层”，Vickerman 进一步将其指定为固体外表约 1～10 个单原子层[1-2]。

广义的界面是集合体或者凝聚体的性质发生突变的区域，广泛存在于自然界。物理上的界面不仅是指一个几何分界面，而是指一个薄层，这种分界的表面(界面)具有与其两侧基体不同的特殊性质。由于物体界面原子和内部原子受到的作用力不同，它们的能量状态也就不一样，这是一切界面现象存在的原因。经常碰到的表面有液-气界面和固-气界面，经常碰到的界面有液-液界面、液-固界面和固-固界面。

在材料领域，相对于理想完整晶体而言，表面与界面是晶体缺陷，它们是二维的结构缺陷。表面与界面的结构不同于晶体内部结构，因而它们具有很多不同于晶体内部的重要性质。这些性质不仅在晶体的一系列物理化学过程中起重要作用，而且对固态晶体的整体性能也有很重要影响。例如晶粒生长、摩擦、腐蚀、表面钝化、反射等都与表面的微观结构有直接的关系。晶体中的界面迁移、异类原子在晶界的偏聚、界面的扩散率、材料的力学和物理性能等也都和界面结构有直接的关系[3]。

3.1.2　表面张力与表面能

伟大的物理学家凯尔文爵士(Lord Kelvin，1824 — 1907)曾说过：请吹一个泡泡，并好好观察它。你可以穷一生之力对它进行研究,而不断获得物理学的知识。泡泡为什么是球形的?这就是表面张力在起作用。

晶体中每个质点周围都存在力场,在晶体内部,质点力场是对称的。但在固体表面,质点排列的周期重复性中断,处于晶体表面层质点力场的对称性被破坏,即一方面表面质点受到体相内相同物质原子的作用,另一方面受到性质不同的另一相物质原子的作用,该作用力不能相互抵消,因而界面处分子会显示出一些独特性质。材料表面原子受到体相内相同物质原子的作用力大于与之接触的另一相物质对其的作用力,于是表面原子就沿着与表面平行的方向增大原子间的距离,总的结果相当于有一种张力将表面原子间的距离扩大了,此力也称为表面张力[4]。表面张力分为范德华力(分子引力)和化学力,其单位可以用 N/cm 来表示。

不同材料(液体)的表面张力不同,这与分子间的作用力(包括色散、极性和氢键)大小有关。相互作用力大的物体,其表面张力高;相互作用力小的物体,则表面张力低。但不论表面张力大或小,物体总是力图减小其表面,以降低其表面能,使体系趋于稳定。

表面能亦称表面自由能,系指表面层原子比物体内部原子具有的多余能量。由于表面层原子朝外的键能得不到补偿,使表面质点比内部质点具有额外势能,称为表面能。简言之,表面层中或两相界面处的全部分子所具有的全部势能的总和就叫表面能或界面能。由于表面层的分子都受到指向液体内部的力的作用,若要把液体分子从内部移到表面层去,环境就必须克服这个力而做功,此功为表面功。即,在恒温恒压条件下,使体系可逆增加单位表面积引起系统自由能的增量,单位是 J/m^2。$W=Q\cdot\Delta A$,W 为表面能,Q 为表面张力,ΔA 为所增大的液体表面积。由此可见表面积愈大,表面能愈大,体系愈不稳定。

保持体系的温度、压力和组成不变,可逆增加单位表面积时,Gibbs 自由能(函数)的增加值被称为比表面 Gibbs 自由能(函数),或简称为比表面自由能或比表面能(狭义),用符号 γ 或 σ 表示,$\gamma=\left(\frac{\partial G}{\partial A}\right)_{p,T,n_B}$,单位为 $J\cdot m^{-2}$。广义的比表面自由能是保持体系相应的特征变量不变,可逆增加单位表面积时,相应热力学函数的增值。常见公式

$$\gamma=\left(\frac{\partial U}{\partial A}\right)_{S,V,n_B}=\left(\frac{\partial H}{\partial A}\right)_{S,P,n_B}=\left(\frac{\partial F}{\partial A}\right)_{T,V,n_B}=\left(\frac{\partial G}{\partial A}\right)_{T,P,n_B}$$

式中 G—— Gibbs 自由能;

P—— 压力;

F—— 表面张力;

H—— 焓;

U—— 热力学能(内能);

n_B—— 参加反应的任一物质的物质的量;

S—— 熵;

V—— 体系体积。

γ 具有表面张力、比表面能和表面自由能三重含义,其中表面张力和表面自由能分别是用力学方法和热力学方法研究液体表面现象时采用的物理量,具有不同的物理意义,却又具有相同的量纲[5]。对于液体表面,表面张力=表面能。这是因为液体表面具有流动性,合力指向垂直于液体表面的内部,有自动缩小表面的趋势。对于固体表面,表面张力≠表面能。这是因为固体表面张力很小,固体的表面能数值大于表面张力。

采用表面自由能的概念，便于用热力学的原理和方法处理界面问题，对各种界面有普适性。对于固体表面，由于力的平衡方法难以应用，用表面自由能更合适。而表面张力更适合于实验，对解决流体界面的问题具有直观方便的优点。

3.2　表面与界面热力学

3.2.1　液体表面热力学

在恒温恒压条件下，将体系表面层分子比具有内部分子过剩的吉布斯自由能称为表面吉布斯自由能（即表面自由焓）[6]。对具有一定组成的液体，在恒温恒压条件下，可逆增加液体表面积 dA，其表面自由能 dG 可表示为

$$dG = \gamma dA \tag{3-1}$$

如果用 G_s 来表示单位表面积的自由能（单位为 $J \cdot m^{-2}$），G_s 可写为

$$G_s = \left(\frac{dG}{dA}\right)_{T,P,n_B} = \gamma \tag{3-2}$$

式中，γ 为比表面 Gibbs 自由能，又称作表面张力。

由于上述过程的热量变化 dQ 可表示为

$$dQ = TdS = S_s dA \tag{3-3}$$

式中，S_s 为单位面积的表面熵，可表示为

$$-S_s = \left(\frac{\partial G_s}{\partial T}\right)_P \tag{3-4}$$

将式(3-2)代入式(3-4)可得

$$-S_s = \left(\frac{\partial \gamma}{\partial T}\right)_P \tag{3-5}$$

H_s 为单位面积的表面总焓，根据自由能公式，有

$$H_s = G_s + TS_s \tag{3-6}$$

由于 E_s 为单位面积的表面总能，对液体而言，通常 E_s 与 H_s 相同，即

$$E_s = G_s + TS_s \tag{3-7}$$

将式(3-2)和式(3-5)代入式(3-7)可得

$$E_s = \gamma - \frac{Td\gamma}{dT} \tag{3-8}$$

影响表面张力 γ 的因素主要有以下几项。

(1) 分子间相互作用力的影响。对纯液体或纯固体，表面张力决定于分子间形成的化学键能的大小，一般化学键越强，表面张力越大。对于金属键、离子键、极性共价键以及非极性共价键固体，其表面张力大小排序为 γ(金属键) > γ(离子键) > γ(极性共价键) > γ(非极性共价键)。

(2) 温度的影响。随着温度升高，表面张力下降。当温度升高时，液体分子间引力减弱，同时其共存蒸气的密度加大，表面分子受到液体内部分子的引力减小，受到气相分子的引力增大，表面张力减小。

(3) 压力的影响。表面张力一般随压力的增加而下降。因为压力增加，气相密度增加，表

面分子受力不均匀性趋于好转。另外,若是气相中有别的物质,则压力增加,促使表面吸附增加,气体溶解度增加,也使表面张力下降。

3.2.2 固体表面热力学

固体表面张力指通过向表面增加原子以形成新表面时所做的功。对于固体材料,如果裂开生成新表面,表面区域的原子有发生重排的趋势。但是,固体表面分子(原子)运动受到束缚,不能像液体分子那样自由移动。实际上,固体表面的分子(原子)发生重排和迁移达到平衡位置的过程困难,处于受力不平衡状态,此时表面分子承受应力,这种应力称为表面应力。

如果固体表面面积变化为 dA 时,其表面构态始终保持平衡状态,即固体内部的原子转移到新增加的表面时,固体表面的性质并不改变,此时可以认为固体与液体相似,表面应力 $\tau=G_s$;如果表面构态不能保持平衡状态,便会出现表面应力 $\tau\neq G_s$,差值为 $A(dG_s/dA)$,其大小与时间有关。

在表面应力的作用下,固体表面的分子慢慢向着平衡位置迁移,表面应力慢慢松弛。经过很长时间,当分子或原子达到了新的平衡位置时,表面应力趋近于表面张力。虽然固体的表面分子相对固定,不像液体分子那样能自由移动,但不意味着固体分子不能移动,即固体表面分子也具有流动性。例如,将金属或陶瓷材料加热到其熔点附近时,其表面划痕可能消失。

假定有一各向异性的固体,其表面张力可以分解成互相垂直的两个分量,分别用 γ_1 和 γ_2 表示,且在两个方向上面积的增加分别为 dA_1 和 dA_2,如图 3-1 所示。那么,固体表面张力为

$$\gamma=(\tau_1+\tau_2)/2 \tag{3-9}$$

式中,τ_1,τ_2 分别为在两个方向上的表面应力(N/m)。

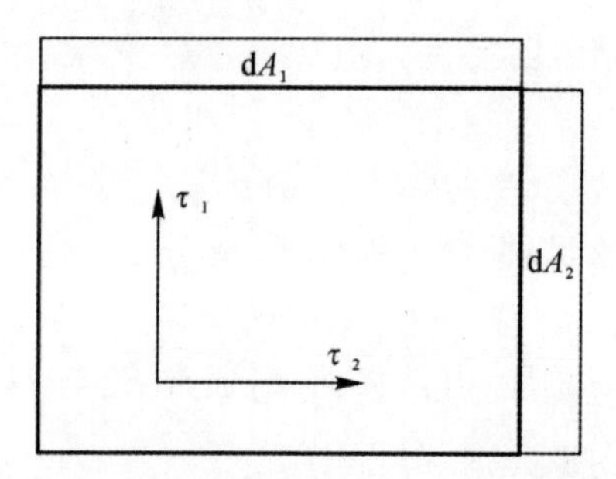

图 3-1 各向异性固体的表面张力在两个方向上的分解

若固体在两个方向各向同性,则 $\tau_1=\tau_2$;若固体在两个方向各向异性,则 $\tau_1\neq\tau_2$。根据能量守恒原理,有

$$d(A_1G_s)=\tau_1 dA_1 \tag{3-10}$$

$$d(A_2G_s)=\tau_2 dA_2 \tag{3-11}$$

这样可以理解为总的自由能增加是用来抵抗表面应力而做的可逆功。

以上各式可写为

$$\tau_1=G_s+A\left(\frac{dG_s}{dA_1}\right) \tag{3-12}$$

$$\tau_2=G_s+A\left(\frac{dG_s}{dA_2}\right) \tag{3-13}$$

$$\tau_1 dA_1 + \tau_2 dA_2 = d(AG_s) = G_s dA + A dG_s \tag{3-14}$$

式中，$dA = dA_1 + dA_2$，式(3-14)即是Shuttleworth导出的各向异性固体在两个不同方向的表面张力 τ_1 和 τ_2 与表面自由能 G_s 的关系[7]。

对于各相同性固体，有

$$\tau = G_s + A\left(\frac{dG_s}{dA}\right)_{T,P,n} \tag{3-15}$$

当液体或固体的表面已经达到某种稳定的热力学平衡状态时，有

$$\left(\frac{dG_s}{dA}\right) = 0 \tag{3-16}$$

$$\tau = G_s = \gamma \tag{3-17}$$

但是，对于大多数真实的固体，它们并非处于热力学平衡状态，所以 $dG_s/dA \neq 0$。而对于液体，表面应力 = 表面能 = 表面张力。

因此，固体的表面能与固体的键性、环境温度以及固体表面的杂质有关。

(1) 表面能与键性。表面能反映的是质点间的引力作用，因此强键力的金属和无机材料表面能较高。

(2) 表面能与温度。随温度升高，表面能一般会减小，因为热运动削弱了质点间的吸引力。

(3) 表面能与杂质。若物质中含有少量使表面能减小的组分，则该组分会在表面富集并显著降低其表面能；若物质中含有少量使表面能增加的组分，则该组分倾向于在物质体内富集并对其表面能影响不大。

固体物质降低表面过剩自由能的方式主要包括吸附杂质和表面形变。离子晶体还可以通过极化降低其表面能，即"阴离子屏蔽效应"。

3.2.3　界面热力学

两种不混溶的或不完全混溶的液体互相接触所形成的物理界面，即为液-液界面。由于界面两边分子性质不同，界面的分子所处力场不是各向同性的，也存在界面张力(垂直通过液-液界面上任一单位长度，与界面相切的收缩界面的力)。

对于流体 A 和流体 B，A 相区和 B 相区的表面组成界面区[8-9]，如图 3-2 所示，其中，S 为 A，B 两相的界面区。

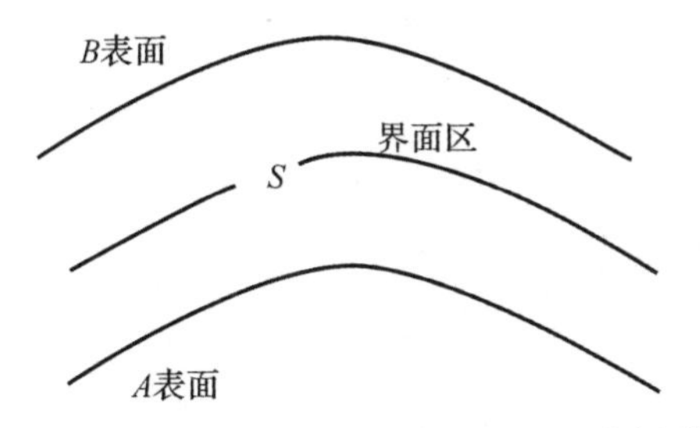

图 3-2　A 和 B 两相表面组成的界面区示意图[8-9]

根据热力学 Gibbs 自由能过剩理论，界面区的过剩内能可以由下式表示：

$$U^s = U - (U_A + U_B) \tag{3-18}$$

式中 U^s—— 表面或界面的过剩内能；

U—— 界面区的自由能；

U_A——A 相区的内能；

U_B——B 相区的内能。

界面处物质 i 的摩尔数过剩量 n_i^s 可由下式表示：

$$n_i^s = n_i - (n_{iA} + n_{iB}) \tag{3-19}$$

式中 n_{iA}——A 相中的摩尔数；

n_{iB}——B 相中的摩尔数；

n_i—— 界面物质 i 的摩尔数。

因此，界面区的内能变化可用下式表示：

$$\mathrm{d}U = T\mathrm{d}S + \sum_i u_i \cdot \mathrm{d}n_i \tag{3-20}$$

式中，u_i 为界面物质 i 的化学势。

若液体 A 保持不变，则 A 的能量和质量为常数。而液体 B 与界面区之间发生能量和质量的转移。界面区内能变化 $\mathrm{d}U^s$ 可表示为

$$\mathrm{d}U^s = T\mathrm{d}S + \sum_i u_i \cdot \mathrm{d}n_i \tag{3-21}$$

B 相区的内能变化 $\mathrm{d}U_B$ 可表示为

$$\mathrm{d}U_B = T_B\mathrm{d}S_B + \sum_i u_{iB}\mathrm{d}n_{iB} \tag{3-22}$$

对于孤立系统，有

$$\mathrm{d}U_{\mathrm{tot}} = \mathrm{d}U^s + \mathrm{d}U_B = 0$$

即

$$\mathrm{d}U_{\mathrm{tot}} = T\mathrm{d}S + \sum_i u_i\mathrm{d}n_i + T_B\mathrm{d}S_B + \sum_i u_{iB}\mathrm{d}n_{iB} = 0 \tag{3-23}$$

根据质量守恒定律，有

$$\mathrm{d}n_i = -\mathrm{d}n_{iB} \tag{3-24}$$

对于孤立系统，总熵不变，即

$$\mathrm{d}S_{\mathrm{tot}} = \mathrm{d}S + \mathrm{d}S_B = 0 \tag{3-25}$$

由于界面区的内能变化 $\mathrm{d}U^s$ 与界面的形状变化相关。当界面形状不变时，界面区的内能为

$$\mathrm{d}U^s_{(\mathrm{Fixed-shape})} = T\mathrm{d}S^s + \sum_i u_i\mathrm{d}n_i^s \tag{3-26}$$

当界面形状变化时，界面区的内能为

$$\mathrm{d}U^s = T\mathrm{d}S^s + \sum_i u_i\mathrm{d}n_i^s + \gamma\mathrm{d}A \tag{3-27}$$

式中，γ 为增加的界面面积所做的功，其表达式为

$$\gamma = \left(\frac{\partial U^s}{\partial A}\right)_{S^s, n_i^s} \tag{3-28}$$

界面区域的自由能也可由 Helmholtz 自由能 F 表示[10]：

$$F = U - TS, \quad F^s = U^s - TS^s \tag{3-29}$$

对式(3-29)微分，得

$$\mathrm{d}F^s = -S^s\mathrm{d}T + \sum_i u_i\mathrm{d}n_i^s + \gamma\mathrm{d}A \tag{3-30}$$

则
$$\gamma = \left(\frac{\partial F^s}{\partial A}\right)_{T, n_i^s} \tag{3-31}$$

3.2.4　界面张力

界面张力(也称液体的表面张力),就是液体与空气间的界面张力,在数值上与比界面能相等。而固体表面与空气之间的界面张力,就是固体的表面自由能。固体表面的材质不同,其表面自由能不同。金属和一般无机物表面的能量大于 0.1J/m²,称为高能表面;而塑料等有机物表面的能量较低,称为低能表面。

当界面位移为 λ 时,界面区自由能的变化可写为[11]

$$\mathrm{d}F = \mathrm{d}F^s + \mathrm{d}F_A + \mathrm{d}F_B = 0 \tag{3-32}$$

$$\mathrm{d}F^s = -S^s\mathrm{d}T + \sum_i u_i \mathrm{d}n_i^s + \gamma \mathrm{d}A \tag{3-33}$$

$$\mathrm{d}F_A = -S_A\mathrm{d}T + \sum_i u_i \mathrm{d}n_{iA} - P_A\mathrm{d}V_A \tag{3-34}$$

$$\mathrm{d}F_B = -S_B\mathrm{d}T + \sum_i u_i \mathrm{d}n_{iB} - P_B\mathrm{d}V_B \tag{3-35}$$

式中,P_A, P_B 为弯曲表面压力。

将式(3-33) ~ 式(3-35) 代入式(3-32) 可得

$$\mathrm{d}F = -S^s\mathrm{d}T + \sum_i u_i \mathrm{d}n_i^S + \gamma\mathrm{d}A - S_A\mathrm{d}T + \sum_i u_i\mathrm{d}n_{iA} - P_A\mathrm{d}V_A - S_B\mathrm{d}T + \sum_i u_i \mathrm{d}n_{iB} - P_B\mathrm{d}V_B = 0 \tag{3-36}$$

式中
$$\mathrm{d}V = \mathrm{d}V_A + \mathrm{d}V_B = 0 \tag{3-37}$$

$$\mathrm{d}n_i = \mathrm{d}n_i^s + \mathrm{d}n_{iA} + \mathrm{d}n_{iB} = 0 \tag{3-38}$$

$$\gamma\mathrm{d}A - (P_A - P_B)\mathrm{d}V_A = 0 \tag{3-39}$$

$$\mathrm{d}V_A = A\lambda \tag{3-40}$$

式中,A 为 S 界面区的初始面积。

将式(3-37) ~ 式(3-40) 代入式(3-36),经过整理可以得到

$$\mathrm{d}A = \left(\frac{1}{r_1} + \frac{1}{r_2}\right)A\lambda \tag{3-41}$$

式中,r_1,r_2 为非球面曲面两个主曲率半径。

弯曲界面引起的压差,虽然是从两种液相界面得到的,但对固-固界面仍然适用,即

$$\Delta P = P_A - P_B = \gamma\left(\frac{1}{r_1} + \frac{1}{r_2}\right) \tag{3-42}$$

3.2.5　Good 界面能关系

由以上分析可知,界面区两相具有不同的压力,存在压力差。与液-固界面相比,固-固界面更复杂。Good 提出了更一般的界面能关系式[12],对于任意两相组成的界面,有

$$\gamma_{ab} = \gamma_a + \gamma_b - 2\phi_{ab}\,(\gamma_a \cdot \gamma_b)^{1/2} \tag{3-43}$$

式中　γ_a,γ_b—— 分别为组成界面两相的表面张力;

ϕ_{ab}—— 界面结构参数,受分子大小和分子间作用力的影响,可由下式表示:

$$\phi_{ab} = \phi_V \times \phi_A \tag{3-44}$$

式中　ϕ_V—— 分子大小;

ϕ_A—— 分子间作用力。

当 $\phi_{ab}=0$ 时，

$$\gamma_{ab}=\gamma_a+\gamma_b \tag{3-45}$$

当 $\phi_{ab}=1$ 时，

$$\gamma_{ab}=(\gamma_a^{1/2}-\gamma_b^{1/2})^2 \tag{3-46}$$

3.3 表面与界面效应

3.3.1 Young - Laplace 方程

表面张力的直接结果是在表面引起压差。对于悬挂在针头上的液滴，其外部形状与什么因素相关呢？在19世纪初分别由物理学家杨格(Thomas Young，1773—1829)和拉普拉斯(Pierre-Simon Laplace，1749—1827)从流体力学和天体力学的计算中得到拉普拉斯-杨氏方程(Young-Laplace 方程)。由 Young-Laplace 方程可以理解弯曲表面下产生的附加压力。而液滴外部形状是在液滴重力和表面张力的平衡下形成的[13]。

如图 3-3 所示，在任意弯曲液面上取小矩形曲面 $ABCD$，边缘 AB 和 BC 弧的曲率半径分别为 R_1' 和 R_2'，然后作曲面的两个相互垂直的正截面，交线 OZ 为 O 点的法线，令曲面沿法线方向的位移为 dz，使曲面扩大到 $A'B'C'D'$，则 x 与 y 各增加 dx 和 dy。

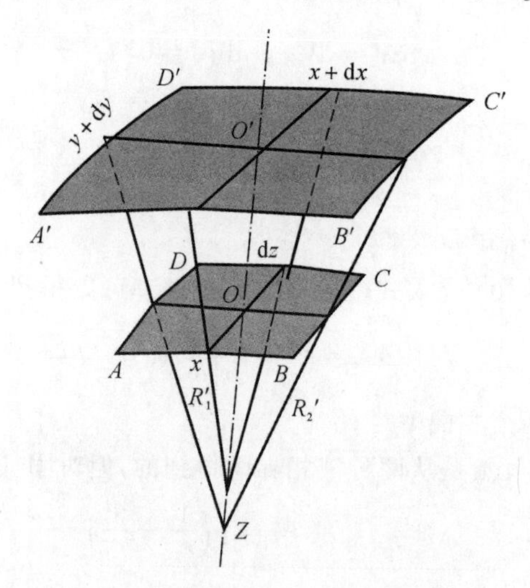

图 3-3 液面任一单元的几何分析[13]

当 $z\rightarrow z+dz$ 时，曲面面积变化为

$$\Delta A=(x+dx)(y+dy)-xy=xdy+ydx,\quad \Delta V=xydz \tag{3-47}$$

新增加的表面能为

$$\gamma\cdot\Delta A=\gamma(xdy+ydx) \tag{3-48}$$

由附加压力 ΔP 所做的膨胀功为

$$\Delta P\cdot\Delta V=\Delta P\cdot x\cdot y\cdot dz \tag{3-49}$$

当增加 ΔA 面积的表面能与克服附加压力 ΔP 增加 ΔV 所做的功平衡时，有

$$\gamma(x\mathrm{d}y + y\mathrm{d}x) = \Delta P \cdot x \cdot y \cdot \mathrm{d}z \tag{3-50}$$

根据三角形相似原理（可以认为是直线）可得

$$\frac{x + \mathrm{d}x}{R'_1 + \mathrm{d}z} = \frac{x}{R'_1}$$

化简得

$$\mathrm{d}x = \frac{x\mathrm{d}z}{R'_1} \tag{3-51}$$

$$\frac{y + \mathrm{d}y}{R'_2 + \mathrm{d}z} = \frac{y}{R'_2}$$

化简得

$$\mathrm{d}y = \frac{y\mathrm{d}z}{R'_2} \tag{3-52}$$

将式(3-51) 和式(3-52) 代入式(3-50)，得到 Young-Laplace 方程：

$$\Delta P = \gamma\left(\frac{1}{R'_1} + \frac{1}{R'_2}\right) \tag{3-53}$$

对于平表面，设 $R_1 = R_2 \to \infty$，则 $\Delta P = 0$，表明平面上跨过界面的内外压差为零。

对于毛细管，假定毛细管截面为圆周形，且管径不太大，可以把凹液面近似地看作半球形，两个曲率半径相等，且都等于毛细管半径，即

$$R'_1 = R'_2 = R' \tag{3-54}$$

假如液体湿润毛细管壁，则液体表面被强制地处于与管壁平行的状态，整个液面的形态必定为凹液面。则有

$$\Delta P = \frac{2\gamma}{R'} \tag{3-55}$$

由于表面张力所引起的附加压力将使液柱上升，达到平衡时，附加压力与液柱所形成的压力大小相等，方向相反，有

$$2\gamma/R' = (\rho_l - \rho_g)gh \tag{3-56}$$

式中　ρ_l—— 液体的密度；

ρ_g—— 气体的密度。

因为 $\rho_l \gg \rho_g$，所以

$$2\gamma/R' = \rho_l gh \tag{3-57}$$

若液体完全不能润湿毛细管，式(3-57) 仍然适用，但此时液面形态为凸液面，毛细上升改为毛细下降，h 表示液面的下降深度(见图 3-4)。

由图 3-4 可以看出，对于毛细管上升的凹液面，曲率半径 R' 与毛细管半径 R 以及接触角 θ 之间的关系为

$$R = R' \cdot \cos\theta$$

则式(3-57) 可写为

$$\rho_l gh = \frac{2\gamma\cos\theta}{R} \tag{3-58}$$

即

$$\gamma = \frac{\rho_l gRh}{2\cos\theta}$$

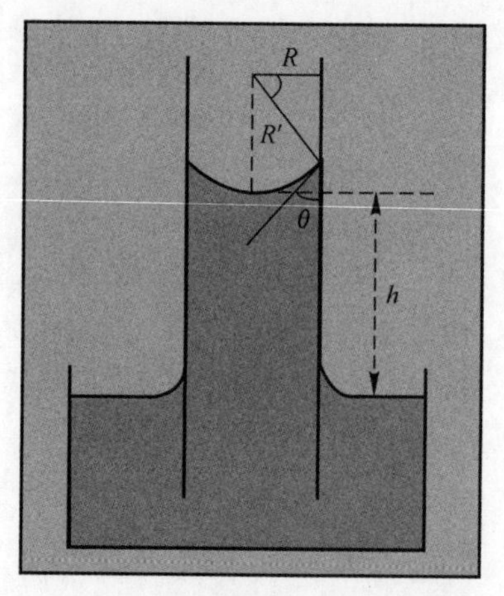

图 3-4 毛细管液面的几何关系图[13]

3.3.2 Kelvin 方程

通常要在蒸气中形成新液相,必须先生成十分小的液珠,因而需要较高的饱和蒸气压。例如,有时空气湿度很大却不下雨就与此有关。此时,若在空气中提供适当的固体微粒,使水蒸气易于在其表面凝聚,则液相可在固体表面上形成。此液相表面的曲率比小液珠的要小,对应的平衡蒸气压也较低,因而过饱和的水蒸气迅速在其表面凝结形成大液滴,这就是人工降雨的原理。

Kelvin 方程是表示液面曲率与蒸气压之间关系的公式,由其可以理解弯曲表面上的蒸气压[14-15]。在一定温度下,液体与其自身的蒸气达到平衡时的饱和蒸气压即液体的蒸气压。通常所指的蒸气压 p_0,是在该温度下面积平表面液体的蒸气压。若在同一温度下,液体以小液滴的形式存在,则其蒸气压的数值为 p。这是因为液体的蒸气压不仅与温度有关,而且还随液面曲率的变化而变化。

假定液体不可压缩,温度恒定,则根据热力学定律可知压力变化对液体摩尔自由能 ΔG_l 的影响为

$$\Delta G_l = V\Delta p = \gamma V\left(\frac{1}{R_1}+\frac{1}{R_2}\right) \tag{3-59}$$

式中,V 为摩尔体积,可视为常数。

根据 Young-Laplace 方程,跨过曲面存在的压力差为

$$\Delta p = \gamma\left(\frac{1}{R_1}+\frac{1}{R_2}\right) \tag{3-60}$$

由于液体的自由能与蒸气压有关,假定与液体相平衡的蒸气压为理想气体,则压力变化对蒸气摩尔自由能 ΔG_g 的影响为

$$\Delta G_g = RT\ln\left(\frac{p}{p_0}\right) \tag{3-61}$$

当液体与蒸气相平衡时,有

$$RT\ln\left(\frac{p}{p_0}\right) = \gamma V\left(\frac{1}{R_1}+\frac{1}{R_2}\right) \tag{3-62}$$

由于液体的摩尔体积可表示为

$$V = \frac{M}{\rho_l} \tag{3-63}$$

将式(3-63)代入式(3-62)得气液平衡时

$$\ln\left(\frac{p}{p_0}\right)=\frac{\gamma\cdot M}{\rho_1 RT}\left(\frac{1}{R_1}+\frac{1}{R_2}\right) \tag{3-64}$$

式中　p—— 曲面蒸气压；

p_0—— 平面蒸气压；

R_1, R_2—— 非球面曲面两个主曲率半径；

ρ_1—— 液体密度；

M—— 相对分子质量；

T—— 温度；

R—— 气体常数。

将式(3-64)简写为

$$\ln\left(\frac{p}{p_0}\right)=\frac{\gamma\cdot M}{\rho_1 RT}\left(\frac{1}{r_1}+\frac{1}{r_2}\right) \tag{3-65}$$

式中，$r_1=R_1, r_2=R$。

当 $r_1=r_2=r$ 时，有

$$\ln\left(\frac{p}{p_0}\right)=\frac{2\gamma\cdot M}{\rho_1 rRT} \tag{3-66}$$

Kelvin 公式关于蒸气压大小的结论是：凸面 > 平面 > 凹面。在一定的温度下，当环境蒸气压为 p_0 时，p_0 对管内凹面液体已呈过饱和，此蒸气压会导致在毛细管壁上有凝聚液滴，这个现象称为毛细管凝聚。

3.4　表面与界面行为

3.4.1　润湿性

润湿是指当固体表面与液体接触时，原来的固 / 气界面消失，形成新的固 / 液界面，这种现象称为润湿。润湿的热力学定义：固体与液体接触后能使体系的吉布斯自由能降低。润湿是固 / 液界面的重要行为，润湿能力就是液体在固体表面铺展的能力。润湿的形式包括附着润湿、铺展润湿和浸渍润湿。机械润滑、油漆涂布、金属焊接、搪瓷坯釉、陶瓷 / 金属的封接等工艺和理论都与润湿过程有关。

固体的润湿性用接触角表示。接触角 θ 是描述液、固、气三相交界处性质的一个重要的物理量，反映润湿的程度。如图 3-5 所示，在液、固、气三相的交界处作液体表面与固体表面的切线，两切线通过液体内部所成的夹角 θ 即为接触角。

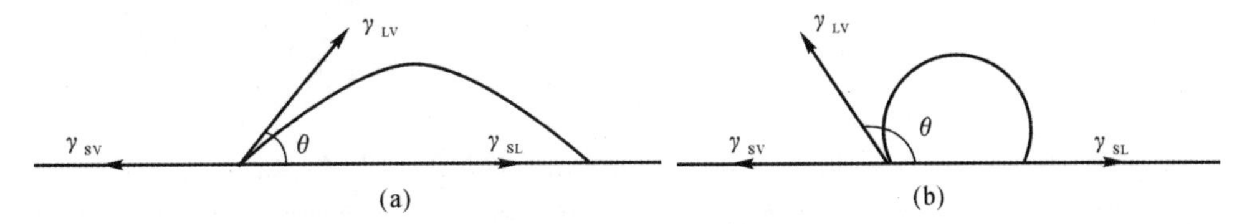

图 3-5　液体和固体的润湿示意图

(a) 不完全浸润；(b) 不浸润

对于给定的液、固、气三相体系，接触角应为一特定的值，它是由三相之间的相互作用(即液/气、液/固和固/气界面)决定的，是体系本身追求总能量最小的结果。液滴在固体表面的形状是由 Young-Lapace 方程决定的，而接触角则起到边界条件的(方程解的)作用。在理想的情况下接触角与三相间相互作用力的关系可用杨氏方程式(Young's 方程)来描述，即

$$\gamma_{SL}-\gamma_{SV}+\gamma_{LV}\cdot\cos\theta=0 \tag{3-67}$$

即

$$\cos\theta=\frac{\gamma_{SV}-\gamma_{SL}}{\gamma_{LV}}$$

式中，γ_{SL}，γ_{LV}，γ_{SV} 分别为固/液、液/气和固/气的界面张力。

对于固液界面：当 $\gamma_{SV}-\gamma_{SL}=\gamma_{LV}$ 时，$\cos\theta=1$，$\theta\rightarrow0$，表明液体在固体表面形成液膜，即液体完全润湿固体，称为铺展；当 $\gamma_{LV}>(\gamma_{SV}-\gamma_{SL})>0$ 时，$0<\cos\theta<1$，$0^\circ<\theta<90^\circ$，表明液体在固体表面为球冠，即液体润湿固体，称为浸湿；当 $\gamma_{SV}<\gamma_{SL}$ 时，$\cos\theta<0$，$90^\circ<\theta<180^\circ$，表明液体在固体表面为液滴，液体不润湿固体，称为沾湿；当 $\theta=180^\circ$ 时，称为完全不润湿。习惯上将 $\theta=90^\circ$ 作为判断润湿与否的标准。

通常基于杨氏方程测量接触角 θ 时，必须满足两个条件：① 固体表面是刚性的、均匀的和光滑的；② 固体表面是惰性的，没有膨胀和化学反应。

通常把表面自由能低于 $0.1\text{N}\cdot\text{m}^{-1}$ 的物质作为低能表面，如固体有机物及高聚物的表面；把表面自由能高于 $1\sim10\text{N}\cdot\text{m}^{-1}$ 的物质作为高能表面，如金属及其氧化物、硫化物、无机盐等的表面。由杨氏方程可以看出，表面能高的固体比表面能低的固体更容易被液体所润湿。因此，在制备纤维增强金属基复合材料或聚合物基复合材料时，通常须对表面能较低的纤维进行处理，提高其表面能，从而改善液态基体在其表面的润湿性。

此外，可以通过改变 γ_{SL}，γ_{LV}，γ_{SV} 来调整润湿角。例如，在浇注工艺中，熔融金属和模型之间的润湿程度直接关系着浇注质量[16]。若润湿性不好，铁水不能与模型完全润湿，则所得的铸件在尖角处呈圆形。反之，若润湿性太强，金属较易渗入模型孔隙，而不能形成光滑表面。为了调节润湿程度，可在钢液中加入适量的硅，以改变界面张力，得到合适的润湿角。同理，在冶金结晶过程中，若熔体中的夹杂物(如氧化物、氮化物等)与晶粒间的界面张力小，则接触角小，润湿性就好，晶核质点就会在杂质上铺展，会以杂质为中心促进结晶过程的进行。此原理在细化晶粒，改善和提高金属的机械性能方面具有重要的作用[17]。

采用 Good 方程，将固液界面的润湿性表示为

$$\gamma_{SL}=\gamma_{LV}+\gamma_{SV}-2\phi_{SL}(\gamma_{SV}\cdot\gamma_{LV})^{1/2} \tag{3-68}$$

式中，ϕ_{SL} 表示界面两相结构的相似程度。

整理式(3-68)可得

$$\gamma_{SL}=\gamma_{SV}-\gamma_{LV}\left[2\phi_{SL}\left(\frac{\gamma_{SV}}{\gamma_{LV}}\right)^{1/2}-1\right] \tag{3-69}$$

将式(3-69)与杨氏方程比较可得

$$\cos\theta=2\phi_{SL}\left(\frac{\gamma_{SV}}{\gamma_{LV}}\right)^{1/2}-1 \tag{3-70}$$

由式(3-70)可知，界面两相的相似程度可用几何角度表示出来。在固液界面处，液相与固相的结构越相似，ϕ_{SL} 越大，θ 值越趋近于 0。以上分析表明，液固两相的结构越相似，液相越易于在固相表面铺展。

最能说明式(3-70)的例子是熔体渗透工艺(Melt Infiltration，MI)。采用熔体渗透工艺

制备金属间化合物、陶瓷或陶瓷基复合材料时，如果熔体与固体预制体之间的润湿角小于90°，则熔体可自发渗透进入多孔基体内部，渗透的驱动力是毛细管力，其过程可在几分钟至1 h内完成。由式(3-58)可知，θ值越小，毛细管力越大，则渗透深度越大，熔体可最大限度地取代预制体中的气孔，降到室温后所生成的材料越均匀、越致密。

值得注意的是，对于液相与固相不润湿的体系，只要液相与固相之间存在反应，则液相能够润湿新生成的固相，实现自发熔体渗透，这一现象称为反应熔体渗透(RMI)。因此，反应熔体渗透工艺通常被称为无压反应熔体渗透。这也就意味着，只要液相与固相可发生反应，该体系就能发生无压反应熔体渗透。发生以上现象的根本原因在于液相与固相之间的反应产物与液相具有更大的结构相似性，ϕ_{SL} 提高，导致 θ 值降低。

以 Al 熔体与 TiC，TiO_2 之间的润湿为例。Al 熔体与 TiC 和 TiO_2 在 1 200℃ 的初始润湿角均大于 100°，但随着时间的增加在 1min 内，润湿角可降低到 90° 以下。因此，采用无压反应熔体渗透可制备出致密的 $TiAl_3$ 和 Ti_3AlC_2 基复合材料[18-19]。

1. 吸附对润湿的影响

Young's 平衡方程代表了一种理想条件，即所研究的固体表面是完全光滑、没有污染的。但实际固体表面是粗糙、有气孔的，甚至固体表面本身或由于表面污染(特别是高能表面)在化学组成上往往是不均一的。这些因素对表面润湿会产生重要的影响。

高能表面原则上能被一般液体润湿或铺展。但若这些表面被污染，就会表现出差的润湿性。固体表面吸附的污染物的临界表面张力可能比液体的表面张力还低，以至于这类液体不能在吸附膜上铺展。

如果在固体表面吸附有污染物，如图 3-6 所示，其表面自由能与固体在真空中的表面自由能不同，相差一个表面压 π_e。

当固体表面有污染物后，其表面自由能 γ'_{SV} 可表示为

$$\gamma'_{SV} = \gamma_{SV} - \pi_e \tag{3-71}$$

则 Young's 平衡方程可表示为

$$\gamma_{SV} = \gamma_{VL} \cdot \cos\theta + \gamma_{SL} + \pi_e \tag{3-72}$$

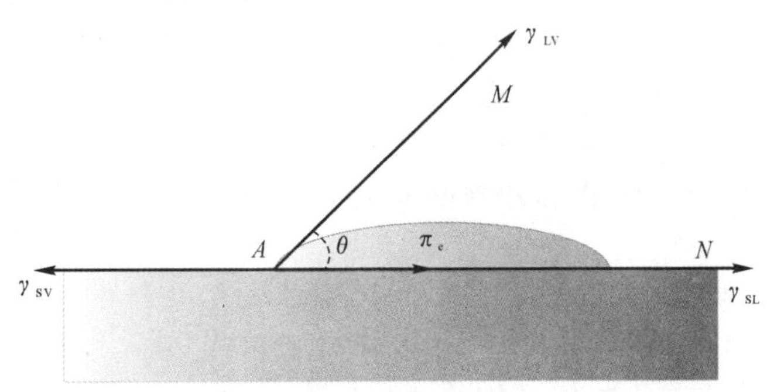

图 3-6　吸附污染物后液体和固体表面的受力分析示意图

因此，吸附污染后润湿角与界面能的关系为

$$\cos\theta = \frac{\gamma_{SV} - \pi_e - \gamma_{SL}}{\gamma_{LV}} \tag{3-73}$$

由式(3-73)可知，对于在固体表面上非润湿的液体，污染不重要；而对于在固体表面上润

湿良好的液体，污染很重要。固体表面由吸附膜产生的表面压使接触角变大，润湿性变差。

2. 粗糙度对润湿的影响

表面粗糙度对润湿过程也会产生影响。Wenzel 于 1936 年研究了固体表面粗糙度对润湿性的影响，并指出一个给定的几何面粗化后必具有较大的真实面积。因此，可用粗糙度因子 n 表示真实面积与表观面积之比[20]。

从热力学平衡角度考虑，界面位置的微小移动所产生的界面能的净变化应为零。设固体表面从图 3-7 中的 A 点推进到 B 点时，固/液界面的面积扩大了 δS，而固体表面减小了 δS，液/气界面则增加了 $\delta S \cdot \cos\theta$，平衡时有

$$\gamma_{SL} \cdot \delta S + \gamma_{LV} \cdot \delta S \cdot \cos\theta - \gamma_{SV} \cdot \delta S = 0 \tag{3-74}$$

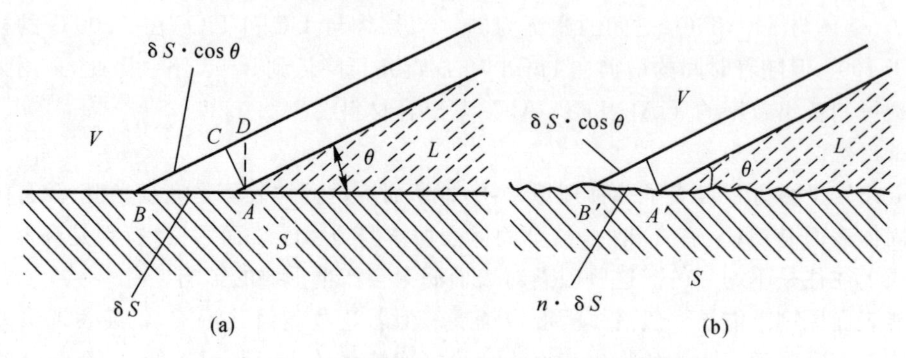

图 3-7　固-液界面处的受力分析对比示意图[21]

(a) 光滑界面；(b) 粗糙界面

可认为实际表面面积比表观面积大 n 倍。当界面位置由 A' 移到 B' 点时，真实表面积增大了 $n\delta S$，固/气界面的面积减小了 $n\delta S$，而液/气界面的面积则增大了 $\delta S \cdot \cos\theta_n$，于是有

$$\gamma_{SL} \cdot n\delta S + \gamma_{LV} \cdot \delta S\cos\theta_n - \gamma_{SV} \cdot n\delta S = 0 \tag{3-75}$$

$$\cos\theta_n = \frac{(\gamma_{SV} - \gamma_{SL})n}{\gamma_{LV}} = n \cdot \cos\theta \tag{3-76}$$

式中，n 是表面粗糙度因子。

由于 $n > 1$，故 θ_n 和 θ 的关系按如图 3-8 所示的余弦曲线变化。当 $\theta < 90°$ 时，$\theta > \theta_n$；当 $\theta = 90°$ 时，$\theta = \theta_n$；当 $\theta > 90°$ 时，$\theta < \theta_n$。由此可见，润湿时，粗糙度越大，接触角越小，更易润湿；而不润湿时，粗糙度越大，越不利于润湿[21]。

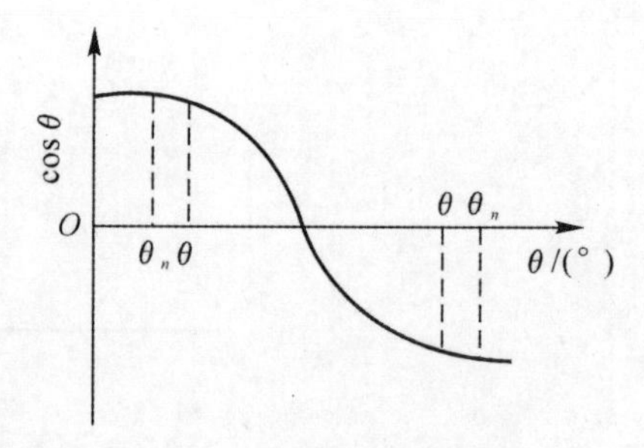

图 3-8　$\cos\theta$ 随 θ 的变化规律[21]

日常的防水材料，若将表面打毛，则更易于防水。大多数有机液体在金属表面的润湿角都小于 90°，而在粗糙金属表面上的表观接触角更小。纯水在光滑石蜡表面上的接触角为 105°～110°，而在粗糙石蜡表面上的接触角高达 140°。

在熔体渗透过程中，由于采用的预制体表面通常都较为粗糙，这就要求熔体与预制体材料之间必须具有小的润湿角。

3. 孔隙率对润湿的影响

对于多孔固体，如果液相没有渗入孔隙中(见图 3-9)，根据力的平衡原则，可以得到以下

关系[22]：

$$(1-\delta)\gamma_{SV}=\gamma_{VL}\cos\theta_{\delta}+\delta\gamma_{VL}+\gamma_{SL}(1-\delta) \tag{3-77}$$

式中　δ—— 孔隙率；

θ_{δ}—— 多孔固体表面的润湿角。

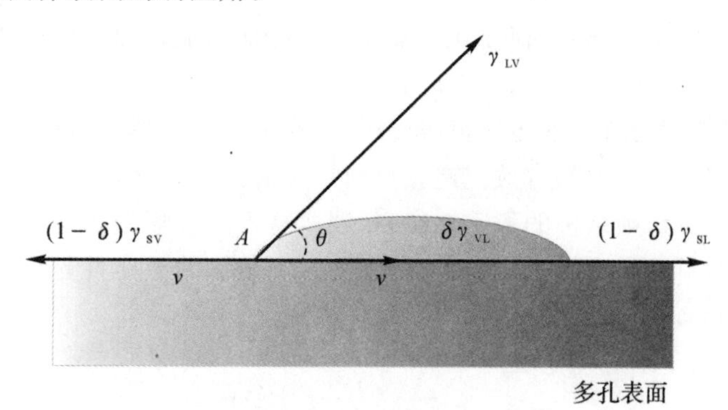

图 3-9　多孔固体和液体界面处的受力分析示意图[22]

与 Young's 方程相比，孔隙率对润湿角的影响可表示为

$$\cos\theta_{\delta}=\cos\theta-\delta(1+\cos\theta) \tag{3-78}$$

由式(3-78)可得孔隙率对润湿角的影响规律(见图 3-10)。由图可见，当液体不能润湿固体材料时，孔隙率的增大总是使润湿角增加。

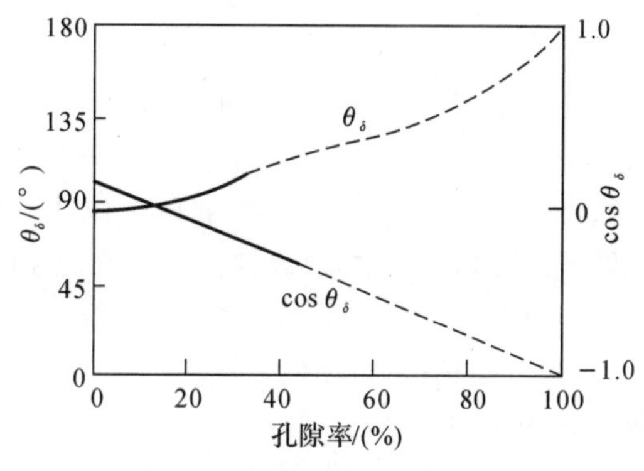

图 3-10　孔隙率对润湿角的影响[22]

3.4.2　复合材料的界面能及界面结合强度

纤维/基体界面区可由界面(interface)组成，也可由界面相(interphase)组成。纤维和基体间的界面是一种或多种材料性能发生不连续变化的区域。界面相是与纤维和基体相结合的薄层。界面相与纤维和基体之间均构成界面。复合材料中界面的总面积(I_A)为

$$I_A=4V_f\frac{V}{d} \tag{3-79}$$

式中　V_f—— 纤维体积分数；

V—— 复合材料体积；

d—— 纤维直径.

假定纤维体积分数为 0.25,纤维直径为 $10\mu m$,复合材料体积为 $1m^3$,则界面总面积(I_A)为 $10^5 m^2$。受纤维直径的影响,复合材料中界面总面积(I_A)非常大。

通常界面有两种类型的结合方式:机械结合和化学结合。机械结合是当两个表面相互接触后,由于表面粗糙不平而发生机械互锁,或者存在残余热应力。高温制备的复合材料在冷却时,当基体径向收缩大于纤维径向收缩时,基体会对纤维施加径向压缩。当界面粗糙时,界面压缩程度可被提高。化学结合是由化学反应造成的,界面反应区具有特定的厚度。

复合材料的界面能否有效地传递负载,依赖于增强体与基体之间界面化学结合和物理结合的程度,强结合有利于应力的有效传递。界面结合的强弱显然与界相区域物质的微观结构密切相关。结合能越低,则结构的稳定性越高,破坏这种结合需施加的外界能量较大,结构不容易被破坏,因而材料的强度高;反之,结合能越高,则结构的稳定性越差,有向结合能较低的组织结构转变的趋势,将导致组织结构容易解体破坏。

界面结合能由原子结合能定义为

$$E^{f}_{bind} = E^{a}_{bind} - E^{a}_{bind1} - E^{a}_{bind2} \tag{3-80}$$

式中 E^{f}_{bind}—— 界面结合能;

E^{a}_{bind}—— 界面区域内所有原子结合能;

E^{a}_{bind1},E^{a}_{bind2}—— 形成界面的两种组织结构原子结合能。

其中,原子的结合能为[23]

$$E^{a}_{bind} = E_{struc} - E_{self} \tag{3-81}$$

式中 E^{a}_{bind}—— 原子结合能;

E_{struc}—— 结构能;

E_{self}—— 计算中考虑的区域内所有原子孤立时的能量。

Good 方程可以定性地帮助我们了解复合材料的界面结合强度、界面张力、界面能(见式(3-68))。由此可见,界面能越高,说明 ϕ_{SL} 越小,表明纤维与基体之间结构差别越大。

对于PMC复合材料,纤维通常为无机非金属材料,基体为聚合物材料,纤维与基体之间通常为机械结合,界面能 γ 较高,说明 ϕ_{SL} 很小,即分子结构差别大。对于 MMC 复合材料,纤维通常为无机非金属材料,基体为金属材料,当纤维与基体之间为物理结合时,界面能 γ 适中,说明 ϕ_{SL} 适中;当纤维与基体之间为化学结合时,界面能 γ 较低,说明 ϕ_{SL} 较强。对于CMC复合材料,纤维和基体均为无机非金属材料,纤维与基体之间通常为机械结合,界面能 γ 较低,说明 ϕ_{SL} 较高,分子结构相似。

实　例

采用木材为模板以液硅渗透法制备陶瓷,怎样确定 Si 熔体在多孔热解碳中能够自发渗透的最大孔径?为了提高最大孔径,应如何控制渗透温度和气氛?[24]

答:对于硅熔体,在 1 550℃ 真空环境中表面张力 $\gamma = (0.72 \sim 0.75)N/m$,Si 熔体在 C 表面的润湿角 $\theta = 35°$,假定熔体在渗透温度时的密度等于其室温密度($2.58g/cm^3$),有

$$d_{max} = 4\gamma\cos\theta/(\rho g h)$$

由上式可得,自发渗透深度为 1m 时对应的最大直径为 $93\mu m$。

温度越高,压力越大,γ 越小,因此,应采用真空环境,并适当降低温度。

思　考　题

1. 将浸在液体中深为 x 处、宽为 l 的板抽出来，不计克服的重力，只考虑表面张力的作用，需要的最小力为多少？

2. 金属铝的强化是向液态的金属铝中加入 Al_2O_3 和 SiC，使之均匀分散在其中而达到强化的目的。但由于这两种固体与液态铝的接触角为 $\theta=140^\circ$，即几乎不浸润，所以很难将其分散均匀。为实现强化，可以采用哪些方法？

3. 阐述表面污染、表面粗糙度和孔隙率对润湿角的影响。

参考文献

[1] Honig Richard E. Surface and thin film analysis of semiconductor materials[J]. Thin Solid Films, 1976, 31:89 - 122.

[2] Vickerman John C. Impact of mass spectrometry in surface analysis[J]. Analyst, 1994, 119:513 - 523.

[3] 余永宁. 金属学原理[M]. 北京:冶金工业出版社, 2005.

[4] 尹东霞, 马沛生, 夏淑倩. 液体表面张力测定方法的研究进展[J]. 科技通报, 2007, 3:424 - 429.

[5] 朱步瑶, 赵振国, 等. 界面化学基础[J]. 北京: 化学工业出版社, 1996.

[6] 曹洪亮. 表面热力学函数[J]. 常州教育学院学报:综合版, 1999, 1:80 - 80.

[7] Shuttleworth R. The surface tension of solids[J]. Proceedings of Physical Society: Section A, 1950, 63:444 - 457.

[8] 傅举孚, 李步强. 流体间界面热力学研究的进展[J]. 化学进展, 1991, 4:1 - 7.

[9] 卢柯. 金属纳米晶体的界面热力学特性[J]. 物理学报, 1995, 44:1454 - 1460.

[10] Timmes F X, Swesty F Douglas. The accuracy, consistency, and speed of an electron - positron equation of state based on table interpolation of the Helmholtz free energy[J]. The Astrophysical Journal Supplement Series, 2000, 126:501 - 516.

[11] Adamson A W, Gast A P. Physical chemistry of surfaces[M]. New Jersey: Wiley - Interscience, 1997.

[12] Robert J Good. Surface free energy of solids and liquids: Thermodynamics, molecular forces and structure[J]. Journal of Colloid and interface Science, 1977, 59:398 - 419.

[13] 赵亚溥. 表面与界面物理力学[M]. 北京:科学出版社, 2012.

[14] 牛家治. 对液体的蒸气压及 Kelvin 方程的讨论[J]. 淮北煤师院学报:自然科学版, 2003, 1:73 - 76.

[15] 高玉英, 王志有. Kelvin 方程的新推到方法[J]. 鞍山师范学院学报, 2000, 1: 99 -101.

[16] 原日彬, 吴殿军. 金属液/固相润湿性研究进展[J]. 中国铸造装备与技术, 1999, 4:

11 -14.

[17] 李菊，宫本奎，孙全胜. 金属/陶瓷的润湿性[J]. 山东冶金，2007，6:6 - 9.

[18] Yin Xiaowei，Travitzky Nahum，Melcher Reinhold，et al. Three - dimensional printing of $TiAl_3/Al_2O_3$ composites[J]. International Journal of Materials Research，2006，97:492 - 498.

[19] Yin Xiaowei，Travitzky Nahum，Greil Peter. Three - dimensional printing of nanolaminated Ti_3AlC_2 toughened $TiAl_3 - Al_2O_3$ composites[J]. Journal of the American Ceramic Society，2007，90:2128 - 2134.

[20] Wenzel Robert N. Resistance of solid surfaces to wetting by water[J]. Industrial and Engineering Chemistry，1936，28:988 - 994.

[21] 李小兵，刘莹. 微观结构表面接触角模型及其润湿性[J]. 材料导报:研究篇，2009，23:101 - 103.

[22] 张利娜，徐秉声，陈军伟，等. 微孔陶瓷管孔隙率的测定及表面润湿性研究[J]. 有色金属科学与工程，2014，5:14 - 20.

[23] 刘贵立，郭玉福，李荣德. ZA27/CNT界面特性电子理论研究[J]. 物理学报，2007，56:4075 - 4078.

[24] Omprakash Chakrabarti，Lars Weisensel，Heino Sieber. Reactive melt infiltration processing of biomorphic Si - Mo - C ceramics from wood[J]. Journal of the American Ceramic Society，2005，88:1792 - 1798.

第 4 章　复合材料的界面反应

复合材料中纤维与基体相互接触构成界面时发生三类界面反应：①纤维与基体产生化学键合；②基体与纤维发生界面互扩散；③基体与纤维发生反应生成界面相。复合材料的界面结合分为界面物理结合和界面化学结合，而界面化学结合与界面反应有关。对界面反应的控制关系到复合材料界面的热化学相容问题，对复合材料的性能有着决定性的影响。一方面，在复合材料制备过程中，需要对界面反应程度进行控制，以满足不同复合材料力学性能对界面结合强度的要求。另一方面，在复合材料服役过程中需要对界面反应速度进行控制，以满足复合材料使用性能的要求。因此，界面反应贯穿复合材料制备与服役的全过程。

本章主要从热力学和动力学两方面讨论界面反应问题，为复合材料界面反应的控制奠定基础。

4.1　界面反应热力学

复合材料的纤维和基体之间可以发生原子或分子的互扩散或化学反应，从而形成扩散结合或反应结合，如图 4－1 所示。界面相(Interphase)或界面层(Interface layer)是纤维和基体两种材料在热力学平衡时形成的中间相，界面相与纤维和基体之间都存在界面(Interface)，这两个界面与界面相统称为界面区。

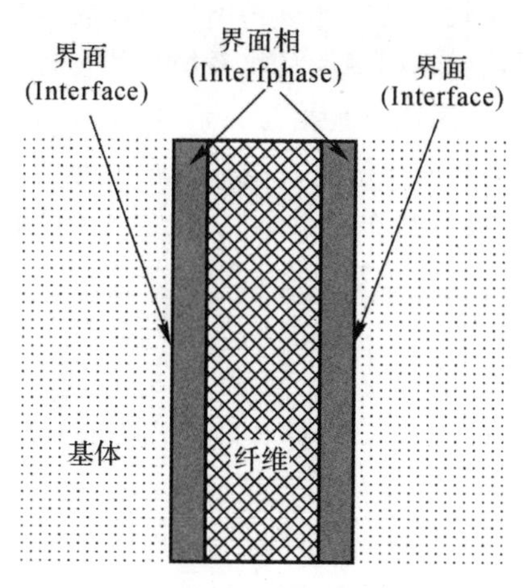

图 4－1　复合材料界面区示意图[1]

对于聚合物基复合材料，这种黏结机理可看作分子链的缠结。而对于金属和陶瓷基复合材料，两组元的互扩散可产生完全不同于任一原组元的成分及结构的界面层。金属基复合材料中的界面层通常是 AB，AB_2，A_3B 类型的脆性金属间化合物。金属基复合材料和陶瓷基复合材料形成界面层的主要原因是制备过程中要经历高温，在高温下原子极易扩散，且扩散系数随温度呈指数关系增加。

如果我们将界面相看作基体的一部分，界面相占基体的体积分数(V_{mi})可由界面相厚度(w)、纤维直径(d)和纤维体积分数(V_f)得出[1]：

$$V_{mi}=4\left(\frac{w^2+wd}{d^2}\right)\left(\frac{V_f}{1-V_f}\right) \tag{4-1}$$

假定纤维体积分数为60%，纤维直径为6μm，界面相厚度为0.1μm，由式(4-1)可得，界面相占基体的体积分数为10%，因而大量存在的界面会发生反应，这也是复合材料的性能受界面特性影响的原因。多数金属基复合材料在制备过程中发生不同程度的界面反应，其力学性能取决于界面相反应的程度：轻微的界面反应能有效改善金属基体与纤维的浸润和结合，严重的界面反应将造成纤维的损伤或形成脆性界面相。因此，在复合材料的制备过程中必须控制甚至防止这样的反应发生[2]。

由于复合材料的界面反应是一个反应扩散问题，元素的扩散在界面反应过程中起着制约作用，研究扩散的热力学和动力学对于判定界面反应能否进行、反应的速率、反应的难易程度及路径都有重要的意义，同时它也是研究界面反应机理的一个重要方面[3]。

界面反应使纤维(或基体)与界面相之间的结合为强结合，由于界面反应必须依靠原子扩散，而扩散须在一定的温度条件下进行，以克服扩散阻力。界面相生成后，继续反应须越过界面相才能进行互扩散，这使扩散阻力大大提高，因而界面相的生成阻止了界面的进一步反应。由此得到两方面启示，即在界面上预制与反应产物界面相相同的界面层，一是可以防止界面反应的发生，这种界面层叫做阻挡层；二是预制界面层可以增加界面反应以提高界面结合强度，这种界面叫做结合层。因此，制备界面层是对复合材料进行界面控制的重要手段。

4.1.1 热化学相图

相图是研究化学相容性的有效工具。通过相图可判断化学反应的类型、发生反应的温度、成分范围及反应生成物。所谓热化学相图就是将系统中的多种热化学反应用相图的方式表示出来，并反映各种化学反应发生的区域及其相互关系，这比列出很多反应关系式更直观。

用热化学相图对复合材料的界面反应进行描述是很方便的。下面以Si-C-O三元系统为例，说明热化学相图的绘制方法及其作用。典型的Si-C-O系统在复合材料中是很常见也是很重要的。如陶瓷基复合材料和金属基复合材料常采用的增强体SiC纤维通常含有氧和自由碳。采用聚碳硅烷和聚钛硅烷经熔纺、热解等工艺制备的Nicalon和Tyranna纤维[4-5]，其主要成分分别为Si-C-O和Si-C-O-Ti(见表2-3)。复合材料表面常采用的SiC涂层的氧化产物主要成分也是Si-C-O。另外，陶瓷和陶瓷基复合材料广泛使用的原料有SiC，SiO_2微粉和硅，其生产也涉及Si-C-O体系的热化学问题。因此，研究Si-C-O三元系统的热力学稳定问题具有代表性。

Si-C-O三元体系在2 000K平衡时有SiC，SiO_2，Si，C，SiO，CO，CO_2等7个物种，并存在如下平衡关系式[6-7]：

$$C_{(s)} \Leftrightarrow C_{(g)} \tag{4-2}$$

$$SiC_{(s)} \Leftrightarrow Si_{(l)} + C_{(g)} \tag{4-3}$$

$$Si_{(l)} + O_{2(g)} \Leftrightarrow SiO_{2(l)} \tag{4-4}$$

$$SiC_{(s)} + O_{2(g)} \Leftrightarrow SiO_{2(l)} + C_{(g)} \tag{4-5}$$

$$C_{(g)} + 1/2O_{2(g)} \Leftrightarrow CO_{(g)} \tag{4-6}$$

$$SiC_{(s)} + 1/2O_{2(g)} \Leftrightarrow SiO_{(g)} + C_{(g)} \tag{4-7}$$

$$C_{(g)} + O_{2(g)} \Leftrightarrow CO_{2(g)} \tag{4-8}$$

对于以上反应，其独立反应数为物种数(n)－元素数(m)＝7－3＝4。因此可得，Si－C－O三元体系只有 4 个反应是独立的，其余反应都可由所选择的 4 个独立反应的线性组合求得。

对于一个平衡反应

$$aA + bB = cC + dD \tag{4-9}$$

反应的平衡常数 K 由下式得到

$$K = \frac{a_C^c a_D^d}{a_A^a a_B^b} \tag{4-10}$$

式中　a_A, a_B, a_C, a_D——A, B, C, D 平衡时的活度；

K——方程式中各生成物活度的系数次方的乘积除以各反应物活度的系数次方，是无量纲的量。

在给定温度，无论反应物的初始浓度如何改变，该化学反应达到平衡时，其平衡常数均相等，且正逆反应的平衡常数互为倒数。

一般认为，固体物种的活度为 1。对于气体，当物种 i 的平衡分压为 P_i(单位为 atm①) 时，活度为 $a_i = \frac{P_i}{P_0}$。这里的 P_0 为标准大气压，为 1 atm。P_i 除以 P_0 的作用为将 a_i 转换为没有单位的数值，这时该活度也可以视为相对压力。这样，在求某气态物种的活度以便代入热力学平衡常数关系式时，其分压的单位就必须也是 atm。

体系的自由能变 ΔG_{rxn} 如下：

$$\Delta G_{rxn} = \Delta G_{rxn}^0 + RT\ln K \tag{4-11}$$

式中　ΔG_{rxn}^0——体系在标准状态时的反应自由能变；

T——绝对温度(K)；

R——气体常数(8.315J/(K · mol))。

当体系达到平衡状态时，$\Delta G_{rxn} = 0$，并将反应平衡常数 K 代入式(4－11)可得

$$\Delta G_{rxn}^0 = -RT\ln\frac{a_C^c a_D^d}{a_A^a a_B^b} \tag{4-12}$$

对于式(4－2)，有

$$\Delta G_{rxn}^0 = -RT\ln P_C \tag{4-13}$$

因此，可计算出 $\ln P_C$，即图 4－2 中的线条 1，表示 C 的蒸气压。

对于式(4－3)，有

$$\Delta G_{rxn}^0 = -RT\ln P_C \tag{4-14}$$

因此，可计算出 $\ln P_C$，即图 4－2 中的线条 2，表示 Si－SiC 界面处 C 的蒸气压。

对于式(4－4)，有

$$\Delta G_{rxn}^0 = RT\ln P_{O_2} \tag{4-15}$$

① 1atm = 1.013 25 × 10^5 Pa。

因此,可计算出 $\ln P_{O_2}$,即图 4-2 中的线条 3,表示 Si-SiO_2 界面处 O_2 的平衡压力。

对于式(4-5),有

$$\Delta G^0_{rxn} = -RT\ln P_C + RT\ln P_{O_2} \tag{4-16}$$

由式(4-16)可知,在 SiC-SiO_2 界面上,$\ln P_C$ 与 $\ln P_{O_2}$ 呈线性关系,即图 4-2 中的线条 4。

对于式(4-6),有

$$\Delta G^0_{rxn} = -RT\ln P_{CO} + RT\ln P_C + 1/2RT\ln P_{O_2} \tag{4-17}$$

令 $\ln P_{CO}$ 为常数,可得

$$\ln P_C \propto -1/2\ln P_{O_2} \tag{4-18}$$

由式(4-18)可知,$\ln P_C$ 与 $\ln P_{O_2}$ 呈线性关系,即图 4-2 中的线条 5,为斜率为 $-1/2$ 的线束。

当 Si-C-O 系统平衡时,可能产生 $SiO_{(g)}$,见式(4-7),且有

$$\Delta G^0_{rxn} = -RT\ln P_C - RT\ln P_{SiO} + 1/2RT\ln P_{O_2} \tag{4-19}$$

令 $\ln P_{SiO}$ 为常数,可得

$$\ln P_C \propto 1/2\ln P_{O_2} \tag{4-20}$$

即图 4-2 中的线条 6,为斜率为 1/2 的线束,表示 SiO 的平衡压力。

在 Si-C-O 三元系统中,还可能反应生成 CO_2,见式(4-8),且有

根据

$$\Delta G^0_{rxn} = -RT\ln P_{CO_2} + RT\ln P_{O_2} + RT\ln P_C \tag{4-21}$$

令 $\ln P_{CO_2}$ 为常数,可得

$$\ln P_C \propto -\ln P_{O_2} \tag{4-22}$$

即图 4-2 中的线条 7,为斜率为 -1 的线束,表示 CO_2 的平衡压力。

由此可绘制出 Si-C-O 三元系统在 2 000K 下的热化学相图[8-9](见图 4-2)。相图中有 4 个区域,5 个界面。在 C-SiC 界面,$\lg P_C = -11.4$,具有高度的化学稳定性。在 SiC-Si 界面,$\lg P_C = -12.7$,具有更高的化学稳定性。在 Si-SiO_2 界面,$\lg P_{O_2} = -15.3$,化学稳定性更加高。在 SiC-SiO_2 界面,$\lg P_{O_2}$ 为 $-13.8 \sim -15.3$,$\lg P_C$ 为 $-11.4 \sim -12.7$,$\lg P_{CO}$ 为 $0.7 \sim -2$。在 C-SiO_2 界面,$\lg P_{CO}$ 可能很大,致使 P_{CO} 可能很高。但一定的 P_{CO} 压力对应一定的 O_2 浓度,而界面氧气浓度需靠氧在 SiO_2 中的扩散提供。O_2 在 SiO_2 中的扩散是很慢的,因而 CO 的压力受 O_2 扩散控制。在 SiC-SiO_2 界面处,CO 的压力可能大于 7atm,SiC 表面的氧化层 SiO_2(保护膜)在低于这一压力时,气泡形核长大,因而是不稳定的,高于这一压力时气相反应将被抑制。SiC 与 SiO_2 的稳定共存氧浓度区间为 $\lg P_{O_2} = -33.3 \sim -30.43$。

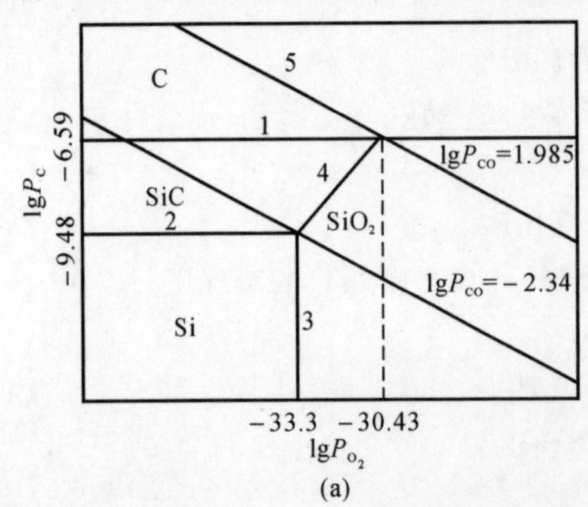

(a)

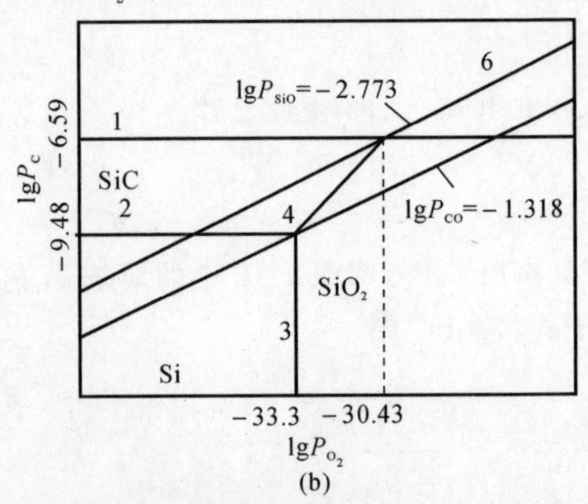

(b)

图 4-2　Si-C-O 三元系统在 2 000K 下的热化学相图[6-7]

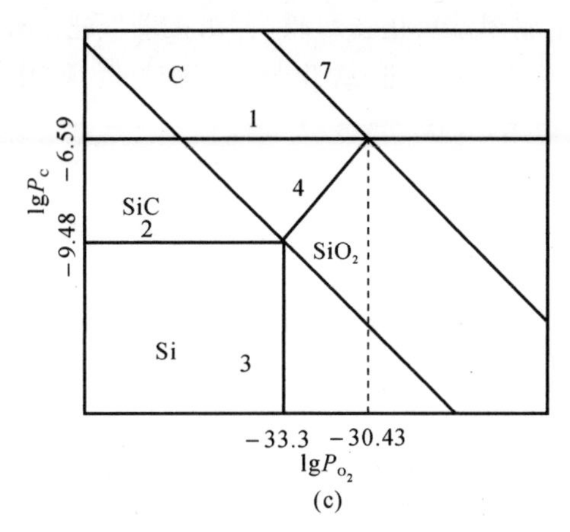

(c)

续图 4-2　Si-C-O 三元系统在 2 000K 下的热化学相图[6-7]

当 SiO_2-C-SiC 共存时，不同温度下 CO，SiO，CO_2，O_2 的分压值见表 4-1。当温度从 1 600K 升高到 2 000K 时，该体系中气相的分压值均增加，表明 SiO_2 与 C 的反应更容易进行。

表 4-1　SiO_2-C-SiC 共存时不同温度下 CO，SiO，CO_2，O_2 的分压值

T/K P/atm	1 600	1 700	1 800	1 900	2 000
P_{O_2}	3.069×10^{-19}	1.143×10^{-17}	2.844×10^{-16}	5.058×10^{-15}	6.738×10^{-14}
$\lg P_{O_2}$	−18.513	−16.942	−15.546	−14.296	−13.172
P_{CO}	0.096	0.348	1.096	3.055	7.687
$\lg P_{CO}$	−1.018	−0.458	0.040	0.458	0.886
P_{SiO}	3.224×10^{-4}	1.641×10^{-3}	6.966×10^{-3}	0.025	0.081
$\lg P_{SiO}$	−3.492	−2.785	−2.175	−1.595	−1.089
P_{CO_2}	2.668×10^{-6}	1.772×10^{-5}	9.036×10^{-5}	3.981×10^{-4}	1.513×10^{-3}
$\lg P_{CO_2}$	−5.574	−4.764	−4.004	−3.400	−2.820
$P_{CO}+P_{SiO}$	0.096	0.350	1.103	3.080	7.768
$\lg(P_{CO}+P_{SiO})$	−1.017	−0.449	0.043	0.489	0.890

如果氧化层中含有杂质(如 H_2O)时，O_2 在 SiO_2 中的扩散速度将大大增加，界面上的氧气分压将大于 6×10^{-14} atm，此时 SiC 和 SiO_2 两相将不能稳定共存。由于燃气中一般含有大量水及杂质，致使 SiC 在燃气中的使用温度比在空气中的低。

从热力学角度讲，在1 273K 下，C-SiO_2 界面气相 CO 压力可能很高，但只有 O_2 扩散使界面 O_2 浓度达到较高水平时才能反应生成 CO，而温度低，O_2 扩散较慢。因此，C-SiO_2 在 1 273K 左右时，仍然共存，这是由动力学因素造成的。

4.1.2　反应机制的热力学计算

热力学计算不仅能获得物质的热化学相图，确定体系中物质共存所需的温度和气体浓度，而且还可以确定反应机制，典型的例子是主被动氧化问题。氧化反应不仅是材料在服役过程中的常见现象，而且是微电子设备制备工艺中必不可少的一道工序。Si，SiC 和 Si_3N_4 陶瓷在低温和高氧分压环境中会生成固态氧化物薄膜，称为被动氧化(passive oxidation)；而它们在高温和低氧分压环境中会生成气态氧化物但无法生成固态薄膜，称为主动氧化(active oxidation)[10-11]。

被动氧化反应如下：

$$Si_{(s)} + O_{2(g)} = SiO_{2(s)} \tag{4-23}$$

$$SiC_{(s)} + 3/2O_{2(g)} = SiO_{2(s)} + CO_{(g)} \tag{4-24}$$

$$Si_3N_{4(s)} + 3O_{2(g)} = 3SiO_{2(s)} + 2N_{2(g)} \tag{4-25}$$

主动氧化反应如下：

$$Si_{(s)} + 1/2O_{2(g)} = SiO_{(g)} \tag{4-26}$$

$$SiC_{(s)} + O_{2(g)} = SiO_{(g)} + CO_{(g)} \tag{4-27}$$

$$Si_3N_{4(s)} + \frac{3}{2}O_{2(g)} = 3SiO_{(g)} + 2N_{2(g)} \tag{4-28}$$

Si 基片的被动氧化通常发生于高氧分压和中温区，控制反应为式(4-23)。如图 4-3 所示，Si 基片在氧化过程中生成了 SiO_2 薄膜，氧化后 Si 的表面发生了迁移，由 Si/气界面变为 Si/SiO_2 界面。该界面的迁移距离为 X_{Si}，表示 Si 基片被消耗的厚度，而 Si 氧化生成 SiO_2 薄膜的厚度为 X_{ox}。

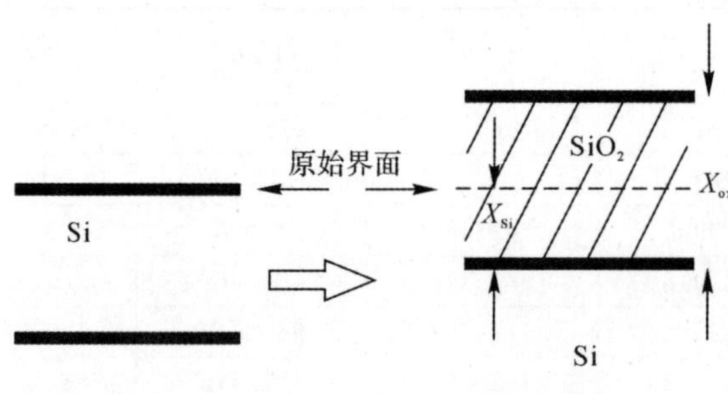

图 4-3　Si 基片氧化生成 SiO_2 薄膜示意图[10-11]

X_{Si} 与 X_{ox} 之间符合以下关系：

$$X_{Si} = X_{ox} \cdot \frac{N_{ox}}{N_{Si}} = X_{ox} \cdot \frac{2.3 \times 10^{22}}{5 \times 10^{22}} = 0.46X_{ox} \tag{4-29}$$

式中　N_{ox}——SiO_2 分子密度(个/cm^3)；

　　N_{Si}——Si 原子密度(个/cm^3)。

在 SiC 基片表面发生被动氧化时，生成的 SiO_2 薄膜可阻止环境中的氧向 SiC 基片的进一步扩散，此过程的控制反应见式(4-24)。而 SiC 陶瓷的主动氧化通常发生于低氧分压和高温区，氧化形成 SiO 气相产物(见图 4-4)，快速消耗 SiC 表面原子，此过程的控制反应见式(4-27)。

以 SiC 的氧化为例，体系可能发生的反应有

$$SiC_{(\beta)} + O_2 \Leftrightarrow SiO_{2(cond)} + C_{(s)} \tag{4-30}$$

$$2C_{(s)} + O_2 \Leftrightarrow 2CO \tag{4-31}$$

$$SiC_{(\beta)} + (1+\frac{x}{2})O_2 \Leftrightarrow SiO_{2(cond)} + (1-x)C_{(s)} + xCO \quad (x<1) \tag{4-32}$$

$$SiC_{(\beta)} + \frac{3}{2}O_2 \Leftrightarrow SiO_{2(cond)} + CO_{(g)} \tag{4-33}$$

$$SiC_{(\beta)} + \frac{(3-x)}{2}O_{2(g)} \Leftrightarrow (1-x)SiO_{2(cond)} + xSiO_{(g)} + CO_{(g)} \quad (x<1) \tag{4-34}$$

$$SiC_{(\beta)} + O_2 \Leftrightarrow SiO_{(g)} + CO_{(g)} \tag{4-35}$$

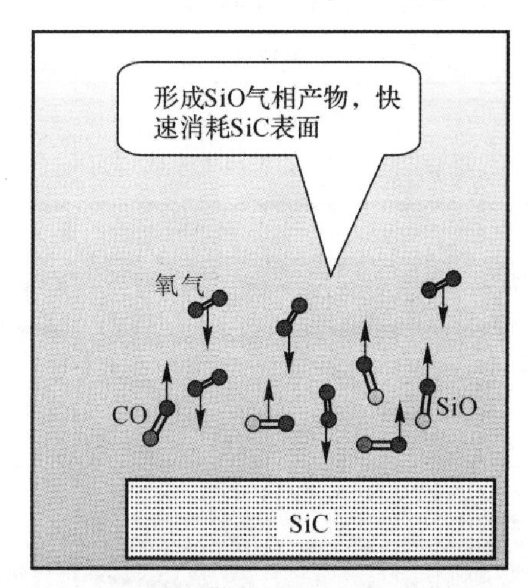

图 4-4　SiC 基片的主动氧化示意图[10-11]

运用 Gibbs 自由能最小化原理确定体系的平衡产物及其产量，采用热力学计算获得的相图可显示产物与反应物和热力学参数之间的关系。在恒温恒压条件下，隔离体系保持化学平衡的条件是体系的 Gibbs 自由能总和最小，即满足式(4-34)和式(4-35)。通过求解以上反应的 Gibbs 自由能最小化方程(式(4-36)和式(4-37))，就可以获得某温度和压力条件下体系中各个物质的量。

$$\min G = \sum_{i=1}^{s} n_i^c G_i^c + \sum_{i=n+1}^{N} n_i^g \{G_i^g + RT[\ln(n_i^g / \sum n_i^g) + \ln P]\} \tag{4-36}$$

$$\text{s.t.} \sum_{i=1}^{N} a_{ij} n_j = B_j \quad (j = 1, 2, \cdots, M) \tag{4-37}$$

式中　G——Gibbs 自由能(kJ)；

s——凝聚态(固相)组元数；

N——总组元数；

T——温度(K)；

n_i——组元的摩尔数；

P——总压(Pa)；

a_{ij}——i 组元中元素 j 的原子数；

B_j——元素 j 的总原子数；

上标 c——凝聚态组元；

上标 g——气相组元；

M——最大值。

在 $P_{total} = 800$Pa 和 $P_{O_2} = 15$Pa 气氛下 SiC 的分区氧化机制如图 4-5 所示。在区域 1 中，

温度 $T<1\ 200℃$,此时 SiC 的氧化反应可用式(4-30) 和式(4-31) 表示。在区域 2 中,温度 $1\ 200℃<T<1\ 300℃$,此时 SiC 的氧化反应可用式(4-32) 和式(4-33) 表示。在区域 3 中,温度 $1\ 300℃<T<1\ 450℃$,此时 SiC 的氧化反应可用式(4-33) 表示。在区域 4 中,温度 $1\ 450℃<T<1\ 650℃$,此时 SiC 的氧化反应可用式(4-34) 表示。在区域 5 中,温度 $T>1\ 650℃$,此时 SiC 的氧化反应可用式(4-35) 表示。

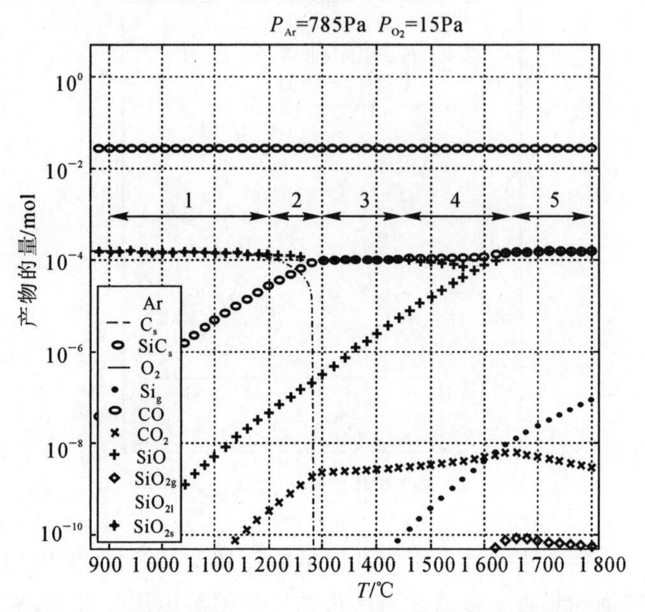

图 4-5 在 $P_{total}=800Pa$ 和 $P_{O_2}=15Pa$ 气氛下 SiC 的分区氧化机制示意图[12-13]

根据以上过程可以计算不同氧分压下,SiC 发生主被动氧化的临界温度[12-13]。温度和氧分压对主动-被动氧化的影响如图 4-6 所示。在一定氧分压环境中,温度升高,SiC 发生主动氧化的可能性增加,即高温有利于主动氧化;而在一定的温度下,氧分压增加,SiC 更易于发生被动氧化,即高氧分压有利于被动氧化。

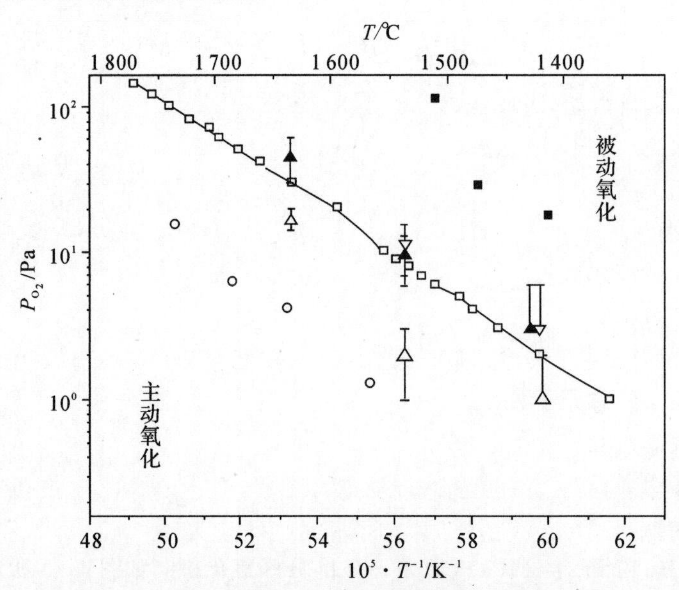

图 4-6 温度和氧分压对主动-被动氧化的影响[12-13]

4.2　界面反应动力学

4.2.1　扩散

扩散是物质中的原子、分子或离子因热运动而产生的物质迁移现象，是物质传输的一种方式。扩散的宏观表现是物质的定向输送。在固体材料中也存在扩散，并且它是固体中物质传输的唯一方式，因为固体不能像气体或液体那样通过流动来进行物质传输。

固态物质中的原子在其平衡位置并不是静止不动的，而是不停地以其结点为中心以极高的频率进行着热振动。原子振动的能量大小与温度有关，温度越高，原子的热振动越激烈。当温度不变时，尽管原子的平均能量是一定的，但每个原子的热振动还是有差异的，有的振动能量可能高些，有的可能低些，这种现象称为能量起伏。原子的每个平衡位置都对应着一个势能谷，在相邻的平衡位置之间都隔着一个势垒。原子由一个平衡位置跳到另一个平衡位置，必须越过中间的势垒才行，而原子的平均能量总是低于势垒，所以原子在晶格中要改变位置是非常困难的。但是，由于原子的热振动存在着能量起伏，所以总会有部分原子具有足够高的能量，能够跨越势垒 Q，从原来的平衡位置跃迁到相邻的平衡位置。原子克服势垒所必需的能量称为激活能 E(activation energy)，它在数值上等于势垒高度 H，反映了质点扩散的难易程度。激活能 Q 的数值不仅与扩散的微观方式有关，还与扩散介质的性质和结构有关。因此，固态扩散是原子热激活的过程。固体中原子的移动没有方向性，即向各个方向跃迁的几率都是相等的。但在浓度梯度或应力梯度等扩散驱动力的作用下，金属中的原子向特定方向跃迁的数量增大，产生该种原子的宏观定向移动。

扩散与材料的生产和使用中的物理过程有密切关系，如凝固、偏析、均匀化退火、冷变形后的回复和再结晶、固态相变、化学热处理、烧结、氧化和蠕变等。在复合材料制备或服役过程中，物质沿着固体表面或固体内部界面进行扩散，实现物质的传递。当材料加热到低于其熔点的某一温度（泰曼温度）时，基体的晶界变得可移动，物质将沿着基体孔洞表面以及晶界进行扩散，后者称为晶界扩散。由于相邻晶粒之间以及纤维与基体之间可形成界面，采用界面扩散以区别表面扩散。相似的过程有扩散诱导晶界移动，即当将多晶薄膜置于金属蒸气中时，气氛中的原子会沿着金属薄膜中的晶界扩散进入薄膜。扩散原子移动的具体方式称为扩散机制，包括间隙扩散、空位扩散、换位扩散。

1855 年，A. Fick 通过实验导出了菲克(Fick) 第一定律[14]，用于稳态扩散，即扩散过程中各处的浓度及浓度梯度不随时间变化，如下式所示：

$$J = -D\frac{\mathrm{d}c}{\mathrm{d}x} \tag{4-38}$$

式中　J—— 单位时间通过垂直于扩散方向的单位面积的扩散物质的通量，即扩散流量，($\mathrm{g \cdot cm^{-2} \cdot s^{-1}}$ 或原子数 $\cdot\ \mathrm{cm^{-2} \cdot s^{-1}}$)；

D—— 扩散系数($\mathrm{cm^2/s}$)；

$\mathrm{d}c/\mathrm{d}x$—— 沿扩散方向(x 方向) 的浓度梯度；

负号—— 物质总是从浓度高的方向向浓度低的方向迁移。

由上式可见，在稳态扩散过程中，扩散流量 J 与浓度梯度 $\mathrm{d}c/\mathrm{d}x$ 成正比，而扩散系数 D 可

表示为

$$D=D_0 e^{-\frac{Q}{RT}} \tag{4-39}$$

式中 D_0—— 扩散常数；

Q—— 扩散激活能；

R—— 气体常数；

T—— 绝对温度(K)。

由于扩散具有方向性，则 $\boldsymbol{J}$ 为矢量，在三维方向的表达式为

$$\boldsymbol{J}=-D\left(\boldsymbol{i}\frac{\partial c}{\partial x}+\boldsymbol{j}\frac{\partial c}{\partial y}+\boldsymbol{k}\frac{\partial c}{\partial z}\right) \tag{4-40}$$

4.2.2 反应扩散

在扩散过程中，使固溶体内的溶质组元超过固溶极限而不断形成新相的扩散过程称为“反应扩散”，也称为“相变扩散”。许多相变的过程是通过成分变化或扩散过程来控制的，而反应扩散速度取决于化学反应和原子扩散两个因素。了解反应扩散的规律对了解由成分的变化来控制的相变有十分重要的意义。

下面以Si基片表面氧化生成 SiO_2 的过程为例[15]（见图4-7）介绍反应扩散过程。在含 O_2 或 H_2O 的氧化性环境中，氧化性气体分子通过Si基片表面的附面层向Si基片扩散，附面层的厚度与气流速度有关；氧化性气体分子与Si反应生成 SiO_2；SiO_2 薄膜建立后，氧化性气体分子通过 SiO_2 进行固态扩散，扩散到 SiO_2/Si界面处，与Si反应生成 SiO_2，这导致 SiO_2 薄膜厚度的增加。此 SiO_2 薄膜是非晶态的，其密度为2.27g/cm³，原子密度为 2.2×10^{22} 个分子/cm³。

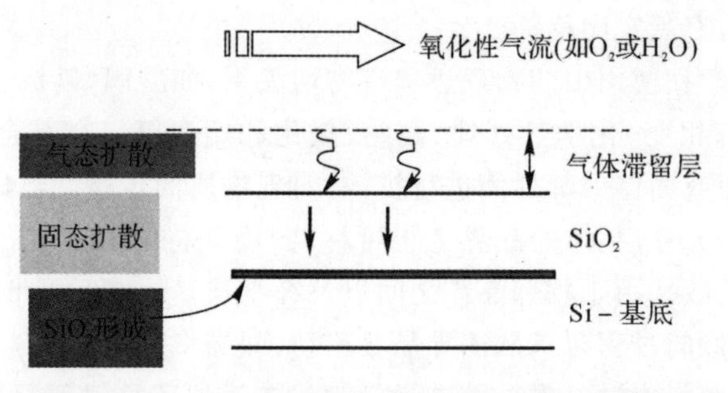

图4-7 SiC氧化生成 SiO_2 的动力学过程示意图[15]

对于Si基片氧化生成 SiO_2 这一反应扩散过程，Deal和Grove提出了一个可以用固体理论解释一维平面生长氧化硅的模型，称为Deal-Grove模型（见图4-8）[16]。

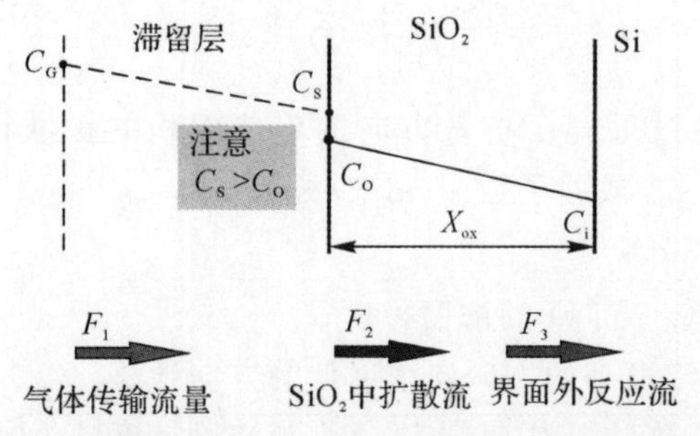

图4-8 Si基片氧化生成 SiO_2 的Deal-Grove模型示意图[16]

如图 4-8 所示，氧化性气体分子在附面层表面处的气流浓度为 C_G，在附面层与 SiO_2 界面处的气流浓度为 C_S，在 SiO_2 薄膜与附面层界面处的气流浓度为 C_0，在 SiO_2/Si 界面处的浓度为 C_i。在附面层中的气体传输流量为 F_1，在 SiO_2 中的扩散流量为 F_2，在 SiO_2/Si 界面处的反应流量为 F_3。

附面层中的气体传输流量 F_1 可表示为

$$F_1 = h_G(C_G - C_S) \tag{4-41}$$

式中　h_G—— 质量传递系数(cm/s)；

C—— 气流浓度(分子数 /cm^3)；

F_1—— 气流流量[分子数 /(cm^2 · s)]。

假设氧化过程是稳态过程，且氧化性气体通过 SiO_2 时没有损耗，则 F_2 可由固态扩散 Fick 定律给出，即

$$F_2 = -D\frac{\partial C}{\partial x} \cong D\frac{C_0 - C_i}{X_{ox}} \tag{4-42}$$

式中，D 为氧化性气体在 SiO_2 中的扩散系数(cm^2/s)。

界面处反应流量 F_3 可表示为

$$F_3 = k_S C_i \tag{4-43}$$

式中，k_S 为界面反应速度常数(cm/s)。

对于理想气体，存在理想气体方程

$$P_S V = NkT \tag{4-44}$$

式中　N—— 气体分子数；

k—— 玻尔兹曼常数；

V—— 气体体积；

T—— 温度。

则气流浓度 C_S 可以表示为

$$C_S = N/V = P_S/kT \tag{4-45}$$

亨利定律指出固体中溶解的气体物质的平衡浓度与固体表面处气体物质的分压成正比，即 $C_0 = HP_S$。式中，H 为亨利常数，P_S 为氧化层表面的氧化性气体分压。

采用亨利定律可建立 C_0 和 C_S 的关系：

$$C_0 = H \cdot P_S = H \cdot (kT \cdot C_S) \tag{4-46}$$

由式(4-46) 可得

$$C_S = \frac{C_o}{HkT} \tag{4-47}$$

定义

$$C_A = HkT \cdot C_G = HP_G \tag{4-48}$$

$$h = h_G/HkT \tag{4-49}$$

将式(4-46) ～ 式(4-49) 代入式(4-41)，得到从气相区到硅片氧化层表面的氧分子流密度，可求得

$$F_1 = \frac{h_G}{HkT}(C_A - C_0) \tag{4-50}$$

在稳态条件下，应该有

$$F_1 = F_2 = F_3 \tag{4-51}$$

可得

$$C_i = \frac{C_A}{1 + \frac{k_S}{h} + \frac{k_S X_{ox}}{D}} \tag{4-52}$$

当 $h \gg k_S$ 时，有

$$C_i \approx \frac{C_A}{1 + \frac{k_S X_{ox}}{D}} \tag{4-53}$$

$$F = k_S \cdot C_i = \frac{k_S \cdot C_A}{1 + \frac{k_S}{h} + \frac{k_S X_{ox}}{D}} \approx \frac{k_S \cdot C_A}{1 + \frac{k_S X_{ox}}{D}} \tag{4-54}$$

因此，Si基片的氧化过程可由上述方程表述，通过讨论 $k_S X_{ox}/D$ 的大小可以确定Si氧化过程中的控制步骤，即

(1) 当 $k_S X_{ox}/D \ll 1$ 时，氧化过程由反应速率控制；

(2) 当 $k_S X_{ox}/D \gg 1$ 时，氧化过程由扩散控制；

(3) 当 $k_S X_{ox}/D \cong 1$ 时，氧化过程从线性过渡到抛物线性，对应氧化层的厚度为50 ～200nm。

因此，SiO_2 氧化层的生长速度可通过将界面流量 F 除以单位面积 SiO_2 的氧分子数得到，即

$$R = \frac{F}{N_1} = \frac{dX_{ox}}{dt} \tag{4-55}$$

式中，N_1 为形成单位体积 SiO_2 所需要的氧化剂的分子数。当 O_2 作为氧化剂时，$N_1 = 2.2 \times 10^{22}\,cm^{-3}$；当 H_2O 作为氧化剂时，$N_1 = 4.4 \times 10^{22}\,cm^{-3}$。

将式(4-54)代入式(4-55)得到氧化层的生长速度为

$$R = \frac{F}{N_1} = \frac{dX_{ox}}{dt} = \frac{k_S C_A}{1 + \frac{k_S}{h} + \frac{k_S X_{ox}}{D}} \tag{4-56}$$

对式(4-56)两边积分可得

$$N_1 \int_{X_i}^{X_{ox}} \left[1 + \frac{k_S}{h} + \frac{k_S X_{ox}}{D}\right] dX_{ox} = \int_0^t k_S C_A dt \tag{4-57}$$

令

$$A = 2D\left(\frac{1}{k_S} + \frac{1}{h}\right) \tag{4-58}$$

$$B = \frac{2DC_A}{N_1} \tag{4-59}$$

$$\tau = \frac{X_i^2 + AX_i}{B} \tag{4-60}$$

则得

$$X_{ox}^2 + AX_{ox} = B(t + \tau) \tag{4-61}$$

求解式(4-61)可得

$$X_{ox} = \frac{A}{2}\left[\sqrt{1 + \left(\frac{t+\tau}{A^2/4B}\right)} - 1\right] \tag{4-62}$$

式中　B—— 抛物线速率常数，表示氧化剂扩散流 F_2 的贡献；

B/A—— 线性速率常数，表示界面反应流 F_3 的贡献。

当氧化时间 t 较短，即 $(t+\tau) \ll A^2/4B$ 时，则氧化层厚度 X_{ox} 小，有

$$X_{ox} \approx \frac{B}{A}(t+\tau) \tag{4-63}$$

当氧化时间 t 较长，即 $t \gg \tau$ 和 $t \gg A^2/4B$ 时，则氧化层厚度 X_{ox} 大，有

$$X_{ox} \approx \sqrt{B(t+\tau)} \tag{4-64}$$

由此可见，根据 Deal - Grove 模型，Si 氧化生成 SiO_2 层的厚度随时间的变化符合线性-抛物线规律。对于 SiC 的氧化，Deal - Grove 模型同样适用[17]。如图 4 - 9 所示，SiC 在 1 300℃ 空气中的长时氧化曲线符合抛物线规律，由此可得抛物线常数 B 为 $4.358 \times 10^{-9}\ cm^2/h$。由式 (4 - 59) 可知，抛物线常数 B 与扩散系数 D 成正比。结合(4 - 39) 可知

$$\ln B \propto -\frac{Q}{RT} \tag{4-65}$$

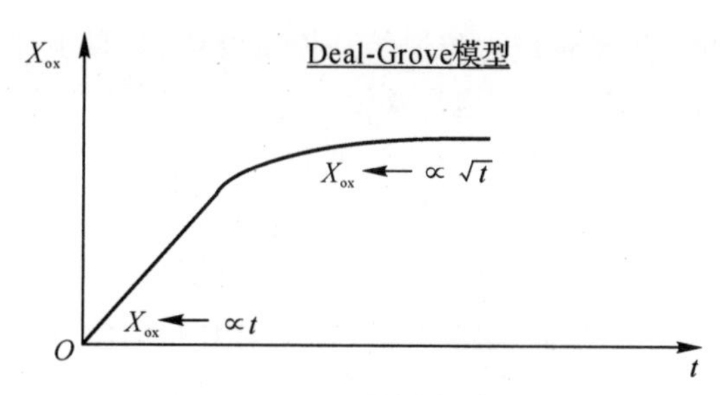

图 4 - 9　Deal - Grove 模型氧化曲线示意图[17]

可通过测定实验条件下获得的氧化时间与氧化层厚度的关系，然后拟合得到抛物线常数 B 与温度 T 的关系曲线，如图 4 - 10 所示。采用式(4 - 65) 获得抛物线常数 B 与温度 T 的关系，从而得到 SiC 氧化的表观扩散激活能，如图 4 - 11 所示。

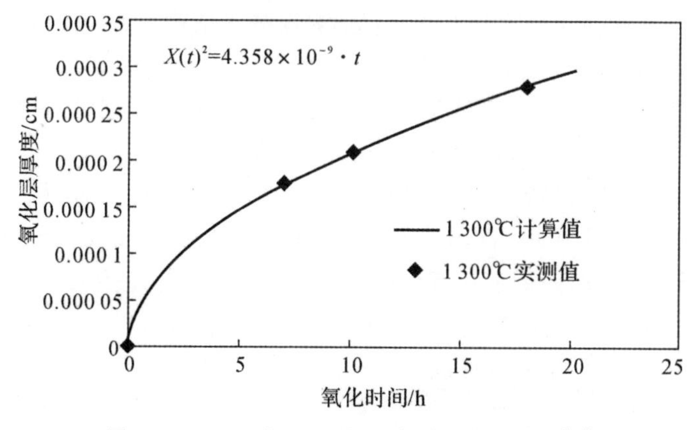

图 4 - 10　SiC 在 1 300℃ 空气中的氧化曲线[17]

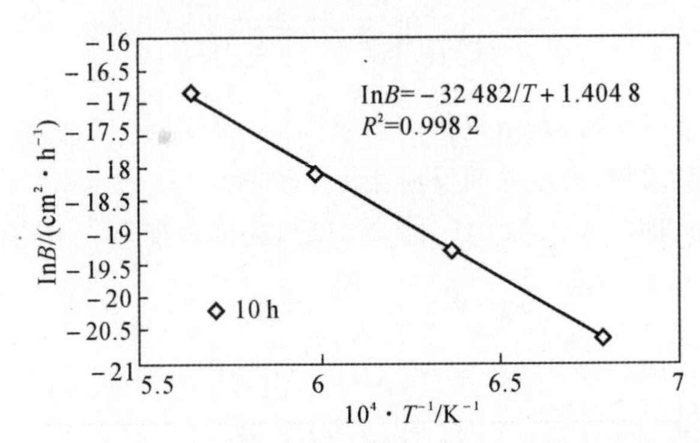

图 4－11　SiC 在空气中氧化的抛物线常数与温度的关系曲线[17]

4.3　复合材料的界面反应

4.3.1　聚合物基复合材料的界面反应

低模量聚合物基体的作用是将应力传递给高模量纤维，以使其承担全部载荷。由于应力是通过界面剪应力传递的，所以要求纤维与基体之间具有好的结合性。因此，聚合物基复合材料的力学性能取决于三个因素[18]：① 纤维的强度和模量；② 基体的强度和化学稳定性；③ 基体与纤维的界面结合强度。常见的情况是，聚合物基体与纤维不容易结合在一起，如表面未处理的碳纤维与氨固化处理的环氧树脂具有极低的界面剪切强度[19]。因此，通过对纤维进行表面改性或处理，使纤维和基体之间形成化学结合才能具有强的结合。

碳纤维的表面惰性大，缺乏化学活性官能团，与基体的润湿性差，常采用的方法是对碳纤维进行氧化表面处理，使其比表面积增大，表面含氧官能团浓度增加，从而提高复合材料的界面剪切强度[20]。玻璃纤维表面则常采用挂浆或偶联剂进行界面改性，直径为 10～14μm 玻璃纤维的挂浆厚度为 0.5～1μm。硅烷偶联剂中的硅烷醇基团与玻璃纤维表面发生反应，通过 Si－O－Si 键结合形成共价键。硅烷偶联剂的另一个功能是与树脂反应，形成化学结合[21]。图 4－12 所示为玻璃纤维增强聚合物基复合材料的界面分子结构模型[22]。靠近玻璃纤维表面的硅烷分子与纤维之间形成化学键，生成连续、均匀的薄膜，且距离玻璃纤维表面越近，硅烷交联的程度越大；而距离玻璃纤维表面越远，硅烷与树脂的反应越充分。该界面区的厚度为 $(35\sim100)\times10^{-10}$ m 或 $(200\sim500)\times10^{-10}$ m，最大厚度可达 1μm。

超高分子量聚乙烯(UHMWPE) 纤维虽然具有高强度、高模量、低密度、耐腐蚀等优异性能，但其分子链中不含极性基团，且其表面呈惰性，与树脂基体形成复合材料后界面性能很差。UHMWPE 纤维经短时间的液相氧化处理后，纤维表面已经接枝了很多羟基和羧基，可与活性上胶剂水解后产生的硅羟基反应；上胶剂的另一官能团为环氧基，能参与基体树脂的固化反应[23]，如图 4－13 所示，纤维与树脂基体间少量的化学键就可以使复合材料界面性能明显提高。

树脂基体
树脂中间相
树脂 - 硅烷界面
硅烷中间相
硅烷 - 玻璃界面
玻璃纤维
玻璃纤维

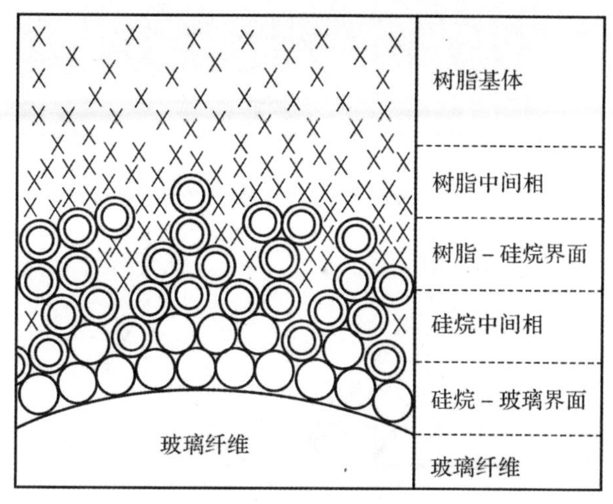

图 4 - 12　玻璃纤维增强聚合物基复合材料的界面分子结构模型:单环代表偶联剂;双环代表与树脂反应后的偶联剂;× 代表树脂[22]

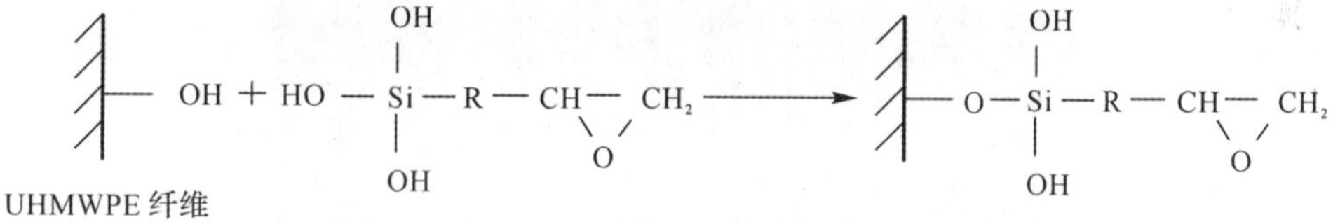

OH
OH + HO — Si — R — CH — CH2
OH
O
UHMWPE 纤维
OH
O — Si — R — CH — CH2
OH
O

图 4 - 13　UHMWPE 纤维与活性上胶剂作用示意图[23]

4.3.2　金属基复合材料的界面反应

在金属基复合材料中,界面对材料内部的载荷传递、残余应力、导电、导热、热膨胀等力学和物理性能都有着重要的作用和影响,界面的结构和性能是关键。由于金属基复合材料必须在高温下制备,基体与增强体之间的界面反应(溶解、扩散和元素偏聚等)很难避免,界面反应及其作用的程度与基体和增强体的类型、化学性质、物理性质及制备工艺参数密切相关。连续纤维是主要承载体,其强度和模量比基体的高几倍甚至一个数量级。因此,要求界面能够有效传递载荷,调节材料内的应力分布、阻止裂纹扩展,使材料获得最好的综合性能。为了满足以上要求,界面结合强度必须适中:过弱不能有效传递载荷,过强会引起脆性断裂,不能有效发挥纤维的承载作用。

当制备一种 SiC 纤维增强 Zr 基复合材料时[24],由 1 200℃ 的 Zr - Si - C 三元相图可见,$Zr_2Si - ZrC_{1-x}$ 两相混合区可以稳定存在;SiC 与 Zr_2Si 和 ZrC_{1-x} 之间分别是不稳定的,但 SiC 与 ZrC 之间是稳定的,在 SiC 表面的反应层可能是 ZrC,而不可能是 Zr_2Si 或 ZrC_{1-x}。根据以上分析,该复合材料界面层由纤维向基体的相组成顺序应该为 $SiC_f/ZrC/Zr_2Si - ZrC_{1-x}/ZrC_{1-x}$。如图 4-14 所示为 Zr-Si-C 相图在 1 000℃ 的扩散途径。如图 4-15 所示为 SiC 表面 Zr - Si - C 反应层的断口微结构形貌。

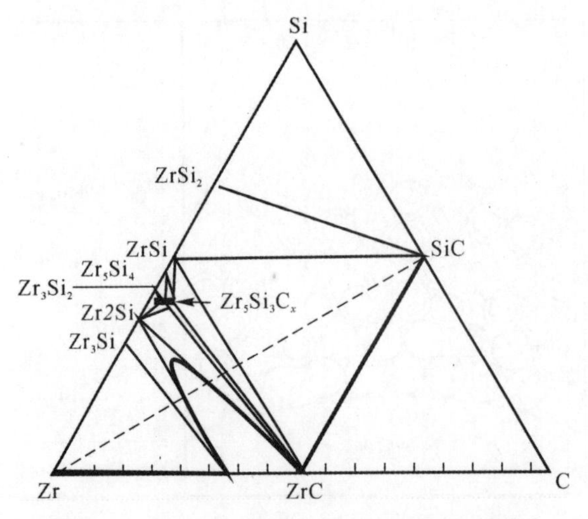

图 4-14　Zr-Si-C 在 1 200℃ 的等热相图[24]

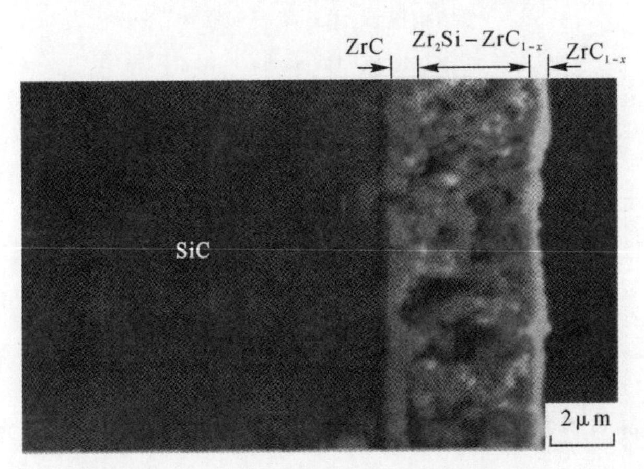

图 4-15　Zr-Si-C 反应层的微结构照片[24]

下面以 SiC 纤维增强 Ti 基复合材料为例说明金属基复合材料界面反应过程。在 Ti 基体与无涂层和有 C 涂层的 SiC 纤维的界面反应过程中，Ti 原子向内扩散，而 Si 和 C 原子向外扩散，反应产物主要为 TiC 和 Ti_5Si_3。对于有 C 涂层的 SiC 纤维，初始反应产物为 TiC，当 C 涂层消耗完后，Ti 原子通过 TiC 反应层继续扩散，与 SiC 纤维反应生成 TiC 和 Ti_5Si_3[25]。采用真空热压(VHP) 法在 820℃ 制备的 SiC_f/Ti 复合材料的界面厚度为 0.5μm[26]，反应产物主要为 TiC 和 Ti_5Si_3。由于 SiC 纤维表面有富碳涂层，基本反应式如下：

$$8Ti + 3SiC \rightarrow 3TiC + Ti_5Si_3 \tag{4-66}$$

$$Ti + C \rightarrow TiC \tag{4-67}$$

式(4-66)和式(4-67)在 800℃ 的 Gibbs 自由能分别为 $-877.68kJ \cdot mol^{-1}$ 和 $-167.93kJ \cdot mol^{-1}$。

在 800℃ 进行热处理后，随着热处理时间的增加，反应层厚度增加，且符合抛物线规律：

$$x = x_0 + kt^{1/2} \tag{4-68}$$

式中　x—— 反应区的平均厚度；

x_0——$t=0$ 时刻的反应区厚度；

t—— 给定温度下的热处理时间；

k—— 与温度相关的反应速率常数。

反应速率常数 k 满足 Arrhenius 关系：

$$k = k_0 \exp\left(-\frac{Q}{RT}\right) \tag{4-69}$$

式中　k_0—— 频率因子；

Q—— 反应区生长的激活能；

T—— 绝对温度；

R—— 气体常数。

因此，如果反应层足够厚，反应层生长速度是由扩散控制的，如图 4-16 所示即为具有富碳涂层的 SiC 纤维与 Ti 基体反应生成界面相的示意图。

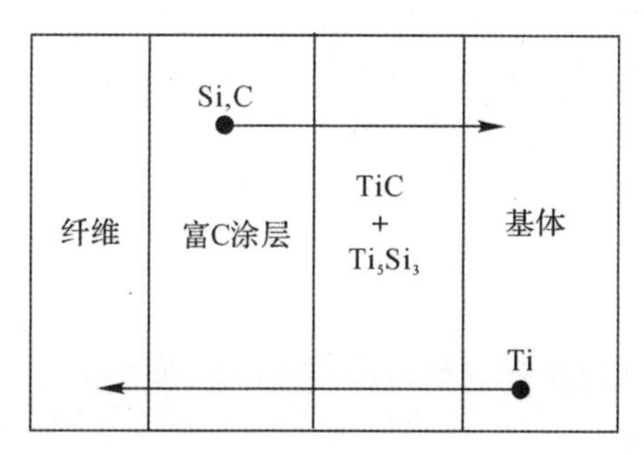

图 4-16　SiC_f/Ti 复合材料的界面反应以及 Si，C，Ti 原子的扩散方向[25]

Dybkov 描述了含 A，B 两种不可溶元素的固态物质反应形成 A_mB_n 反应层的生长动力学[25,27]，如图 4-17 所示。整个生长过程包括两个同时进行的反应。

(1)B 原子穿过 A_mB_n 反应层扩散，与 A 原子在 A-A_mB_n 界面(界面 1) 反应：

$$n\text{B}(扩散) + mA(界面) = \text{A}_m\text{B}_n$$

(2)A 原子穿过 A_mB_n 反应层扩散，与 B 原子在 A_mB_n-B 界面(界面 2) 反应：

$$m\text{A}(扩散) + n\text{B}(界面) = \text{A}_m\text{B}_n$$

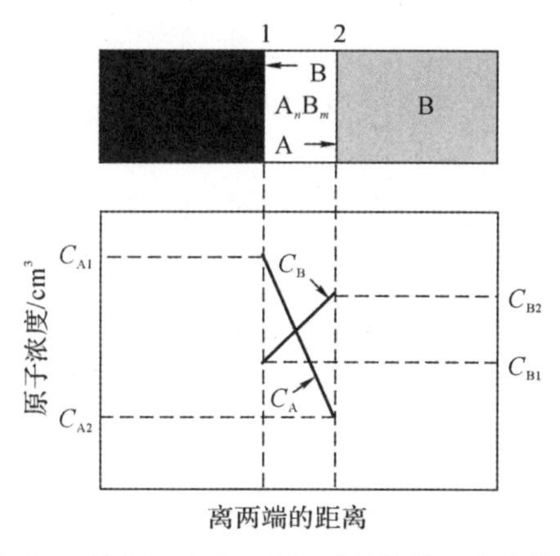

图 4-17　A 和 B 元素形成 A_mB_n 反应层的扩散反应生长模型示意图[27]

从动力学观点来看，尽管以上反应的产物相同，但反应本身不同，因为反应物以不同的形式(扩散原子或表面原子) 存在。假定整个过程由扩散控制且为稳态过程，则 A_mB_n 反应层的生长动力学可用下式描述：

$$x^2 = 2\left(D_B \frac{C_{B2} - C_{B1}}{C_{B1}} + D_A \frac{C_{A1} - C_{A2}}{C_{A2}}\right) t \tag{4-70}$$

式中 D—— 扩散系数；

C—— 原子浓度；

下标 A,B 代表反应物；

下标 1,2 代表界面。

通过对比式(4-68) 和式(4-70) 可得反应层的生长速度为

$$k^2 = 2\left(D_B \frac{C_{B2} - C_{B1}}{C_{B1}} + D_A \frac{C_{A1} - C_{A2}}{C_{A2}}\right) \tag{4-71}$$

由此可见，反应层的生长速度直接取决于反应物通过 A_mB_n 层的扩散速度。

对于由扩散控制的固态反应，反应产物使得纤维和基体间具有较强的界面结合强度，同时界面层的生长符合抛物线规律，通过控制热处理温度和时间，可控制反应层厚度，避免形成过强的界面结合，以防止复合材料的脆性断裂。

4.3.3 陶瓷基复合材料的界面反应

从载荷传递的角度讲，陶瓷基复合材料的界面应是强结合。但是，当拉伸载荷平行于纤维方向时，由于陶瓷基体的模量大，所以其变形小。当对陶瓷基复合材料施加载荷时，大部分载荷首先会施加到基体上，因此基体先断裂，基体裂纹垂直于纤维轴向。如果纤维与基体之间的界面为强结合，则基体裂纹会穿过界面层并使纤维发生脆断。因此，为了发挥纤维的承载作用，陶瓷基复合材料的界面必须能够在承载时脱黏，在界面处偏转基体微裂纹。

由此可见，对于陶瓷基复合材料，应当采用适当界面相，避免纤维与基体的界面反应以及界面处形成强的结合。但某些复合材料在制备过程中，纤维和基体界面处的反应不但不会形成强结合，反而会导致弱界面相的形成。例如，SiC 纤维在高温条件下与 O_2 的反应对 SiC 纤维增强玻璃陶瓷基复合材料的界面层形成非常重要[28]。SiC 纤维与基体之间的界面区结构复杂，取决于诸如温度、气体分压以及纤维 / 基体成分等具体反应条件。

当采用 Nicalon SiC 纤维增强玻璃陶瓷时，在纤维和基体之间会形成富碳界面层，而界面层的厚度取决于选用纤维的成分。如第 2 章所述，Nicalon SiC 纤维主要由纳米晶 SiC 和无定形 $SiC_xO_y(x+y=4)$ 组成，内部分布自由碳。

Nicalon SiC 纤维在高温时可能存在以下反应[29]：

$$SiC_{(s)} + O_{2(g)} \leftrightarrow SiO_{2(s)} + C_{(s)} \tag{R1}$$

$$2SiC_{(s)} + 3O_{2(g)} \leftrightarrow 2SiO_{2(s)} + 2CO_{(g)} \tag{R2}$$

$$SiC_{(s)} + O_{2(g)} \leftrightarrow SiO_{(g)} + CO_{(g)} \tag{R3}$$

$$2SiO_{(g)} + O_{2(g)} \leftrightarrow 2SiO_{2(s)} \tag{R4}$$

$$2SiC_{(s)} + O_{2(g)} \leftrightarrow 2SiO_{(g)} + 2C_{(s)} \tag{R5}$$

$$2C_{(s)} + O_{2(g)} \leftrightarrow 2CO_{(g)} \tag{R6}$$

由以上反应获得的 1 400K，CO 分压为 1atm 时的等温相图，如图 4-18 所示。该相图描述了 C 和 SiO_2 等不同固相受氧分压及 CO 分压的影响规律。

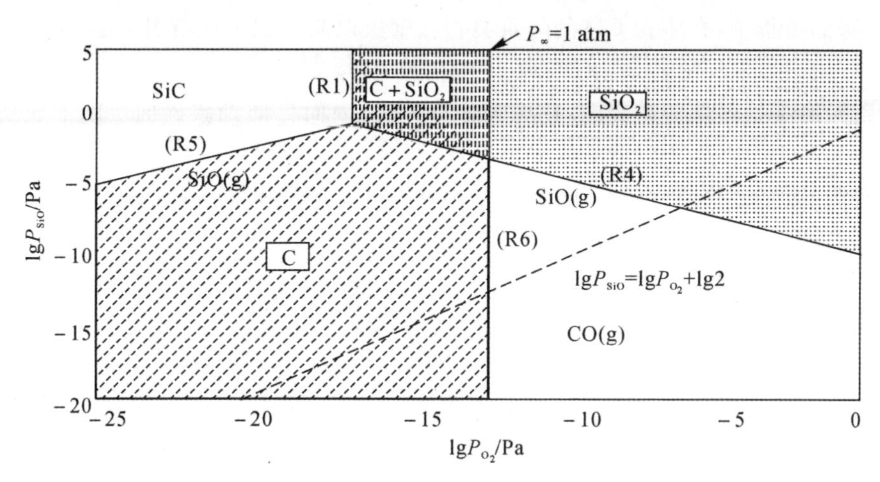

图 4-18　Si-C-O 系统在 1 400K，CO 分压为 1atm 时的 $\lg P_{O_2}-\lg P_{SiO}$ 相图[29]

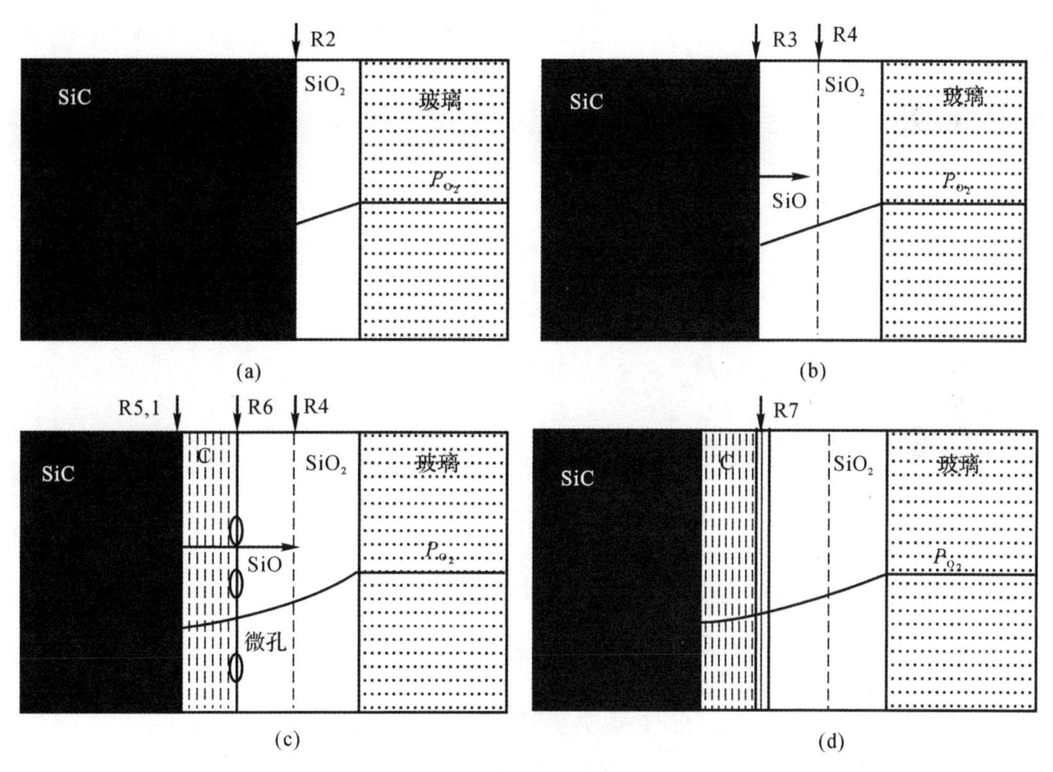

图 4-19　Nicalon SiC 纤维增强玻璃的界面层形成的四阶段模型((a)(b)(c)(d) 分别为界面相生成的四个阶段)[30]

Nicalon SiC纤维增强玻璃的界面层形成四阶段的模型如图 4-19 所示[30]。在图 4-19 中，界面处的氧分压来自玻璃制备过程中溶解的氧。因此，第一阶段，反应 R1 和 R2 导致纤维表面 SiO_2 层的生成(见图(a))，SiO_2 的生长将阻止氧扩散，使纤维表面的氧分压低于 SiC，SiO_2 和气体(O_2，CO) 平衡时的氧分压；在第二阶段，反应 R3 形成 SiO 和 CO，反应 R4 形成 SiO_2，导致界面处氧分压进一步降低；在第三阶段，SiC 的主动氧化(反应 R5) 导致 C 层的生成，同时 SiO_2 层仍在生长，C 也与氧反应生成 CO(反应 R6)，导致气孔的生成；在第四阶段，即在热压温度

(1 100℃) 降温过程中,孔中含 CO 的气氛会在孔壁上取向沉积生成石墨 C,即

$$2CO_{(g)} \leftrightarrow C_{(s)} + CO_{2(g)} \tag{R7}$$

由于碳界面层具有低的断裂能,在承载时易开裂,因而界面处碳界面层的形成使 Nicalon 纤维与玻璃基体之间形成了较弱的界面结合,从而提高了复合材料的力学性能。

综上所述,对聚合物复合材料、金属基复合材料以及陶瓷基复合材料界面反应的控制,可以通过对其界面相进行调控,获得适当的界面结合强度。

实　　例

Deal-Grove 模型同样适用于其他反应扩散过程。采用粉体包覆反应涂层(PIRAC) 工艺在石墨基片表面制备 TiC 涂层时,石墨与 TiC 涂层界面处碳原子向 TiC 涂层表面扩散,并与 TiC 表面的 Ti 原子反应生成 TiC[31],石墨基片表面 TiC 涂层生长示意图如图 4-20 所示。

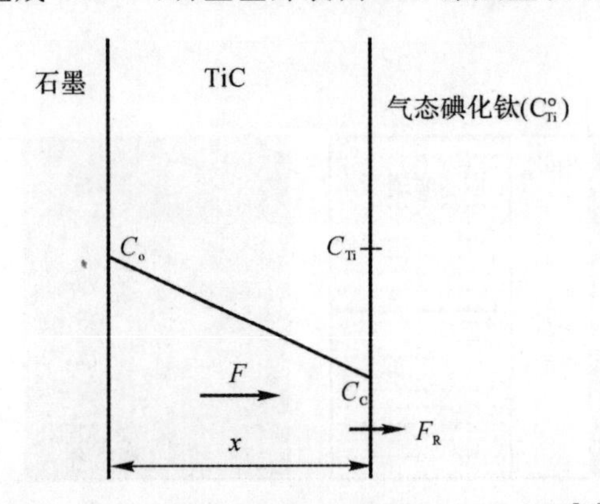

图 4-20　石墨基片表面 TiC 涂层生长示意图[31]

碳原子扩散到 TiC 涂层表面的扩散流量 F 为

$$F = -D\frac{\partial C}{\partial x} \cong D\frac{C_0 - C_C}{x} \tag{4-72}$$

式中　x——TiC 涂层厚度;

D—— 碳原子在涂层中的扩散系数;

C_0—— 基片 / 涂层界面处的碳原子浓度;

C—— 涂层表面处的碳原子浓度。

涂层表面碳原子与 Ti 的反应流量取决于碳原子浓度(C_C) 和 Ti 浓度(C_{Ti}):

$$F_R = k_R C_C C_{Ti} \tag{4-73}$$

式中,k_R 为反应速度常数。

在稳态条件下,$F = F_R$。将 F 转化成涂层生长速度,即

$$\frac{dx}{dt} = \frac{F}{N} = \frac{k_R C_0 C_{Ti}}{N(1 + xk_R C_{Ti}/D)} \tag{4-74}$$

式中,N 为涂层表面的碳原子数。

求解式(4-73) 可得

$$\frac{x^2}{B} + \frac{x}{A} = t + n \tag{4-75}$$

式中　B—— 抛物线速度常数；

A—— 线性速度常数；

n—— 常数。

因此，PIRAC TiC涂层厚度随时间的变化规律可由式(4-75)表示。对于非常短的工艺时间($t+n \ll B/4A^2$)，有

$$x \approx A(t+n) \tag{4-76}$$

对于长的工艺时间($t \gg n, t \gg B/4A^2$)，有

$$x \approx (Bt)^{1/2} \tag{4-77}$$

不同温度下制备的 PIRAC TiC 涂层厚度随时间的变化规律如图 4-21 所示，TiC 涂层厚度与时间的关系曲线符合式(4-77)。采用式(4-68) 拟合图 4-21 中的实验数据可得不同温度下的 B 值(或记为 K 值)。由图 4-22 可见，不同温度下 K 与温度符合 Arrhenius 关系，即

$$K(\mathrm{m^2/s}) = 3.7 \times 10^{-8} \exp\left(-\frac{160\ 000}{RT}\right) \tag{4-78}$$

由此可知，PIRAC TiC 涂层的活化能为 160kJ/mol。

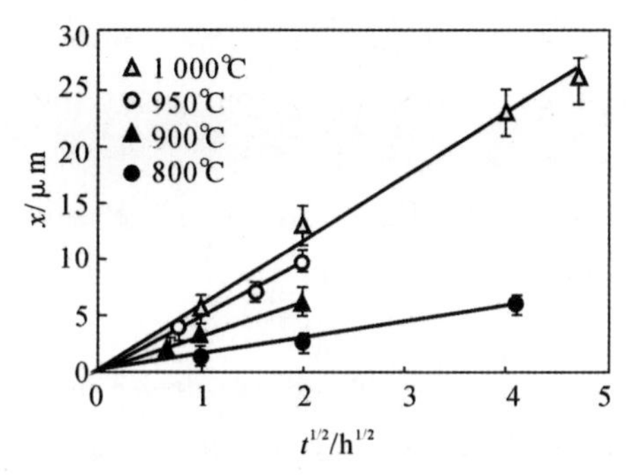

图 4-21　不同温度制备的 PIRAC TiC 涂层厚度随时间的变化规律[31]

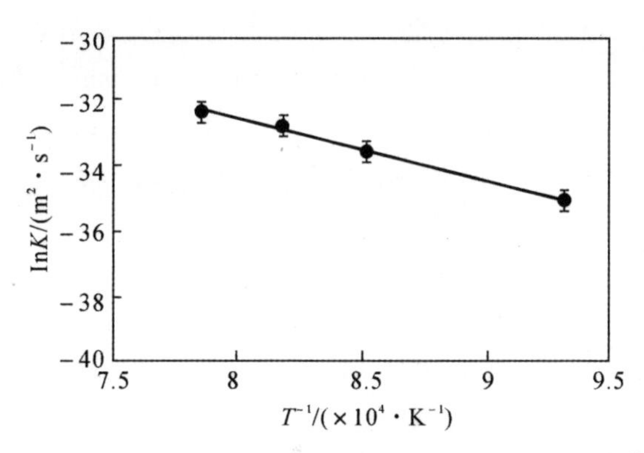

图 4-22　PIRAC TiC 涂层生长速度随温度的变化规律[31]

参 考 文 献

[1] Palmese G R, McCullough R L. Kinetic and Thermodynamic Considerations Regarding Interphase Formation in Thermosetting Composite Systems [J]. The

Journal of Adhesion, 1994, 44:29 - 49.

[2] 张国定. 金属基复合材料界面问题[J]. 材料研究学报, 1997, 11:649 - 657.

[3] 吕祥鸿, 杨延清, 马志军, 等. SiC 连续纤维增强 Ti 基复合材料界面反应扩散研究进展[J]. 稀有金属材料与工程, 2006, 1:164 - 168.

[4] Prewo K M, Brennan J J, Layden G K. Fiber reinforced glasses and glass - ceramics for high performance applications[J]. American Ceramic Society Bulletin, 1986, 65: 305 - 322.

[5] Yamamura T. Development of high tensile strength Si - Ti - C - O fiber using an organometallic polymer precursor[J]. Polymer Preprints, 1984, 25:8 - 9.

[6] Greil Peter. Thermodynamic calculations of Si - C - O fiber stability in ceramic matrix composites[J]. Journal of the European Ceramic Society, 1990, 6:53 - 64.

[7] Nagamori M, Malinsky I, Claveau A. Thermodynamics of the Si - C - O system for the production of silicon carbide and metallic silicon[J]. Metallurgical Transactions B, 1985, 17B:503 - 514.

[8] Klaus G Nickel. The role of condensed silicon monoxide in the active - to - passive oxidation transition of silicon carbide[J]. Journal of the European Ceramic Society, 1992, 9:3 - 8.

[9] Balat-Pichelin M, Charpentire L, Panerai F, et al. Passive/active oxidation transition for CMC structural materials designed for the IXV vehicle re-ertry phase[J]. Journal of European Ceramic Society, 2015,35:487 - 502.

[10] Theo T Emons, Li Jianquan, Linda F Nazar. Synthesis and characterization of mesoporous indium tin oxide possessing an electronically conductive framework[J]. Journal of the American Chemical Society, 2002, 124:8516 - 8517.

[11] 李杰. Si_3N_4 - SiC 材料的氧化性能研究[J]. 当代化工, 2009, 5:463 - 466.

[12] Hu Ping, Wang Guolin, Wang Zhi. Oxidation mechanism and resistance of ZrB_2 - SiC composites[J]. Corrosion Science, 2009, 51:2724 - 2732.

[13] 欧东斌, 陈连忠, 张敏莉. SiC 抗氧化机制电弧加热试验[J]. 宇航材料工艺, 2010, 3: 76 - 78.

[14] Fick H. Über Diffusion[J]. Pogg Ann, 1855, 4:59.

[15] Sima Dimitrijeva, H Barry Harrison. Modeling the growth of thin silicon oxide films on silicon[J]. Journal of Applied Physics, 1996, 80:2467 - 2470.

[16] Grove A S. Physics and Technology of Semiconductor Devices[M]. New Jersey: Wiley, 1967.

[17] Song Y, Dhar S, Feldman L C, et al. Modified Deal Grove model for the thermal oxidation of silicon carbide[J]. Journal of Applied Physics, 2005, 95:4953 - 4957.

[18] Jaeun Chung. Nanoscale characterization of epoxy interphase on copper microstructures[D]. Berlin: A master's degree thesis, 2006.

[19] Drzal L T, Rich M J, Lloyd P F. Adhesion of graphite fibers to epoxy matrices: I. The role of fiber surface treatment[J]. Journal of Adhesion, 1982, 16:1 - 30.

[20] Drzal L T. The role of the fiber - matrix interphase on composite properties[J]. Vacuum, 1990, 41:1615 - 1618.

[21] González - Benito J. The nature of the structural gradient in epoxy curing at a glass fiber/epoxy matrix interface using FTIR imaging[J]. Journal of Colloid and Interface Science, 2003, 267:326 - 332.

[22] Chiang Chwan - Hwa, Koenig Jack L. Spectroscopic characterization of the matrix - silane coupling agent interface in fiber - reinforced composites[J]. Journal of Polymer Science: Polymer Physics, 1982, 20:2135 - 2143.

[23] 王成忠，李鹏，于运花，等. UHMWPE纤维与活性上胶剂作用示意图[J]. 复合材料学报，2006, 23:30 - 35.

[24] 殷小玮，成来飞，张立同. 化学气相反应法制备 Zr - Si - C 涂层[J]. 硅酸盐学报，2007, 35:1419 - 1422.

[25] Fan Z, Guo Z X, Cantor B. The kinetics and mechanism of interfacial reaction in sigma fibre - reinforced Ti MMCs[J]. Composites Part A: Applied Science and Manufacturing, 1997, 28:131 - 140.

[26] Zhang Goxing, Kang Qiang, Shi Nanlin, et al. Kinetics and mechanism of interfacial reaction in a SiCf/Ti composite[J]. Journal of Materials Science Technology, 2003, 19:407 - 410.

[27] Dybkov V I. Reaction diffusion in heterogeneous binary systems: Part 1 Growth of the chemical compound layers at the interface between two elementary substances: one compound layer[J]. Journal of Material Science, 1986, 21:3078 - 3084.

[28] 王零森. 碳化硅纤维强化7740硼硅玻璃和LAS玻璃陶瓷复合材料显微结构和热暴露后界面特征[J]. 硅酸盐学报，1989, 5:393 - 400.

[29] 冯祖德，何立志，王艳艳. 聚碳硅烷SiC纤维的高温氧化行为研究进展[J]. 理化检验：物理分册，2005, 41(增刊):59 - 61.

[30] Hähnel A, Pippel E, Schneider R, et al. Formation and structure of reaction layers in SiC/glass and SiC/SiC composites[J]. Composites Part A: Applied Science and Manufacturing, 1996, 27:685 - 690.

[31] Yin Xiaowei, Gotman I, Klinger L, et al. Formation of titanium carbide on graphite via powder immersion reaction assisted coating[J]. Materials Science and Engineering A, 2005, 396:107 - 114.

第5章 复合材料的界面热应力

在20世纪七八十年代，对复合材料界面的研究主要集中于界面化学反应，通过掌握界面形成机理，进行界面结构控制，以实现复合材料性能的优化。20世纪90年代后，更多研究集中于复合材料的界面热应力[1]。除了界面化学反应外，复合材料界面的热应力对其力学性能也起着关键作用。复合材料中的界面热应力是由不同组元的特性及其对工艺过程的不同响应导致的，因而是不可避免的。复合材料的残余应力同时存在于基体、增强体和界面中。如果基体中的残余应力是拉应力，它可降低基体的耐冲击性、抗疲劳强度和压缩强度等，甚至导致基体的破坏；与之对应的是纤维中的残余应力主要是压缩应力，它会使纤维发生曲折甚至断裂；界面相的残余应力有径向压缩或拉伸应力、环向拉伸应力和界面剪切应力，它们会对界面的结合强度产生影响；层间残余应力会导致基体的破坏及材料的变形等[2]。值得注意的是，界面热应力对复合材料性能的影响与热环境有关，在一定的热环境下，界面热应力对复合材料性能的影响可能是正面的也可能是负面的。

本章重点对复合材料界面热应力进行分析，并讨论界面热应力对复合材料性能的影响。

5.1 界面热应力的形成

残余应力是指物体不受外力作用时内部存在的应力，也称为内应力。广义上讲，残余应力可根据其作用的长度尺寸分为三类：第一类为作用范围在毫米尺度以上的应力，也称为宏观应力，该类应力形成于焊接、加工或表面抛光过程中。第二类为在微米尺度上存在的应力，该类应力来自于纤维与基体的相互作用。第三类为存在于原子尺度的应力，存在于不同晶粒间。第二类和第三类应力都属于微观应力。

材料热应力是由温度变化时基体和纤维之间的热膨胀系数不同引起的。复合材料的界面热应力属于第二类应力，可归纳为材料热应力和工艺热应力两种。由于复合材料总是在一定的温度下成型的，无论纤维和基体之间的界面是机械结合还是化学结合，在成型温度下基体和纤维总是热膨胀匹配的。然而，在高于或者低于成型温度时，纤维和基体总是热膨胀失配的，这种热失配是产生界面热应力的原因。在界面不发生滑移的情况下，界面热应力随热膨胀系数差和温度差的增加而升高。界面热应力过高时将会得到部分释放，未得到释放的界面热应力称为残余热应力(Thermal Residual Stress，TRS)。工艺热应力是由制备过程中基体的收缩或膨胀引起的。多数情况下，复合材料中都同时存在着两种热应力，但不同复合材料中这两种热应力的大小可能差别很大。

纤维轴向与基体热膨胀失配产生轴向界面热应力，纤维径向与基体热膨胀失配产生径向界面热应力，纤维环向与基体热膨胀失配产生环向界面热应力。显然，界面热应力与纤维和基体的热膨胀系数差($\Delta\alpha=\alpha_f-\alpha_m$)有关，也与复合材料的服役温度和成型温度之差有关。轴向界面热应力主要通过基体屈服、基体开裂和界面滑移等方式释放，而径向界面热应力和环向界面热应力只会改变界面的结合强度。因此，对于轴向残余热应力的研究较多。

从复合材料制备角度看，当界面轴向热应力导致严重的基体屈服和基体开裂，或者径向热应力导致界面脱黏时，都会造成复合材料制备的失败。因此，控制纤维与基体的热膨胀系数差以及复合材料的服役和成型温度差是选择复合材料体系和制备工艺首先要考虑的关键因素。从复合材料性能角度看，残余热应力与加载应力之间存在很强的非线性耦合，研究界面热应力对复合材料的力学性能、物理性能和环境性能的影响是十分必要的[3]。因此，界面热应力在复合材料研究中受到越来越多的关注。

在复合材料制备过程中，基体种类的变化可能产生大的界面残余热应力。如聚合物基复合材料(PMC)的固化收缩，金属基复合材料(MMC)的金属凝固收缩，陶瓷基复合材料(CMC)的烧结收缩等。

聚合物基复合材料一般是在 150～300℃下制备的。树脂基体在固化过程中，伴随着化学反应体积发生收缩，而纤维在固化成型过程中不发生化学变化，如果两者要保持形状的一致，必然会在树脂、纤维及界面形成收缩残余应力。基体的体积收缩随树脂类型的不同在 1%～6%甚至更大的范围内变化。固化完成后，当体系温度降低时，会因树脂和纤维体积收缩的程度不同造成残余热应力[4]。由图 5-1 可见，当复合材料由制备温度冷却时，纤维的轴向收缩小于基体的收缩，因而纤维受压应力，基体受拉应力[5]。

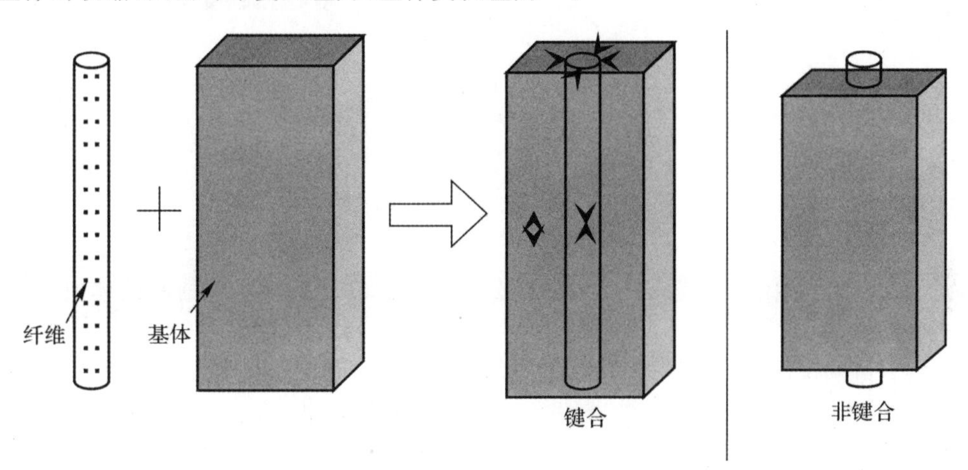

图 5-1　复合材料由制备温度冷却时纤维和基体的变化及其受力情况[5]

对于采用熔体渗透工艺制备的金属基复合材料[6-7]，基体由液相转变成固相时必然存在相变收缩，其体积和尺寸减少的现象称为收缩性，其收缩过程可分为三个阶段。①液态收缩：金属液从浇铸温度冷却到凝固开始温度的收缩称为液态收缩。此时，金属完全呈液态，金属的体积收缩表现为型腔内液面的降低。浇铸温度越高，液态收缩越大。②凝固收缩：从凝固开始到凝固完毕，即由液相线温度冷却到固相线温度，金属由液态转变为固态所表现出的体积收缩称为凝固收缩。对在一定温度下结晶的纯金属与共晶合金，凝固收缩只是状态的改变，与温度无关。但对有结晶温度范围的合金，其凝固收缩除了与状态有关外，还随凝固温度范围的增加而增大。③固态收缩：从凝固终止温度冷却到常温，即在固态下出现的体积收缩。前两种收缩都表现为体积的缩小，且与缩孔的形成直接有关，其收缩量越大，缩孔的容积也就越大。后一种收缩只表现为材料外廓尺寸的缩小。以上三种收缩都会导致在复合材料内部产生收缩残余应力。

对于采用粉体烧结法制备的金属基复合材料以及陶瓷基复合材料，粉体的粒径大小、粒径分布、烧结助剂含量和烧结温度等都会影响其体积收缩率[8]。如图 5 - 2 所示，在复合材料基体的烧结过程中，烧结初期颗粒先紧密堆垛并形成键联，烧结中期在键联处形成晶界，烧结后期晶粒快速生长、气孔率降低。这种烧结过程使基体体积减小的现象，称为烧结收缩。烧结收缩会导致在复合材料内部产生收缩残余应力。基体烧结完成后，由制备温度冷却到室温时，会因基体和纤维体积收缩的不匹配造成残余热应力。

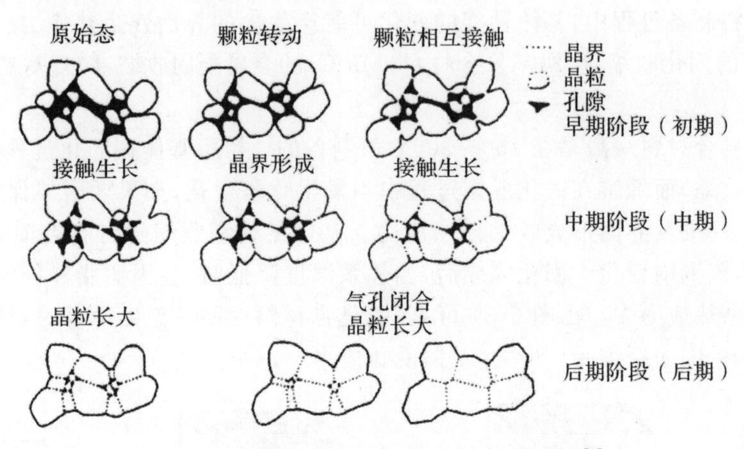

图 5 - 2　陶瓷或金属基体的烧结过程示意图[8]

5.2　界面热应力分析

为了对复合材料的界面残余热应力进行分析，采用如图 5 - 3 所示的两柱体模型[9]，并作如下假设：

(1)将纤维和基体均看作是理想的弹性体，则纤维与基体组成的界面是理想的弹性界面。

(2)界面上不会出现滑移。

(3)纤维是不可压缩的。

(4)纤维在径向各向同性。

这样的假设不会影响对界面热应力本质的分析，反而会使其一目了然。当复合材料由制备温度冷却时，界面处纤维和基体的径向位移(u)和轴向位移(w)分别如下：

$$u_{\mathrm{f}}(r_{\mathrm{f}})=u_{\mathrm{m}}(r_{\mathrm{f}}) \tag{5-1}$$

$$w_{\mathrm{f}}(r_{\mathrm{f}})=w_{\mathrm{m}}(r_{\mathrm{f}}) \tag{5-2}$$

式中　r_{f}—— 纤维半径；

下标 f—— 纤维；

下标 m—— 基体。

在平衡条件下，纤维和基体在界面处的径向应力是相等的，即

$$\sigma_{\mathrm{rf}}(r_{\mathrm{f}})=\sigma_{\mathrm{rm}}(r_{\mathrm{f}}) \tag{5-3}$$

其轴向应力应满足以下条件：

$$\sigma_{zf} r_f^2 + \sigma_{zm}(r_m^2 - r_f^2) = 0 \tag{5-4}$$

式中，r_m 为基体半径。

式(5-1) ～ 式(5-4) 是计算复合材料界面残余热应力的主要公式。

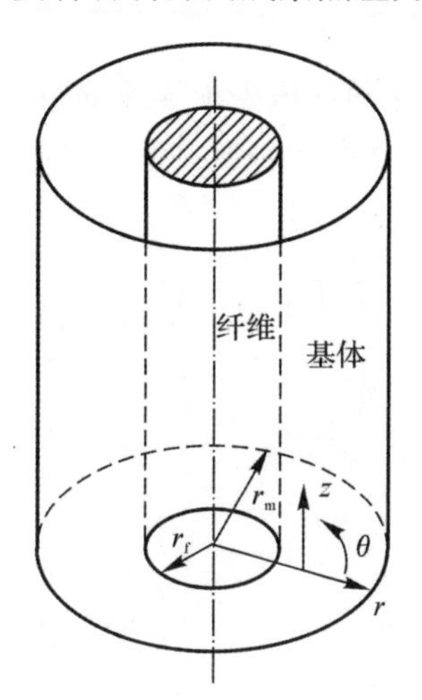

图 5-3　复合材料的两柱体模型(two-cylinder model)[9]

在复合材料两柱体模型中，根据纤维和基体的半径 r_f 和 r_m，可知纤维体积分数为 $V_f = r_f^2/r_m^2$。Budiansky 等人给出了以上模型的准确解[10]，得出了复合材料界面处的径向应力(radial stress)σ_{rm}、轴向应力(axial stress)σ_{zm} 和环向应力(hoop stress)$\sigma_{\theta m}$：

$$\sigma_{rm} = -\frac{E_m}{2\lambda_1}\left[\frac{1-V_f}{1-v_m}\right]\Omega \tag{5-5}$$

$$\sigma_{\theta m} = \frac{E_m}{2\lambda_1}\left[\frac{1+V_f}{1-v_m}\right]\Omega \tag{5-6}$$

$$\sigma_{zm} = E_m \frac{\lambda_2}{\lambda_1}\left[\frac{E_f}{E}\right]\left[\frac{V_f}{1-v_m}\right]\Omega \tag{5-7}$$

式中

$$\lambda_1 = \frac{1-(1-E/E_f)(1-v_f)/2 + V_m(v_m - v_f)/2 - (E/E_f)\left[v_f + (v_m - v_f)V_f E_f/E\right]^2}{(1-v_m)\Lambda} \tag{5-8}$$

$$\lambda_2 = \frac{[1-(1-E/E_f)/2](1+v_f) + (1+V_f)(v_m - v_f)/2}{\Lambda} \tag{5-9}$$

$$\Lambda = 1 + v_f + (v_m - v_f)V_f E_f/E_m \tag{5-10}$$

Ω 为纤维和基体之间的热膨胀不匹配产生的应变，可由下式得到：

$$\Omega = (\alpha_f - \alpha_m)\Delta T \tag{5-11}$$

式中　ΔT—— 制备温度与使用(考核) 温度的差值；

α_m—— 基体的热膨胀系数；

α_f—— 纤维的径向热膨胀系数。

对于以上三维热应力，常采用 Von Mises 应力作为等效应力。Von Mises 等效应力可由下式计算[11]：

$$\bar{\sigma}=\sqrt{\frac{(\sigma_{rm}-\sigma_{\theta m})^2+(\sigma_{\theta m}-\sigma_{zm})^2+(\sigma_{zm}-\sigma_{rm})^2}{2}} \tag{5-12}$$

式(5-12)表示在一定的变形条件下，当受力物体内一点的等效应力达到某一定值时，该点就开始进入塑性状态。

假设界面结合良好，当受到由于热膨胀失配导致的热应力时，纤维、基体和复合材料的纵向应变相等。当服役温度与制备温度存在一定差值时，则在式(5-12)的基础上，基体受到的轴向残余热应力可以简单表示为

$$\sigma_m^{Res}=E_f E_m V_m \frac{\alpha_m-\alpha_f}{E_f V_f+E_m V_m}\Delta T \tag{5-13}$$

式中　E—— 弹性模量；

V—— 体积分数；

α—— 热膨胀系数；

下标 f—— 纤维；

下标 m—— 基体。

其中，复合材料的弹性模量 E 为

$$E=V_f E_f+V_m E_m \tag{5-14}$$

如前所述，高模量、高强度纤维的轴向热膨胀系数一般都比基体的小，因此，当复合材料服役温度高于制备温度时，基体受压应力；当复合材料服役温度低于制备温度时，基体受拉应力[12]。如图5-4所示为C/SiC复合材料的轴向界面热应力随服役温度的变化规律。

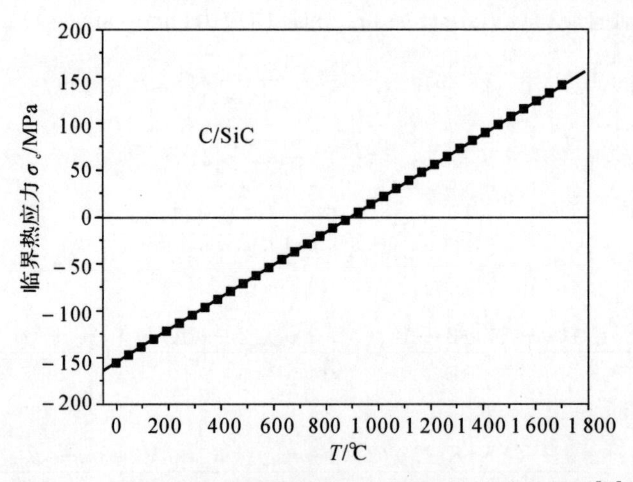

图5-4　C/SiC复合材料界面热应力随温度的变化关系图[12]

由于纤维径向热膨胀系数与基体的热膨胀系数存在差异，复合材料的界面还存在径向热应力。由式(5-5)表示的界面径向热应力可由以下简化公式表示[13]：

$$\sigma_r=E_m\Delta T\Delta\alpha \tag{5-15}$$

式中　T_0—— 制备温度，$\Delta T=T-T_0$；

T—— 服役温度；

$\Delta\alpha=\alpha_m-\alpha_f$。

当复合材料的服役温度低于制备温度时，$\Delta T<0$，此时若 $\alpha_m>\alpha_f$，则 σ_r 为负值，界面受压

应力；若 $\alpha_m < \alpha_f$，则 σ_r 为正值，界面受拉应力。例如，玻璃纤维增强聚酯树脂基复合材料，由于玻璃纤维和聚酯树脂的热物理性能存在差异(见表5-1)，当玻璃纤维增强聚合物基复合材料由固化温度(100℃)冷却到室温时，$\Delta T < 0$，$\alpha_m > \alpha_f$，则 σ_r 为负值，界面受压应力，约为25.2MPa。

表5-1　玻璃纤维和聚酯树脂的性能

性　能	玻璃纤维	聚酯树脂
弹性模量 E/GPa	70	3.5
泊松比 ν	0.21	0.25
热膨胀系数 $\alpha/(\times 10^{-6} \cdot K^{-1})$	10	100

复合材料的基体与增强体的热膨胀系数差异较大，当复合材料由制备温度冷却时，基体中将产生残余热应力，进而影响复合材料的力学性能。对于聚合物基复合材料，由于大部分是在高温下成型的，因此在固化和降温过程中会产生残余热应力[14]。此外，聚合物基复合材料的界面结合较弱，热应力易在界面处集中而使界面脱黏。金属基复合材料通常在基体熔点附近的高温下制备，一方面基体与增强体之间会发生化学反应形成一些新相，导致体积改变，形成残余应力；另一方面金属基复合材料由加工温度冷却到室温时，内外冷却速度的差异以及基体与增强体之间热膨胀系数的不匹配也会在复合材料中引起残余应力[15]。对陶瓷基复合材料，界面相既可通过原位反应形成，也可在材料成型前沉积在纤维表面，界面结合较强，就会由于纤维和基体的热膨胀系数不同和热扩散不均匀而产生残余热应力[16]。

5.3　聚合物基复合材料的界面热应力

对于热固性树脂基复合材料，纤维/基体的界面由化学键结合；而在热塑性树脂基复合材料中，界面结合主要是由于基体收缩提高了纤维和基体间的范德华力[17]。纤维/基体的界面结合强度影响界面残余热应力的大小，反过来，界面残余热应力也会影响纤维/基体的界面剪切强度。随着纤维/基体界面径向残余热应力的增加，界面结合由于机械锁紧而变强。如果纤维/基体界面的化学结合强度太弱，则平行于纤维轴的方向会发生界面脱黏[18]。当界面化学结合导致聚合物分子链在纤维表面形成强的锚固时，热应力会诱导聚合物中分子链段的取向，这反过来会促进基体的形核，加速晶化。在半晶聚合物基复合材料(如C纤维增强聚醚醚酮(polyetheretherketone，PEEK)基复合材料)中，纤维和基体间的热膨胀系数不匹配会造成应变诱导晶化。对于纤维而言，强界面结合的复合材料中纤维通常会受到热残余压缩应变，但过大的残余热应力会导致纤维发生断裂。

5.3.1　影响界面热应力的因素

由式(5-5)～式(5-12)可见，制备温度与工作温度的差值、纤维与基体热膨胀系数的差值以及纤维体积分数均会对复合材料界面残余热应力造成影响。当工作温度增加时，由于制备温度(无应变温度)与工作温度(或测试温度、服役温度)之间的差值减小，基体的热膨胀增加，残余热应力将降低。对于一些热塑性复合材料，残余热应力随工作温度的降低几乎呈线性增加的趋势。纤维与基体的热膨胀系数差值越大，界面热残余应力就越大；纤维体积分数越高,界面热残余应力也越大。

除以上影响因素外,聚合物基复合材料中界面热残余应力还存在以下影响因素。

(1) 环境湿度。聚合物基体的吸潮性对聚合物基复合材料的残余热应力具有重要的影响。对于纯聚合物材料,在拉伸应力作用下,材料的吸潮速度会增加。而对于聚合物基复合材料,在拉伸应力作用下会产生以下效果:基体肿胀,导致应力状态改变;由于吸潮,聚合物的塑性增加,导致玻璃化转变温度降低;空气的湿度会改变纤维 / 基体界面相的微结构;残余热应力也会影响复合材料的吸湿量,通常残余热应力越大,吸湿量也越大。

(2) 时间依赖性。由于聚合物基体和纤维 / 基体界面相均具有黏弹性,导致其性能具有时间依赖性。因此,复合材料界面的热残余应力也具有时间依赖性。聚合物基体会表现出应力、应变松弛或蠕变行为。承载时聚合物基体的应变增加,从而导致应力增加,但随着聚合物基体分子松弛的进行,应力降低。高的残余热应力会导致高的松弛速度。

研究表明,聚合物基复合材料在制备过程中产生的残余热应力(在常温湿热条件下)会随着存储时间的增加而降低。

5.3.2 界面热应力与缺陷

残余热应力会造成复合材料铺层及结构中产生缺陷,如纤维和纤维束错排、横向开裂、层间开裂以及翘曲。在复合材料制备过程中,纤维轴向承受残余热应力,当基体没有横向纤维约束时,纤维会发生变形和卷曲(见图 5-5)。当基体中残余热应力超过基体屈服强度时,会发生基体开裂或使纤维与基体界面脱黏。当纤维 / 基体界面结合弱时,裂纹沿着界面扩展;当界面结合强时,裂纹会扩展进入基体。纤维与基体界面脱黏及基体开裂会形成如图 5-6 所示的微裂纹;微裂纹会进一步生长成为横向裂纹;横向裂纹进一步生长会导致复合材料分层,使材料失效。高强度和高韧性基体以及强界面结合有助于阻止裂纹形成。脆性热固性基体在固化时就会形成横向裂纹(见图 5-7)[19-20]。

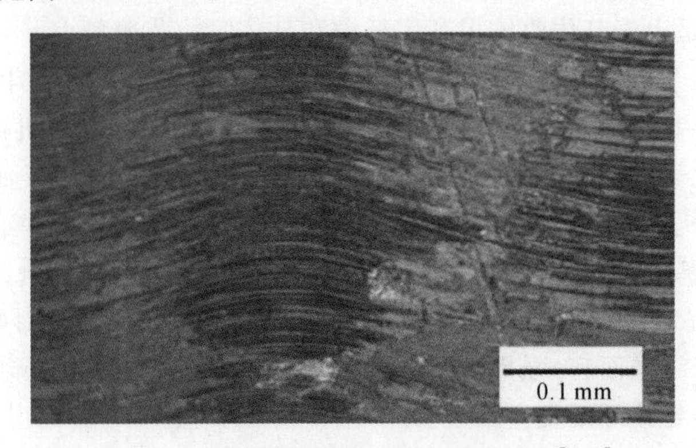

图 5-5 复合材料铺层方向的纤维翘曲[19-20]

5.3.3 界面热应力与力学性能

在单向纤维增强复合材料中,界面残余热应力常使基体受平行于纤维方向的拉应力,而使纤维受压应力。在垂直于纤维方向或纤维径向的方向,纤维和基体分别受压应力和拉应力,其大小与纤维体积分数有关。纤维轴向残余压应力会导致纤维方向拉伸应变的增加[21]。残余热应力既可能导致单向纤维增强复合材料横向拉伸载荷的降低也可能导致其升高，这主要取决于基体强度和残余热应力的大小[22]。

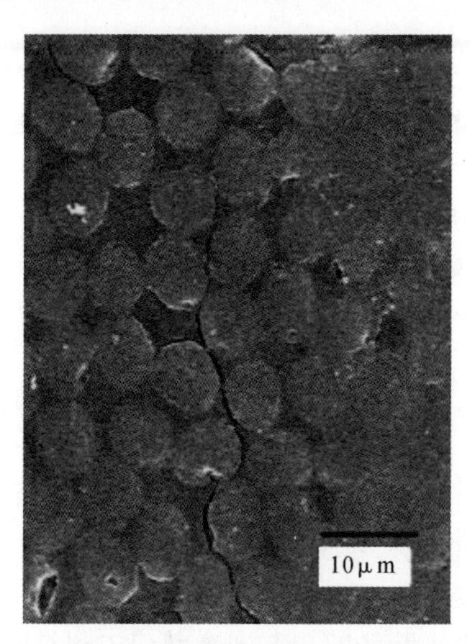

图 5-6　复合材料纤维 / 基体界面的裂纹扩展[19-20]

图 5-7　复合材料内部的横向裂纹[19-20]

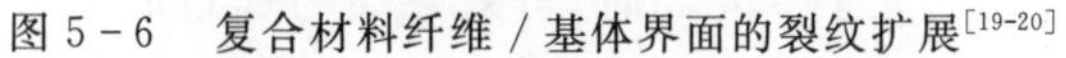

对于大多数聚合物基复合材料，由于纤维受残余压应力作用而发生翘曲，导致复合材料的横向压缩强度降低。残余热应力通常会降低聚合物基复合材料的断裂韧性。当复合材料界面存在残余热应力时，裂纹扩展会影响热应变能的释放速率，从而导致其韧性降低。对于C纤维增强 PEEK 复合材料，由于残余热应力的存在而使层间断裂韧性(断裂模式 I) 降低了 35%[23]。

5.3.4　界面热应力释放机理

如果界面残余热应力很大，有必要通过降低基体制备温度、采用纤维混编、控制基体冷却时的收缩量和对复合材料进行热处理等方法降低残余热应力。

由于制备温度(无应变温度) 和服役温度之间的温差是形成残余应力的驱动力，所以低制备温度的基体可减小残余热应力。纤维 / 基体界面采用低玻璃化转变温度的界面层，或者采用玻璃化转变温度低于半结晶基体的晶化温度的非晶态界面相，可以降低界面残余热应力。

采用混编纤维的方法也可有效降低残余热应力。例如，采用石墨纤维和玻璃纤维混编增强的聚合物基复合材料，复合材料的残余热应力几乎为零，这极大地提高了复合材料的断裂应变和断裂韧性[24]。控制基体由制备温度冷却时的基体收缩量，可以减小纤维与基体的热膨胀不匹配程度。如在聚合物基体中添加陶瓷填料以减小热膨胀系数，从而减小残余热应力[25]。在 PP 基体中添加碳纳米纤维，在 Polybenzoxazole(PBO)，Polyamide-6，Polyimide 基体中添加 Organoclays 等可使复合材料的 CTE(热膨胀系数) 降低 10% 以上。

对于具有固定微结构的复合材料，最佳的工艺循环可以使残余热应力降到最低，而使力学性能达到最高。复合材料的制备工艺需考虑基体晶化动力学，先快冷到晶化温度，然后慢冷到室温以降低半晶聚合物基复合材料的残余热应力。对聚合物基复合材料进行热处理可以释放热应力，减小厚度方向的应力梯度。

5.4 金属基复合材料的界面热应力

由于金属基复合材料(MMCs)具有高的刚度、拉伸强度以及抗蠕变性能,其成为了极具潜力的高温热结构材料。当金属基复合材料由制备温度冷却到室温时,金属基体相对于纤维而言在各个方向都表现为收缩,纤维和基体的热膨胀系数及弹性模量失配导致其内部产生残余热应力。例如,在SiC纤维增强Al基复合材料中,Al基体的热膨胀系数(21.6×10^{-6}/K)是SiC纤维热膨胀系数(4.3×10^{-6}/K)的5倍,导致复合材料产生大的残余热应力。当基体在径向和环向受拉应力时,纤维/基体界面受径向压应力,这些热残余应力有可能大到使基体发生塑性变形。

对于陶瓷纤维增强金属基复合材料,当$\Delta\alpha=\alpha_m-\alpha_f$为正值时,复合材料通常会表现为强度降低。残余热应力还会导致材料抗疲劳性能降低、形状扭曲、产生应力腐蚀等[26]。以SiC纤维增强TiAl基复合材料为例,复合材料中直径为140μm的SiC纤维的体积分数为35%,当该复合材料由制备温度(无应变温度)806℃冷却到室温时,界面处沿纤维轴向、径向以及切向的基体残余热应力如图5-8所示[27]。由图可知,随着温度降低,纤维轴向、径向以及环向的基体残余热应力均增加,导致等效热应力增加。当温度低于500℃时,等效热应力超过屈服应力,基体表现为塑性变形,甚至会在冷却到室温时开裂。

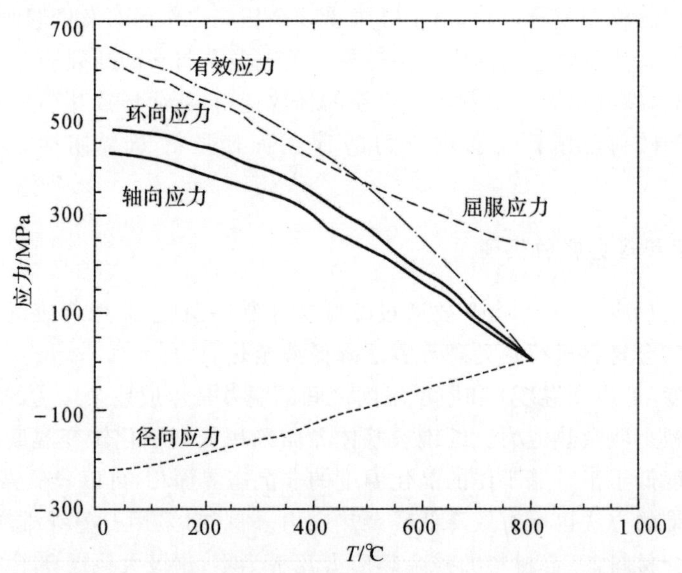

图5-8 35%SCS-6 SiC纤维增强Ti-14Al-21Nb复合材料由无应变温度(806℃)冷却到室温时的残余应力[27]

5.4.1 界面热应力的影响因素

影响金属基复合材料界面热应力的主要因素是纤维与基体的热膨胀匹配程度、制备/服役温度差和纤维体积分数等。

纤维与基体的热膨胀系数相差越大,复合材料界面的残余热应力也越大。对于Ti-6Al-4V

基复合材料，由于 Al_2O_3 纤维与基体的热膨胀系数之差小于 SiC 纤维与基体的热膨胀系数之差，因而 Al_2O_3 增强 Ti-6Al-4V 基复合材料的残余热应力比 SiC 纤维增强复合材料的低 50% 以上[28-29]。

制备温度越高，由高温冷却到室温时复合材料界面残余热应力越大。随着纤维体积分数的增加，复合材料的界面残余热应力增大。如果纤维体积分数过高，复合材料在制备过程中产生的界面残余热应力就过大，会导致材料内部出现损伤，即使没出现损伤，过大的界面残余热应力也会影响复合材料的力学性能。随着纤维体积分数的增加，拉伸和压缩时金属基体屈服强度的差值也会增加，这是因为基体中存在残余拉应力。对于 SiC 纤维增强 Ti-6Al-4V 复合材料，当纤维体积分数为 20% 时，纤维轴向压应力为 1 110MPa；当纤维体积分数为 60% 时，纤维轴向压应力为 331MPa。而基体所受残余热应力由 302MPa 提高到了 580MPa[30]。

5.4.2　界面热应力对材料性能的影响

残余热应力对金属基复合材料性能具有重要的影响。残余热应力可降低复合材料的初始刚度，导致金属基体在拉伸和压缩时屈服强度和流动应力不同，并且具有较大的 Baushinger 效应[31]，加速基体老化。

金属基复合材料中残余热应力的大小对其屈服强度和断裂韧性具有重要的影响。例如，MMCs 在承载前内部存在拉伸应力，常被看作缺陷或固有缺陷。因此，残余热应力难以使复合材料达到最大弹性响应。残余热应力还会在金属基复合材料承载时产生，以放大这些损伤，如基体开裂。残余热应力也会导致复合材料的拉伸和压缩应力-应变曲线不同，致使金属基体中高密度位错的形成。MMCs 在热循环过程中产生的残余热应力会提高稳态蠕变速率，对这些材料的实际设计和应用具有重要的影响。

由于纤维 / 基体界面处存在正向残余剪应力，使得复合材料在拉伸载荷作用下，基体向纤维传递载荷的能力减弱；而在压缩载荷作用下，基体向纤维传递载荷的能力提高。因此，界面残余热应力的存在使复合材料的压缩强度大于拉伸强度。

复合材料的主要承载单元是纤维，按纤维体积分数计算的复合材料强度往往比实际复合材料的强度高，原因在于纤维在制备过程中不可避免地受到损伤(主要是受热应力损伤)而不能有效承载。由于纤维往往受压应力，故而不能同时有效承载。如果纤维开始受拉应力，那么载荷就容易均匀传递到全部纤维上，实现有效承载。例如，对于 CVD SiC 纤维增强钛基复合材料，基体与纤维的 CTE 差值为 5×10^{-6}/K，当温差为 600℃ 时，残余热应力就高达几百兆帕，这类复合材料在热循环过程中会产生机械疲劳效应和缺陷。再者，界面热应力会使界面层中产生大量微裂纹，从而降低纤维性能。因此，降低复合材料中的热应力可提高复合材料的可靠性[32]。

通过降低制备温度、采用混编纤维、控制基体由制备温度冷却时的收缩、控制纤维体积分数和降温速度等方法，可降低金属基复合材料的界面残余热应力。

5.5　陶瓷基复合材料的界面热应力

陶瓷基复合材料具有密度低、抗氧化性能好、高温力学性能好等优点。与金属基复合材料不同，该类复合材料的力学性能在特定温度范围内随温度升高有升高的趋势。对于陶瓷基复合材料，在由制备温度冷却或在服役热循环过程中，在复合材料界面处存在残余热应力。影响复合材料界面热应力的主要因素是纤维与基体的热膨胀匹配程度、制备/服役温度差和纤维体积分数等。由于陶瓷基复合材料均为脆性基体，当界面残余热应力大到一定程度(超过基体强度)时，基体和界面会在纤维径向、环向(界面脱黏)和轴向产生裂纹，如图5-9所示[33]。

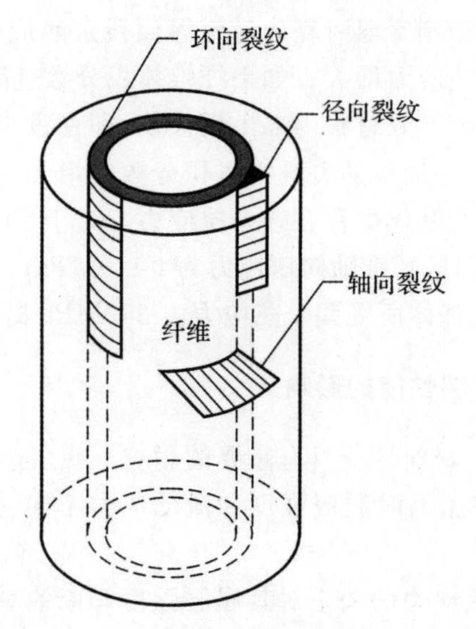

图5-9 复合材料的内部裂纹示意图[33]

当界面热应力较大时，基体产生裂纹且界面发生脱黏。取界面处很微小的一段进行分析，如图5-10所示。设纤维直径为 d_f，纤维和纤维之间的基体厚度为 δ，有

$$\delta=(d_0-d_f)/2 \tag{5-16}$$

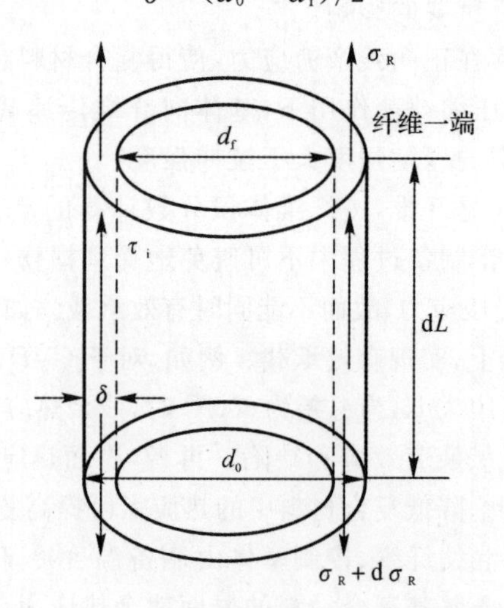

图5-10 复合材料的应力分析示意图[34]

设界面剪应力为 τ_i，基体一端所受的拉应力为 σ_R，另一端所受的拉应力为 $\sigma_R+d\sigma_R$，则基体一端所受的总的张力为

$$\sigma_R\cdot(\pi/4)\cdot(d_0^2-d_f^2) \tag{5-17}$$

基体另一端所受的总的张力为

$$(\sigma_R+d\sigma_R)\cdot(\pi/4)\cdot(d_0^2-d_f^2) \tag{5-18}$$

则界面上所受的总的剪应力为 $\pi d_f d(L \cdot \tau_i)$，平衡时，应有

$$(\pi/4) \cdot (d_0^2 - d_f^2) \cdot \sigma_R + \pi d_f \tau_i dL = (\pi/4) \cdot (d_0^2 - d_f^2) \cdot (\sigma_R + d\sigma_R) \tag{5-19}$$

即

$$\pi d_f \tau_i dL = (\pi/4) \cdot (d_0^2 - d_f^2) \cdot d\sigma_R \tag{5-20}$$

因此，当基体中的应力达到屈服强度 σ_{Ru} 时，基体开裂。将 $\delta = (d_0 - d_f)/2$ 代入式(5-20)可得

$$L = \left(\frac{2\delta^2}{d_f} + \delta\right)\left(\frac{\sigma_{Ru}}{\tau_m}\right) \tag{5-21}$$

式中，L 为两条裂纹之间的间距，表示基体开裂倾向的大小。当裂纹间距等于 L 时，基体开裂。

复合材料中微裂纹的宽度随着温度的升高而减少，该变化规律对复合材料的环境行为具有重要的影响。F. Lamouroux 等人得出一个微裂纹宽度随温度变化的经验公式[35]：

$$e = e_0\left(1 - \frac{T}{T_0}\right) = \frac{e_0}{T_0}\Delta T \tag{5-22}$$

式中　e_0——室温下的裂纹初始宽度(m)；

ΔT——裂纹愈合温度与服役温度差(K)；

e——微裂纹在某一温度下的宽度(m)；

T——服役温度；

T_0——裂纹愈合温度(制备温度)。

复合材料环向界面间隙宽度可由下式计算[36]：

$$\delta = r_C \cdot (\alpha_{SiC} - \alpha_C)\Delta T \tag{5-23}$$

以 C/SiC 复合材料为例说明上述分析过程。C/SiC 复合材料中 C 纤维的径向热膨胀系数大于 SiC 基体的热膨胀系数，即 σ_r 为正值，此时界面受拉应力。由于纤维与基体在制备温度以下热膨胀失配，室温下，在 C/SiC 复合材料中的热解碳(PyC) 界面层与基体之间可观察到界面间隙，计算结果也证明了这一点。在 25 ～ 1 000℃ 范围内，碳纤维径向热膨胀系数 $\alpha_C = 8 \times 10^{-6}/K$，SiC 基体的热膨胀系数 $\alpha_{SiC} = 8 \times 10^{-6}/K$。由式(5-23) 计算可知，C/SiC 复合材料的界面间隙宽度约为 24nm，这与实际测量结果一致(见图 5-11(a))。由于 SiC 纤维和基体的热膨胀系数接近，SiC/SiC 复合材料中的界面层与纤维和基体结合紧密(见图 5-11(b))。

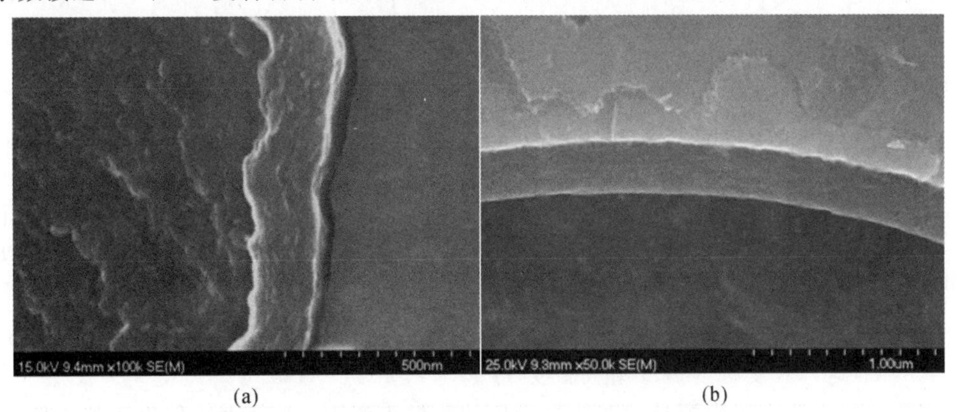

图 5-11　陶瓷基复合材料断口处界面微结构[36]

(a)C/SiC；　(b)SiC/SiC

当同种基体采用不同的纤维增强体时，复合材料的界面残余热应力也会有差异。如图5-12所示为SiC/SiC和C/SiC复合材料界面径向残余热应力随温度的变化规律。SiC/SiC复合材料的界面应力随温度变化不大，这与C/SiC复合材料中纤维与基体热膨胀失配时的情况完全不同。

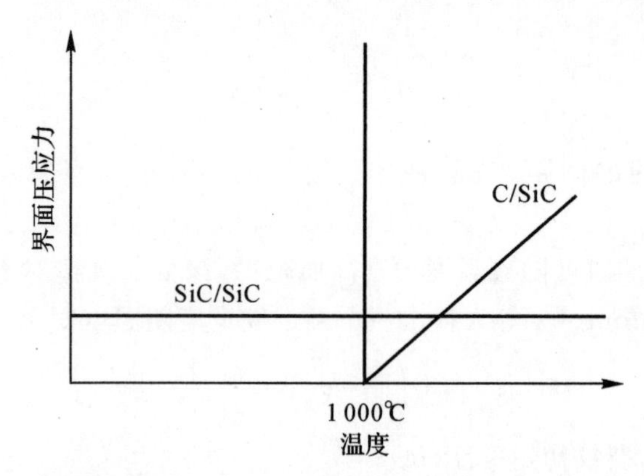

图5-12　陶瓷基复合材料径向界面压应力随温度的变化规律示意图

5.5.1　影响基体裂纹的因素

1. 裂纹生成温度

当复合材料从制备温度冷却时，纤维和基体中会产生残余热应力，从而产生界面剪应力。在复合材料中，由于纤维和基体结合在一起，纤维和基体都不允许彼此自由收缩。如图5-13所示，未受束缚的基体收缩应变为$\alpha_m \Delta T$，纤维收缩应变为$\alpha_f \Delta T$；而在复合材料中，纤维和基体彼此约束，致使纤维和基体的最终收缩应变均达到最终值e_{final}。这就诱导实际基体中产生的正应变为$(\alpha_m \Delta T - e_L)$，纤维中产生的负应变为$(\alpha_f \Delta T - e_L)$。因此，基体中将产生残余拉应力，纤维中产生残余压应力。

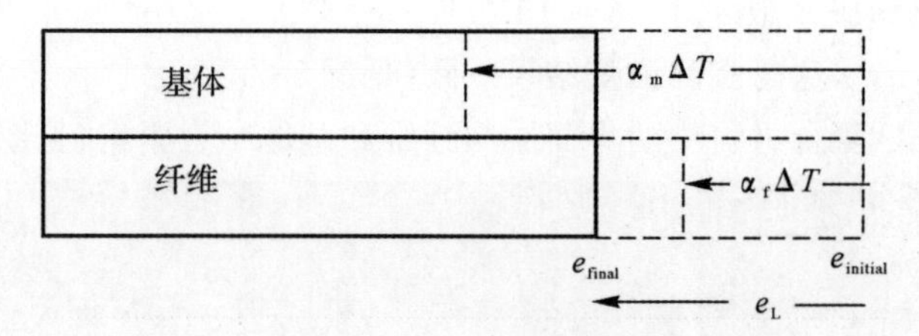

图5-13　热膨胀失配造成残余热应力示意图

当基体热膨胀系数(CTE)高于纤维时，复合材料从高温冷却时基体的收缩程度比纤维的收缩程度大。如果残余热应力太大，基体中会产生横向裂纹。陶瓷基复合材料一般可以看成是弹性-弹性体，容易出现均匀分布的裂纹。

裂纹是由于纤维与基体的热膨胀不匹配而产生的，所以裂纹总是在低于制备温度(T_F)的某一温度产生，这一温度称为裂纹生成温度T_C。

由纤维与基体热膨胀失配导致基体中产生的临界应变为Δl，其大小取决于热膨胀失配程度和温差的大小，如下式所示：

$$\Delta l = (\alpha_m \Delta T - e_L) - (\alpha_f \Delta T - e_L) = \Delta\alpha \cdot \Delta T = (\alpha_m - \alpha_f)(T_F - T_C) \quad (5-24)$$

所谓临界热应变，即达到这一应变值时基体发生开裂。因此，基体强度 σ_{Ru} 可由下式表示：

$$\sigma_{Ru} = \Delta l \cdot E = (\alpha_m - \alpha_f)(T_F - T_C) \cdot E \tag{5-25}$$

由此可得裂纹生成温度的表达式为

$$T_C = T_F - \frac{\sigma_{Ru}}{(\alpha_m - \alpha_f) \cdot E} \tag{5-26}$$

上面分析的是非常简化的情况。实际上，只要复合材料制备过程中基体与纤维的热膨胀系数相差不是很大，是不会出现裂纹的，尤其是对于弹性-塑性体系而言。但对于弹性-弹性体系的陶瓷基复合材料，在纤维与基体的热膨胀系数相差不很大的情况下，即使不出现明显的裂纹，基体也会出现微裂纹。这类微裂纹对性能不会有很大的坏处，因为复合材料主要由纤维承载，在某种程度上，这类微裂纹对陶瓷基复合材料有增韧的作用。在裂纹扩展的过程中，微裂纹将会在主裂纹上形成很多支裂纹而消耗能量，从而达到增韧的目地，这就是微裂纹增韧。

纤维增强复合材料的最大特点是对缺陷的不敏感性[37-38]。裂纹不会降低复合材料的强度，但热膨胀失配（即热物理不相容）却会降低复合材料的强度，因为由热物理不相容引起的应力对纤维损伤较大。当基体中有裂纹时，复合材料的强度不下降，而韧性可能会提高；当纤维受到损伤时，由于纤维是复合材料的主要承载单元，复合材料的强度会降低。当热膨胀失配程度很大时，使用界面层可以造成界面滑移，减少基体裂纹和纤维损伤。对于单向复合材料，使用界面层减少基体裂纹和纤维损伤都是很有效的。但是，界面层不能改变纤维与基体热膨胀失配程度，只能在一定程度上降低界面残余热应力。

2. 裂纹间距

由上述分析可知，当复合材料中纤维的轴向热膨胀系数小于基体的热膨胀系数时，在制备温度以下，基体受拉应力；在裂纹生成温度以下，基体的应变达到临界值，并产生裂纹。基体中产生的裂纹间距越大，表明材料越不易产生裂纹，反之，表明材料越倾向产生裂纹。

由式(5-24)可知，纤维直径、基体体积分数、界面剪切强度和基体强度都会影响基体的裂纹间距，具体分析如下：

(1) 纤维直径越小，裂纹间距越小，即基体生成裂纹的倾向越大。因此，一般要求纤维直径越小越好。

(2) 基体体积分数越高，即纤维体积分数越低，裂纹间距越大，则生成裂纹的倾向越小。因此，高纤维体积分数的复合材料容易产生裂纹。对于脆性基体复合材料，高纤维体积分数会导致基体裂纹增多。因此，基体不能有效承载，主要由纤维承载。

(3) 界面剪切强度越高，裂纹间距越小。这表明，界面越“硬”，应力越得不到缓解，越容易产生裂纹。

(4) 基体强度越高，裂纹间距越大。这表明，基体强度越高，越不容易产生裂纹，材料抗裂纹产生的能力强。

裂纹间距表明沿纤维方向基体裂纹均匀分布的程度。如果纤维与基体之间存在着界面相（界面反应生成）或界面层，则界面层将产生裂纹。与纤维相比，界面层可以近似地看成是塑性体，则裂纹间距同样可以用上面的裂纹间距表达式(式(5-24))估算。

值得注意的是，如果界面层是多层的(在复合材料制备过程中，经常使用多层界面)，那么每一层所产生的裂纹间距都能使用式(5-24)进行估算。

对于纤维和基体同样为弹性体组成的弹性-弹性系统，有

$$\pi d_f d(L\tau_i) = (\pi/4) \cdot (d_0^2 - d_f^2) \cdot d\sigma_R \tag{5-27}$$

由于 τ_i 不是常数，不能进行简单的积分，但同样可以用界面极限剪切强度 τ_p 代替 τ_i 进行估算，这不会影响对问题的分析。因此裂纹间距可表示为

$$L = \left(\frac{\delta^2}{d_f} + \delta\right)\left(\frac{\sigma_{Ru}}{\tau_p}\right) \tag{5-28}$$

5.5.2 界面热应力与力学性能

当界面热应力导致基体中产生微裂纹时，纤维和基体间的界面处会受到大的剪应力。这种应力会促使复合材料发生非弹性变形，从而影响复合材料的力学性能。由于大多数陶瓷基复合材料的纤维轴向受残余压应力，界面脱黏以剪切裂纹的形式出现，导致裂纹在界面层内、界面层 / 纤维、界面层 / 基体之间的界面处扩展，因而首先发生的界面行为是界面断裂或脱黏。界面脱黏时单位面积消耗的能量为 Γ_i，在脱黏前沿之后，裂纹面互相接触（见图 5-14），在这些接触面处发生 Coulomb 摩擦，产生滑移阻力 τ。陶瓷基复合材料的这些界面热力学行为由 Γ_i 和 τ 共同表征[39-40]。脱黏能与界面层的固有断裂能 Γ_{co} 成比例，即 $\Gamma_i \cong 4\Gamma_{co}$。脱黏前沿之后发生的界面滑移对界面残余热应力、沿纤维的波折程度以及摩擦因数较为敏感。

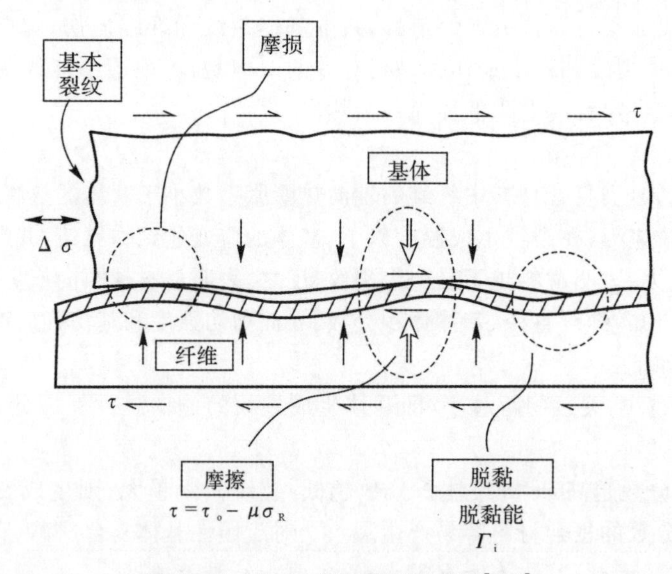

图 5-14　Evans 界面模型示意图[39-40]

下面以陶瓷基复合材料为例说明界面热应力对复合材料力学性能的影响[41]。对比 1D 和 2D 陶瓷基复合材料的拉伸应力-应变曲线（见图 5-15）可知，2D 陶瓷基复合材料的力学性能为 1D 陶瓷基复合材料的 1/2。这是由于 2D 陶瓷基复合材料承载方向（0°方向）的纤维体积分数仅为 1D 陶瓷基复合材料的 1/2。由图 5-15 可见，残余热应力导致基体微裂纹进一步扩展、界面脱黏和界面滑移，复合材料表现为非线性变形。

下面我们进一步以纤维增强 TiAl 基复合材料为例来说明界面热应力对复合材料力学性能的影响[42]。用于 TiAl 金属间化合物增强体的陶瓷纤维主要有 SiC 纤维和 Al_2O_3 纤维。由表 5-2 可见，Al_2O_3 纤维的轴向热膨胀系数与 TiAl 基体较为接近，而 SiC 纤维的轴向热膨胀系

数与 TiAl 基体相差较大。SiC 纤维与 TiAl 基体的热膨胀失配程度较为显著，SiC 纤维增强 TiAl 基复合材料中的基体残余热应力高于 Al_2O_3 纤维增强 TiAl 基复合材料中的基体残余热应力，导致 SiC 纤维增强 TiAl 基复合材料的力学性能较差，如图 5-16 所示。随着纤维体积分数的增加，两种复合材料中基体所受的残余热应力均增加。但是，随着温度的升高，复合材料中的残余热应力均降低，在材料制备温度时达到最小值。

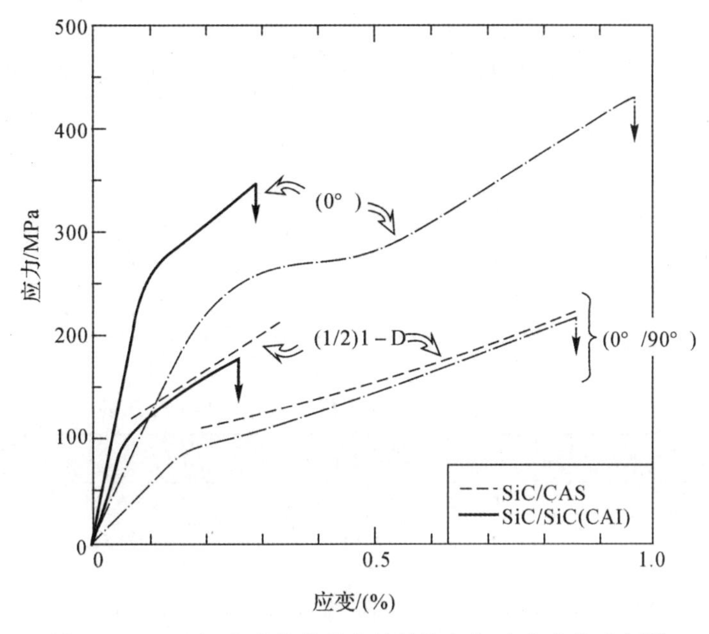

图 5-15　1D 和 2D 陶瓷基复合材料的应力-应变曲线对比[41]

表 5-2　纤维和基体的性能

成　　分	密度 /(g·cm^{-3})	熔点 /℃	σ_b/MPa	E/GPa	α/(×10^{-6}·K^{-1})
Ultra-SCS 纤维	3.18	2 500	2 070(1 100℃)	420	5
Nextel 610 纤维	3.99	2 010	1 100(1 100℃)	380	9.5
TiAl 基体	3.8		545	155	11

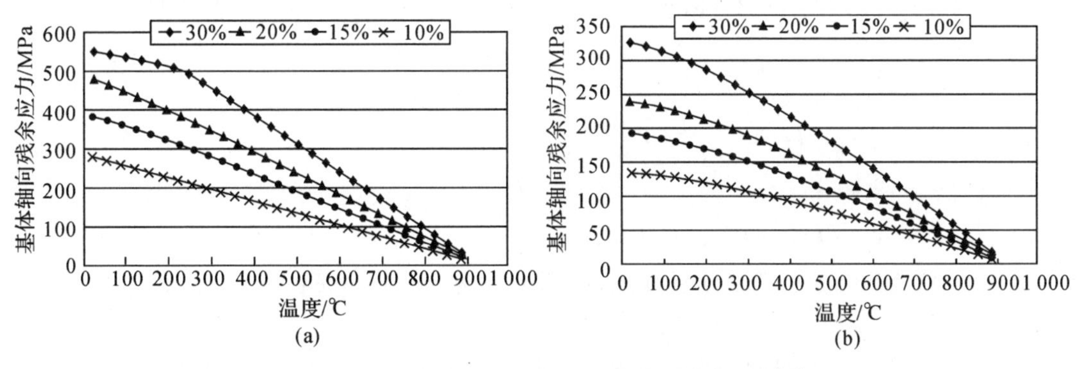

图 5-16　热膨胀失配引起的基体轴向残余应力[42]

(a)Ultra-SCS/γ-TiAl；(b)Nextel610/γ-TiAl

复合材料中的残余热应力对其力学性能起主导作用。由表5-3和表5-4可见,随着纤维体积分数的增加,残余热应力的增加导致复合材料的强度和模量均降低。随着温度升高,复合材料内部的残余热应力降低,而强度呈增加的趋势。

表5-3 Ultra-SCS/γ-TiAl复合材料的性能

$T=21℃$			$T=400℃$			$T=700℃$		
纤维体积分数	弹性模量/GPa	强度/MPa	纤维体积分数	弹性模量/GPa	强度/MPa	纤维体积分数	弹性模量/GPa	强度/MPa
30%	129	0						
20%	207	74						
15%	194	200						
10%	181	315	10%	170	380	10%	160	475
0%	155	545	0%	144	488	0%	135	470

表5-4 Nextel610/γ-TiAl复合材料的性能

$T=21℃$			$T=400℃$			$T=700℃$		
纤维体积分数	弹性模量/GPa	强度/MPa	纤维体积分数	弹性模量/GPa	强度/MPa	纤维体积分数	弹性模量/GPa	强度/MPa
30%	214	312	30%	213	396	30%	206	563
20%	204	389						
15%	194	428						
10%	184	582						
0%	155	545	0%	144	488	0%	135	470

5.5.3 界面热应力与热物理性能

1.界面热应力对热膨胀系数的影响

各向同性复合材料的热膨胀系数与界面热应力之间的关系,可用下式表示[43]:

$$\alpha_c = V_m\alpha_m + V_f\alpha_f + \frac{V_f}{3}\left(\frac{1}{K_f}-\frac{1}{K_m}\right)\frac{d\sigma_f}{dT} \tag{5-29}$$

式中 K—— 体积模量$\left(K=\dfrac{E}{3(1-2\gamma)}\right)$;

σ—— 热失配应力;

下标 c,m,f—— 分别代表复合材料、基体和纤维。

式(5-29)等号右边的前两项是符合混合法则的复合材料热膨胀系数,表示无应力作用下材料的热膨胀系数,第三项表示的是由热应力失配引起的长度变化量。

式(5-29)将复合材料的热膨胀系数与各组元的热膨胀系数以及由热失配引起的应力很好地联系在一起,并考虑了温度的影响,可以有效地计算出界面热应力随温度的变化关系[44]。

C/SiC 复合材料的界面热应力计算参数见表 5-5，将其带入式(5-13)计算得到由热膨胀失配引起的纤维轴向热应力随温度的变化关系，如图 5-17 中的细实线所示[45]。由图可以得到，纤维所受轴向热应力随温度的变化规律可以分为三个阶段：第一个阶段从室温到 850℃ 左右，纤维所受应力为负，即纤维受压应力；第二个阶段从 850℃ 到 1 200℃，纤维所受应力为正，即纤维受拉应力，并随温度的升高不断增大；第三个阶段从 1 200℃ 到 1 400℃，纤维受拉应力，并随温度的升高急剧降低。

表 5-5　C/SiC 复合材料界面热应力的计算参数

性　能	C_f		SiC_m
	轴　向	径　向	
热膨胀系数 $\alpha/(\times 10^{-6}\cdot K^{-1})$	−0.14 ～ 1.7	8.85	3.5 ～ 6.9
弹性模量 E/GPa	160	22.5	450
泊松比 ν	0.3	0.35	0.21
体积分数 /(%)	40	50	

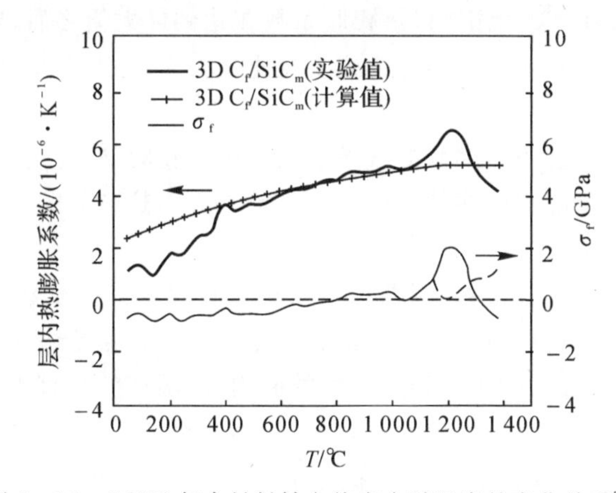

图 5-17　C/SiC 复合材料轴向热应力随温度的变化关系[45]

对比热膨胀曲线和应力曲线可以发现，C/SiC 复合材料的热膨胀系数随温度的变化过程与热应力变化的各阶段相对应。

(1) 在室温至 850℃ 范围内，纤维受压应力，复合材料热膨胀系数随温度的升高逐渐增大。由于 C 纤维的轴向热膨胀系数远小于 SiC 基体的，当 C/SiC 从制备温度(1 000℃)冷却至室温时，纤维受压应力，基体受拉应力，基体不断发生开裂以逐步释放过高的热失配应力，在室温下基体内部总存在大量垂直于纤维轴向的微裂纹。可以肯定的是，基体开始产生裂纹的温度是低于制备温度的，而当裂纹达到一定数量和分布密度时，基体将不再发生开裂，其内部会积蓄较高的残余热应力。在再次升温的过程中，基体逐渐产生热膨胀，两组元所受的残余热应力也逐渐得到释放。因此，此阶段内纤维所受压应力应为残余热应力，是残余热应力释放的过程。在此过程中，以 400℃ 为分界点，复合材料的热膨胀系数和纤维轴向热应力分别以两种不同的速率增大和减小，说明此处存在两种不同的作用机制。

(2) 在 850 ～1 050℃ 范围内，热膨胀系数仍随温度的升高而线性增大，但增大的速率较前一阶段缓慢，此时纤维受较小的拉应力。在 850℃ 左右，纤维与基体内的残余热应力释放完毕，二者处于无应力状态。随着温度的继续升高，基体膨胀大于纤维膨胀，纤维受拉应力，基体受压应力，并且应力逐渐增大。在前一阶段中，基体是受拉膨胀，而在本阶段中，基体是受压膨胀，复合材料热膨胀系数的增大速率低于前一阶段。在这两个阶段中，基体裂纹为基体膨胀提供了一定的空间。

(3) 在 1 050℃ ～1 150℃ 范围内，热膨胀系数以更高的速率随温度的升高而增大，此时纤维所受拉应力也急剧增大。在这个阶段，由于温度已高于材料的制备温度，基体内的裂纹基本闭合，不再为基体膨胀提供空间，复合材料热膨胀系数的增大速率更高。

(4) 在 1 150℃ ～1 200℃ 范围内，热膨胀系数仍随温度的升高而增大，并在 1 200℃ 达到最大值。此阶段中，热膨胀系数的增大速率也达到了最大。此时，在纤维和基体结合良好、无损伤发生的情况下，热应力会高达 0.8～1GPa，已超过了 C 纤维的就位强度(375MPa)，部分 C 纤维会发生断裂以释放过高的热应力。该现象在后面的试验研究中得到了证实。在热应力获得释放之后，原本受到较强约束的基体迅速膨胀起来，使 C/SiC 热膨胀系数在1 150℃ ～1 200℃ 范围内表现为急速增大的趋势。因此，从 1 150℃ 开始，纤维受到的热应力将沿着图 5 - 17 中虚线的轨迹变化。

(5) 在 1 200℃ ～1 400℃ 范围内，热膨胀系数在达到最大值之后迅速降低。由于此时部分纤维已发生断裂，复合材料内部的热应力也发生重新分布，C/SiC 复合材料的热膨胀系数迅速降低。

由以上的分析可以发现，当热膨胀曲线的斜率发生变化时，热应力也相应地从一个阶段过渡到下一个阶段。因此，热膨胀曲线斜率的转变点就是界面热应力的转变点。

2. 界面热应力对抗氧化性能的影响

如前所述，对于陶瓷基复合材料，因结构单元相互间的热膨胀系数不一致，在服役温度低于制备温度时，残余热应力将导致基体内部形成大量微裂纹。复合材料表面涂层也因存在残余热应力而形成裂纹：一方面，由于热膨胀失配的原因，涂层产生垂直于纤维轴向的裂纹；另一方面，基体中的裂纹也可能向外扩展到涂层，造成涂层开裂。

陶瓷基复合材料在热物理化学环境中服役时，氧化性气体通过涂层和基体裂纹向复合材料内部扩散，造成界面层和纤维的氧化，导致复合材料失重，强度降低。尤其是，复合材料内部残余热应力会随着温度的变化而变化，进一步导致基体 / 涂层微裂纹开口宽度的变化，从而影响复合材料的抗氧化性能。

图 5 - 18 所示为具有三层 SiC 涂层的 C/SiC 在空气中氧化 5h 后的质量变化与温度的关系。其中，黑实线为总质量变化曲线，这是多种氧化机制耦合作用的结果。根据环境因素解耦法，可以将该曲线分解为 6 条单调曲线，每一条曲线代表一种氧化机制对质量变化的影响，即在测试的氧化温度区间内，C/SiC 存在 6 种氧化机制[46]。

第一种是氧化介质与碳相反应控制的氧化机制，起始温度为 400℃，终止温度为 700℃。由于碳纤维与 SiC 基体之间存在较大的热膨胀失配，C/SiC 在制备温度(1 000℃) 以下产生裂纹，且温度越低裂纹越宽。在 700℃ 以下，氧化介质在裂纹中的扩散速度大于其与碳相的反应速度，氧化反应发生在纤维束内，碳相表现为均匀氧化。温度越高，氧化介质与碳相反应速度越快，C/SiC 的失重率就越高。

第二种是氧化介质在基体裂纹中扩散控制的氧化机制，起始温度为 700℃，终止温度为 1 000℃。随着环境温度的升高，一方面氧化介质与碳相的反应速度升高，另一方面基体微裂纹逐渐闭合使氧化介质的扩散速度降低。在 700℃ 以上，氧化介质在基体裂纹中的扩散速度低于其与碳相的反应速度，氧化反应发生在纤维束表面，碳相表现为非均匀氧化。温度越高，裂纹闭合越快，C/SiC 失重率越低。

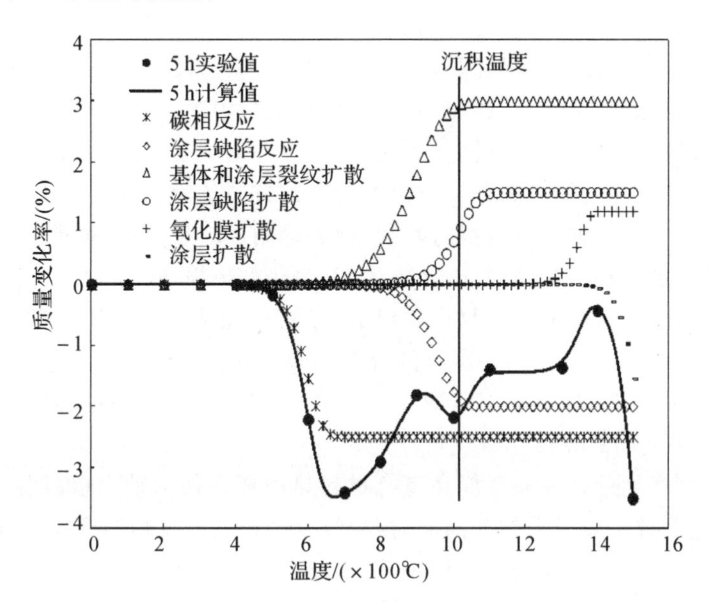

图 5-18　C/SiC 在空气中氧化 5h 后的质量变化与温度的关系[46]

第三种是氧化介质在基体与涂层裂纹中扩散控制的氧化机制，起始温度为 750℃，终止温度为 1 050℃。在 750℃ 以上，基体裂纹已充分闭合，氧化介质通过涂层裂纹扩散进入试样，而且迅速与碳相反应，碳相表现为近表面氧化。由于近表面氧化所需的扩散路径短，氧化介质在涂层裂纹中的扩散速度仍大于其与碳相的反应速度。温度越高，碳相反应速度越快，C/SiC 失重率越高。

第四种是氧化介质在涂层裂纹中扩散控制的氧化机制，起始温度为 800℃，终止温度为 1 100℃。在 800℃ 以上，涂层裂纹的闭合作用开始显现，氧化机制由碳相反应控制转向氧化介质在涂层裂纹中的扩散控制。值得注意的是，涂层裂纹闭合温度高于涂层制备温度，而且 C/SiC 在涂层裂纹闭合温度以上仍然有较高的氧化失重，对此的唯一解释是涂层存在缺陷。由于涂层缺陷不能通过温度升高而愈合，C/SiC 的失重率随温度升高变化很小。

第五种是氧化介质在涂层氧化膜中的扩散控制的氧化机制，起始温度为 1 250℃，终止温度为 1 400℃。由于 SiC 涂层氧化生成 SiO_2 氧化膜引起增重，而且氧化膜对涂层缺陷有封填作用，因而 C/SiC 的失重率随温度升高而减小。

第六种是氧化介质在涂层孔洞中扩散控制的氧化机制，起始温度为 1 400℃，终止温度为 1 500℃。C/SiC 在 1 400℃ 以上失重率迅速增加只有一种解释，就是氧化膜出现孔洞，热力学计算也证明了这一点。

通过对以上氧化控制机制的解耦分析不难发现，提高 C/SiC 抗氧化性能最直接的方法就是对涂层缺陷进行控制，而控制涂层缺陷最简单的方法就是增加涂层的层数。可以看出，涂层缺陷控制在整个温度范围内大幅度提高了涂层的抗氧化性能甚至在涂层裂纹闭合温度以上会出现增重。由此表明，利用环境因素解耦法能够准确预测材料环境性能演变的控制机制，从而为复合材料的制备提供指导。

3.界面热应力对抗热震性能的影响

在航空航天工程应用中，高温结构件需承受各种热状态，特别要经受急剧加热和冷却引起的热应力。由于结构陶瓷固有的脆性，陶瓷基复合材料的韧性主要来自于界面层脱黏和纤维拔出，材料依靠基体的裂纹扩展、界面脱黏和纤维拔出以获得较大的非弹性应变。这类复合材料在两个温度间重复循环(热循环，thermal cycle)时，其性能会发生衰变甚至失效。

通常，当热循环所经受的温度急剧变化时，称为热冲击或热震(thermal shock)，材料能够承受温度剧变而不被破坏的能力亦称为抗热冲击性或抗热震性(thermal shock resistance)。热循环破坏有两种类型：一种是材料瞬时断裂，称为热循环断裂；另一种是在热循环作用下，表面开裂，随着裂纹发展，最终导致材料破坏失效，称为热循环损伤。

与单体材料相比，连续纤维增强复合材料的热震行为更加复杂，主要原因如下：

(1) 纤维增强体改变了基体初始裂纹的分布和裂纹的扩展行为；

(2) 纤维和基体之间的热性能不匹配导致了热交换期间的残余热应力；

(3) 纤维和基体之间的界面起着重要作用。

反复加热、冷却产生的弹性应变能是复合材料热循环损伤的动力(即裂纹扩展的动力)。当弹性应变能超过裂纹扩展所需的表面能时，裂纹就会扩展。在热循环初期，随着热循环次数的增加，复合材料表面的微裂纹向内部扩展，造成复合材料内部微裂纹密度的增加。基体微裂纹密度的增加可能导致复合材料力学性能的降低。

根据热弹性理论[47]，当材料受到温度突降引起的热转变(ΔT)时，材料表面受到拉伸应力，而内部受到压缩应力。当温差等于临界值(ΔT_c)时，拉伸热应力足以造成表面裂纹的形成，即热应力等于复合材料的基体强度(或基体裂纹扩展应力)σ_{mu}：

$$\sigma_{mu}=\frac{\alpha E\Delta T_c}{1-\nu} \tag{5-30}$$

式中 E—— 弹性模量；

α—— 热膨胀系数；

ν—— 材料的泊松比。

变换等式(5-30)，获得临界热震温差(ΔT_c)的表达式：

$$\Delta T_c=\frac{\sigma_{mu}(1-\nu)}{\alpha E} \tag{5-31}$$

当考虑沿纤维方向的基体所受的残余热应力 σ_m^{RES} 时，其临界热震温差为

$$\Delta T_c=\frac{1-v}{AE\alpha}(\sigma_{mu}-\sigma_m^{RES}) \tag{5-32}$$

式中，A 为应力衰减因子，无量纲，是 Biot modulus 的函数。

单向 Nicalon/LAS 复合材料的临界热震温差为 800℃[48]，单向 Nicalon/CAS 复合材料的临界热震温差为 400℃[49]，3D C/SiC 的临界热震温差为 683℃[50]。

热循环对最大抗弯强度的影响可能包括以下两方面原因：① 纤维被氧化或在热应力作用下断裂；② 纤维/基体脱黏改变纤维的残余应力状态。由图 5-19 可见 C/SiC 复合材料在温差为 1 000℃ 时热循环不同次数后的表面形貌。由于复合材料内部界面存在残余热应力，C/SiC

复合材料基体中均匀分布着微裂纹(见图 5-19(a))。随着热震次数的增加,裂纹间距减小;当热震次数达到某一临界值后,裂纹间距不再发生变化(见图 5-19(b)(c))。

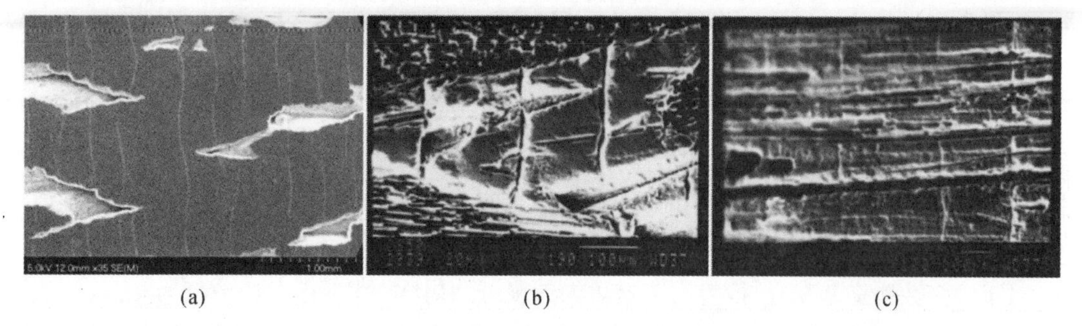

图 5-19　C/SiC 复合材料热循环后的表面形貌(ΔT=1 000℃)[50]

(a)0 次;　(b) 50 次;　(c) 100 次

由式(5-13)可见,界面热残余应力与基体的热膨胀系数和模量有关。随着基体热膨胀系数和基体模量的降低,界面热残余应力降低,导致复合材料强度在热震初期有所升高。

对于 C/SiC 复合材料[51],T300 碳纤维的热膨胀系数在径向为 7.0×10^{-6}/K,轴向为 $(-1.1\sim-0.1)\times10^{-6}$/K,SiC 基体的热膨胀系数为 4.6×10^{-6}/K。在降温过程中,SiC 基体将受到沿纤维轴向的拉应力,从而使基体产生大量垂直于纤维方向的裂纹。一方面,热循环过程导致新的基体裂纹产生。另一方面,在 C/SiC 制备过程中已经形成的微裂纹也会在热循环过程中扩展而吸收大量能量,引起材料中界面应力的下降。由于碳纤维的径向热膨胀系数大于基体的,由高温冷却时,基体和纤维之间将产生间隙,热循环升温时纤维产生的膨胀首先要抵消这一间隙,进而大大降低了升温过程中在基体中产生的拉应力。因此,C/SiC 的热循环损伤形式为基体产生大量垂直于纤维方向的微裂纹及其扩展达到饱和的过程。

如图 5-20 所示,随着热震次数的增加,C 纤维增韧 SiC-SiB_4复合材料(C/SiC-SiB_4)的弹性模量连续降低(见图 5-20(a)),由于复合材料内部界面应力的释放,达到临界热震次数后复合材料的弹性模量不再降低。相应地,在热震初期(20 次内),复合材料内部纤维和基体的热膨胀系数逐渐匹配,界面残余热应力降低,导致 C/SiC-SiB_4复合材料在热震后的强度出现升高的趋势(见图 5-20(b))[52]。

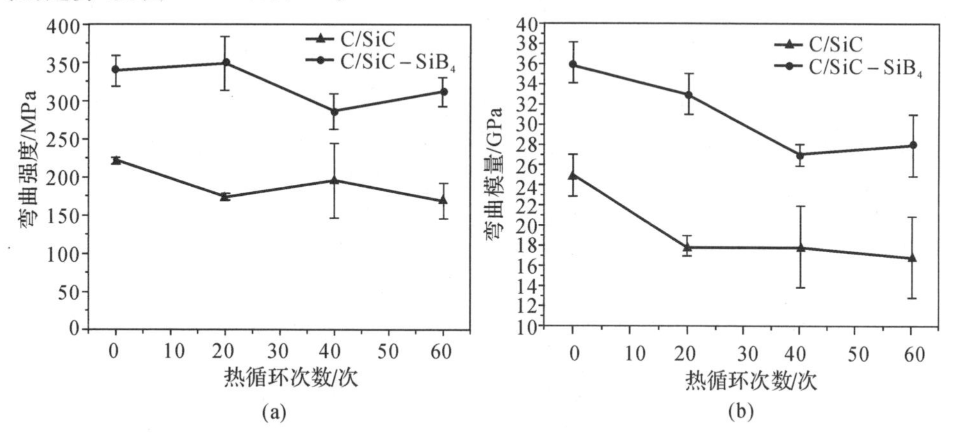

图 5-20　热循环次数对复合材料弯曲模量和弯曲强度的影响[52]

(a)强度变化规律;　(b)模量变化规律

4.界面热应力对疲劳性能的影响

当陶瓷基复合材料作为航空发动机热结构件使用时,必须考虑其循环疲劳(Fatigue)性能。脆性陶瓷材料的抗疲劳性能很差,而与纤维一起构成复合材料之后,由于纤维对基体裂纹扩展的阻碍作用,往往使得陶瓷基复合材料表现出良好的抗疲劳性能。复合材料的疲劳机理与纤维/基体的界面退化及纤维强度的降低有关。对于陶瓷基复合材料,当应力超过基体开裂应力时,疲劳才开始,随着循环次数的增加,纤维/基体界面脱黏并且界面发生滑移[53]。当界面残余热应力导致基体微裂纹产生时,纤维与基体间的界面处会受到大的剪应力。这种应力会促使复合材料发生非弹性变形,从而影响复合材料的疲劳行为。

对于大多数陶瓷基复合材料,由于基体韧性极低,基体本身不存在疲劳行为,裂纹扩展的判据是裂纹尖端的能量释放速率达到基体断裂能。这种情况下,疲劳取决于界面的疲劳衰退机理。

在拉伸疲劳过程中,对于单向纤维增强复合材料,所有的基体开裂均在第一个应力循环发生,如果最大应力在随后的循环中不增加,则裂纹密度和弹性模量在随后的循环中保持恒定。但是界面滑移阻力的消失会造成复合材料的永久变形。0/90°铺层的2D纤维增强复合材料的疲劳行为取决于第一次应力循环的最大应力:①当拉应力小于90°纤维中的基体开裂应力时,基体裂纹不扩展,循环加载也不会导致任何性能变化。②当拉应力处在90°纤维束中的基体开裂应力与0°纤维束中的基体开裂应力之间时,在第一个加载中裂纹在90°纤维束中形成,并部分穿过0°纤维。在这种情况下,0°纤维中的裂纹在循环加载情况下扩展,导致弹性模量降低,应变增加。③当应力超过0°纤维束中的基体开裂应力时,疲劳行为取决于界面行为。大多数裂纹在第一个应力循环就穿过0°纤维;在随后的循环中,其疲劳行为与单向复合材料相似。

下面以CVI制备的2D C/SiC复合材料为例说明界面热应力对疲劳性能的影响,复合材料90°纤维束中的基体开裂应力为50MPa,拉伸强度为250MPa[54]。如图5-21所示为2D C/SiC复合材料采用120±40MPa应力进行疲劳试验时的应力-应变滞后环曲线,循环次数分别为8次、8.6×10^4次、2.7×10^5次。如图5-22所示,随着疲劳循环次数的增加,复合材料的模量持续降低。这是由于疲劳总是造成基体裂纹扩展以及纤维与基体界面处剪切强度降低的原因。

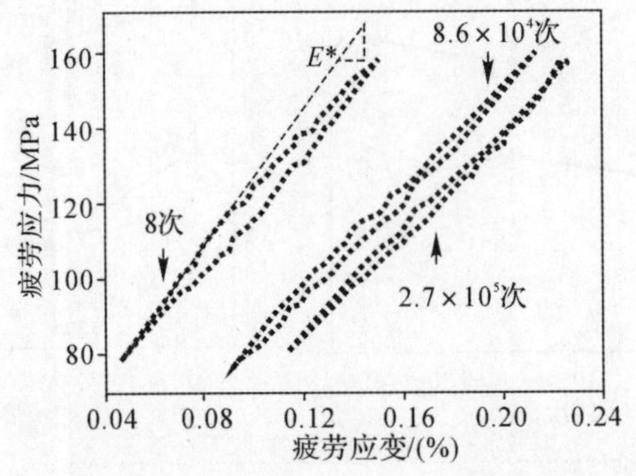

图5-21 2D C/SiC复合材料采用120±40MPa应力进行疲劳试验时的应力-应变曲线[54]

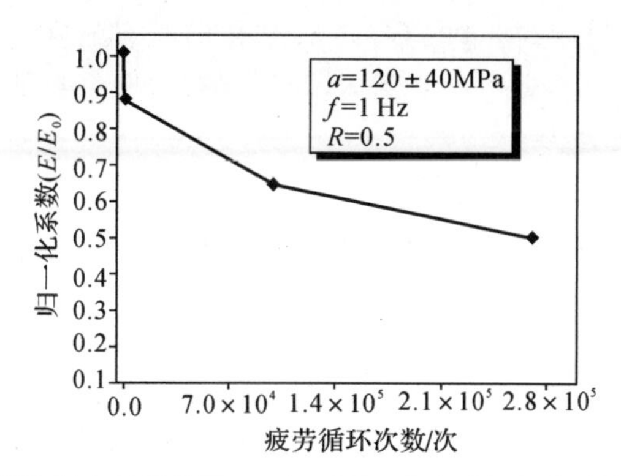

图 5－22　2D C/SiC 复合材料采用 120±40MPa 应力进行疲劳时的模量变化曲线[54]

与疲劳试验前的 C/SiC 复合材料相比，采用 90±30MPa 拉应力进行疲劳试验 86 400 次循环后，复合材料的拉伸强度提高了 8.5%；采用 120±40MPa 拉应力进行疲劳试验后强度提高了 23.5%；在 160±53MPa 拉应力作用后强度提高了 9.8%，如图 5－23 所示。应力为 120±40MPa 时进行疲劳循环后的材料强度高于其他材料，主要原因是平均疲劳应力与界面残余热应力(TRS)(130.8MPa)接近[55]。平均拉应力与 TRS 越接近，疲劳过程中应力释放越充分，使得纤维所受轴向压应力减小并转变为拉应力，从而使纤维均匀受力，造成复合材料疲劳后强度升高。

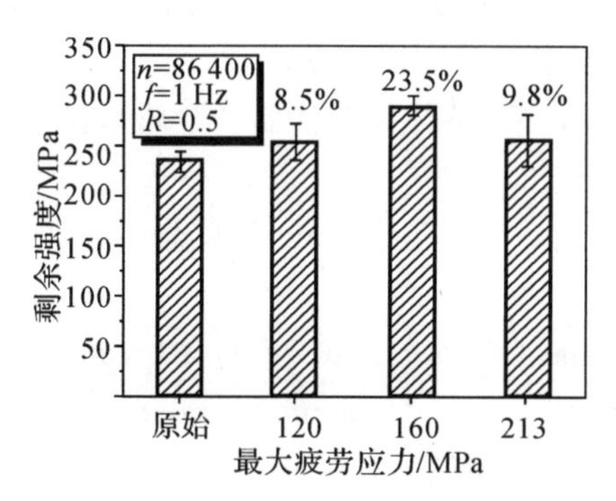

图 5－23　疲劳循环应力水平对剩余拉伸强度的影响[55]

综上所述，C/SiC 等陶瓷基复合材料的力学性能(如模量、强度等)，会随着疲劳次数(时间)的增加而下降，但下降到一定程度后模量和强度可以发生部分恢复，甚至提高；疲劳应力越大，疲劳寿命越低；疲劳会造成基体裂纹的扩展，引起纤维/基体界面的摩擦与磨损，导致纤维断裂、界面脱胶以及基体开裂、分层等微结构变化[56]。

实　　例

SiC 纤维增韧 TiAl 复合材料的裂纹生成温度是多少？

答：

$$\Delta l=\Delta\alpha\cdot\Delta T=(\alpha_m-\alpha_f)(T_F-T_C)$$

$$\sigma_{Ru}=\Delta l\cdot E=(\alpha_m-\alpha_f)(T_F-T_C)\cdot E$$

$$T_C=T_F-\frac{\sigma_{Ru}}{(\alpha_m-\alpha_f)\cdot E}$$

假定复合材料的制备温度是 1 000℃，TiAl 基体的断裂强度是 1 000MPa，弹性模量是 300GPa，SiC 纤维的热膨胀系数是 5×10^{-6}/K，TiAl 的热膨胀系数是 11×10^{-6}/K。由上述公式计算可得，裂纹生成温度是 444℃。

参考文献

[1] Debray K, Martin E, Quenisset J M. The effect of interfacial reactions on residual stress fields within composites[J]. Journal of Composite Materials, 1999, 33: 325-349.

[2] 杨博，薛忠民，阿茹娜，等. 聚合物基复合材料残余应力的研究进展[J]. 玻璃钢复合材料，2004，2:49-52.

[3] Nimmer R P. Fiber - matrix interface effects in the presence of thermally induced residual stresses[J]. Journal of Composite Technology Research, 1990, 12(2):65-75.

[4] 赵若飞，周晓东，戴干策. 玻璃纤维增强热塑性复合材料的增强方式及纤维长度控制[J]. 纤维复合材料，2000，2:20-24.

[5] Favre J P. Residual thermal stresses in the fibre reinforced composite materials — a review[J]. Journal of the Mechanical Behavior of Materials, 1988, 1:37-53.

[6] 高明霞. TiC 基 Fe-Al，Ni-Al 金属间化合物复合材料的自发熔渗制备和结构性能研究[D]. 杭州：浙江大学材料科学与工程学院，2004.

[7] 李含建，徐志峰，蔡长春，等. 熔体浸渗法制备金属基复合材料的研究进展[J]. 材料热处理技术，2010，39:90-93.

[8] 侯清健，徐国跃，凌栋，等. 纳米复合 ZnO 粉体烧结过程晶粒生长的分析[J]. 电子元件与材料，2005，10:30-32.

[9] Meinhard Kuntz, Bernhard Meier, Georg Grathwohl. Residual stresses in fiber - reinforced ceramics due to thermal expansion mismatch[J]. Journal of the American Ceramic Society, 1993, 76:2607-2612.

[10] Budiansky B, Hutchinson J W, Evans A G. Matrix fracture in faber - reinforces ceramics[J]. Journal of the Mechanics and Physics of Solids, 1986, 34:167-189.

[11] Ford H, Alexander J M. Advanced mechanics of materials[M]. London: Imperial College of Science and Technology, 1963.

[12] QU EK M Y. Analysis of residual stresses in a single fiber matrix composite[J]. International Journal of Adhesion & Adhesives, 2004, 24:379-388.

[13] Harris B. Shrinkage stresses in glass/resin composites[J]. Journal of Materials Science, 1978, 13:173-177.

[14] 黄岳山，吴效明，茹长渠. Al_2O_3-SiO_2(sf)/Al-Si 复合材料残余应力的研究[J]. 暨南大学学报：自然科学与医学版，1999，1:95-99.

[15] 娄菊红，杨延清，原梅妮，等. 金属基复合材料界面残余应力的研究进展[J]. 材料导报：综述篇，2009，23:75-78.

[16] 刘毅佳，马拯. 陶瓷基复合材料界面相设计[J]. 固体火箭技术，2003，26:60-63.

[17] Warnet L. On the effect of residual stresses on the transverse cracking in cross - ply carbon - polyetherimide laminates[M]. Enschede: Mechanical Engineering in the University of Twente, 2000.

[18] Patricia P Parlevliet, Harald E N Bersee, Adriaan Beuker. Residual stresses in thermoplastic composites — a study of the literature[J]. Composites Part A: Applied Science and Manufacturing, 2007, 38: 1581 - 1596.

[19] 赵若飞，周晓东，戴干策. 纤维增强聚合物基复合材料界面残余热应力研究[J]. 玻璃钢/复合材料，2000，4:25 - 28.

[20] Filiou C, Galiotis C. In situ monitoring of the fibre strain distribution in carbon - fibre thermoplastic composites[J]. Composites Science and Technology. 1999, 59: 2149 - 2161.

[21] 胡可文，罗贤，杨延清. 纤维增强金属基复合材料中轴向残余热应力分析[J]. 热加工工艺，2009，18:64 - 67.

[22] Zhao L G, Warrior N A, Long A C. A micnomechanical study of vesidual: stress and its effect on transwere failure in polymer-matrix composites[J]. Interrnation Journal of Solids and Structures. 2006，43(18 - 19):5449 - 5467.

[23] 林有希，高城辉. 碳纤维增强聚醚醚酮复合材料的研究及应用[J]. 塑料工业，2005，33:5 - 8.

[24] Khatri S C, Koczak M J. Thick - section AS4 - graphite/E - glass/PPS hybrid composites: Part I Tensile behavior[J]. Composites Science and Technology, 1996, 56: 181 - 192.

[25] 孙德亮，马娜，隋国鑫，等. 氧化铝/聚砜复合材料的热膨胀性能[J]. 复合材料学报，2013，30:55 - 58.

[26] Hosseini-Toudeshky H, Mohammadi B. Thermal residual stresses effects on fatigue crack growth of repaired panels bounded with various composite materials[J]. Composite Structures, 2009，89:216 - 223.

[27] Ho S, Lavernia E J. Thermal residual stresses in metal matrix composites: a review [J]. Applied Composite Materials, 1995, 2:1 - 30.

[28] 马志军，杨延清，朱艳，等. 连续纤维增强钛基复合材料热残余应力的研究进展[J]. 稀有金属材料与工程，2004，12:1248 - 1251.

[29] 李建康，杨延清，罗贤，等. 连续 SiC 纤维增强 Ti 基复合材料中的残余热应力[J]. 稀有金属材料与工程，2008，4:621 - 624.

[30] Durodola J F, Derby B. An analysis of thermal residual stresses in Ti - 6 - 4 alloy reinforced with SiC and Al_2O_3 fibres[J]. Acta Metallurgica et Materialia, 1994, 42: 1525 - 2534.

[31] 毛小南. TiC 颗粒增强钛基复合材料的内应力对材料机械性能的影响[D]. 西安:西北工业大学材料学院，2004.

[32] 谢薇. 三维碳纤维增强镁基复合材料残余应力的研究[D]. 上海:上海交通大学材料科学与工程学院，2011.

[33] Brennan J J, Prewo K M. Silicon carbide fibre reinforced glass - ceramic matrix composites exhibiting high strength and toughness[J]. Journal of Materials Science, 1982, 17:2371 - 2383.

[34] 张志成，郑元锁. 短纤维复合材料应力传递理论研究进展[J]. 橡胶工业，2003, 50:116 - 122.

[35] Franck Lamouroux, Roger Naslain, Jean-Marie Jouin. Kinetics and Mechanisms of Oxidation of 2D Woven C/SiC Composites: II Theoretical Approach[J]. Journal of the American Ceramic Society, 1994, 7:2058 - 2068.

[36] Bischoff E, Ruhle M, Sbaizero O, et al. Microstructural studies of the interfacial zone of a SiC - fiber - reinforced lithium aluminum silicate glass - ceramic[J]. Journal of the American Ceramic Society, 1989, 72:741 - 745.

[37] 王左银，吴申庆. 硅酸铝纤维增强铝基复合材料的研究及应用[J]. 材料科学与工程，1994, 1:30 - 36.

[38] 周阵阵. 基于细观力学方法的脆性基体短纤维复合材料性能预报[D]. 安徽:安徽工程大学机械与汽车工程学院，2010.

[39] Cao H C, Evans A G. An experimental study of the fracture resistance of bimaterial interfaces[J]. Mechanics of Materials, 1989, 7:295 - 304.

[40] 何新波，杨辉，张长瑞，等. 连续纤维增强陶瓷基复合材料概述[J]. 材料科学与工程学报，2002, 2:273 - 278.

[41] Evans AG, Zok FW, McMeeking RM. Fatigue of ceramic matrix composites[J]. Acta Metallurgica et Materialia, 1995, 43:859 - 875.

[42] 黄旭，齐立春，李臻熙. TiAl 基复合材料的研究进展[J]. 稀有金属材料与工程，2006, 35:1845 - 1848.

[43] Fei W D, Wang L D. Thermal expansion behavior and thermal mismatch stress of aluminum matrix composite reinforced by β - eucryptite particle and aluminum borate whisker[J]. Materials Chemistry and Physics, 2004, 85:450 - 457.

[44] 张青. C/SiC 复合材料热物理性能与微结构损伤表征[D]. 西安:西北工业大学材料学院，2008.

[45] 肖鹏，谢建伟，熊翔. 3D C/SiC 复合材料的力学性能[J]. 中南大学学报:自然科学版，2008, 39:718 - 722.

[46] 张立同. 纤维增韧碳化硅陶瓷基复合材料——模拟、表征与设计[M]. 北京:化学工业出版社，2009.

[47] Kastritseas C, Smith P A, Yeomans J A. Thermal shock fracture in unidirectional fibre - reinforced ceramic - matrix composites [J]. Composites Science and Technology, 2005, 65:1880 - 1890.

[48] Kagawa Y, Kurosawa N, Kishi T. Thermal shock resistance of SiC fiber reinforced borosilicate glass and lithium aluminosilicate matrix composites [J]. Journal of Materials Science, 1993, 28:735 - 741.

[49] Blissett M J, Smith P A, Yeomans J A. Thermal shock behaviour of unidirectional

silicon carbide fibre reinforced calcium aluminosilicate[J]. Journal of Materials Science, 1997, 32:317 - 325.

[50] Yin X, Cheng L, Zhang L, et al. Thermal shock behavior of 3 - dimensional C/SiC composite[J]. Carbon, 2002, 40:905 - 910.

[51] 任伟华，乔生儒，敖强. 3D - C/SiC 复合材料热震损伤行为[J]. 材料工程，2003，12:26 - 28.

[52] Shi F, Yin X, Fan X, et al. A new route to fabricate SiB_4 modified C/SiC composites [J]. Journal of the European Ceramic Society, 2010, 30:1955 - 1962.

[53] Altenbach H, Becker W. Modern trends in composite laminates mechanics[M]. New York: Springer-Verlag Wien,2003.

[54] Mei Hui, Cheng Laifei. Stress - dependence and time - dependence of the post - fatigue tensile behavior of carbon fiber reinforced SiC matrix composites [J]. Composite Science and Technology, 2011, 71:1404 - 1409.

[55] Mei Hui. Measurement and calculation of thermal residual stress in fiber reinforced ceramic matrix composites [J]. Composite Science and Technology, 2008, 68: 3285 -3292.

[56] Wang Mingde, Campbell Laird. Tension - tension fatigue of a cross - woven C/SiC composite[J]. Materials Science and Engineering: A, 1997, 230:171 - 182.

第6章 复合材料的界面特性与力学性能

复合材料是一种多相结构的材料，因此包含着各组分之间构成的界面。复合材料的界面是外载荷从复合材料基体传递给增强体的主要媒介，因此界面的性质在很大程度上决定了复合材料的性能，尤其是力学性能。复合材料的界面具有多种特性，这些不同的特性将导致复合材料承载时载荷传递的不同，从而影响复合材料的力学性能。因此有必要对不同的界面应力分布情况进行分析，了解界面的作用以及界面特性对复合材料性能的影响，从而更好地对复合材料的界面进行设计与控制。

本章从界面应力分析入手阐明复合材料的界面特性与力学性能的关系，为复合材料的界面设计奠定基础。

6.1 界面应力传递理论

复合材料的界面是指基体与增强体之间化学成分有显著变化的、构成彼此结合的、能起载荷传递作用的微小区域，可分为以下两类。

(1)弹性界面 Elastic Interface(Elastic Fiber - Elastic Matrix)。弹性界面是指弹性纤维与弹性基体组成的复合材料界面。碳纤维或陶瓷纤维增强陶瓷基复合材料以及玻璃纤维增强热固性树脂基复合材料都属于这一类型。因此，该类复合材料的应力-应变曲线按其变形和断裂过程可分为两个阶段：纤维和基体表现出弹性变形；基体表现出非弹性变形，纤维断裂，进而复合材料断裂。

(2)屈服界面(滑移界面)Yielding Interface(Elastic Fiber - Plastic Matrix)。屈服界面是指弹性纤维与塑性基体组成的复合材料界面。如，硼纤维、碳纤维、碳化硅纤维与金属基体或部分树脂基体(如环氧树脂或聚酯树脂)组成的复合材料。在承载失效时，纤维的断裂应变小于基体的断裂应变，纤维表现为脆性破坏，而基体表现为塑性破坏。因此，该类复合材料的应力-应变曲线按其变形和断裂过程可分为三个阶段：纤维和基体的变形都是弹性的；纤维的变形仍是弹性的，而基体的变形是非弹性的；纤维断裂，进而复合材料断裂。

无论复合材料具有弹性界面还是屈服界面，当应力作用于材料上时，纤维并不直接受力，而是通过纤维/基体的界面将应力从基体传递到纤维上，使纤维承载。对短纤维增强复合材料的内应力传递和分配进行分析，所采用的一个重要理论方法就是剪滞法(Shear - Lag)，该方法最早由 Cox 于 1952 年提出[1-2]。Rosen 于 1965 年提出了另一种剪滞模型[3]，建立了临界长径比、载荷传递长度等概念，在短纤维增强塑料基复合材料中得到了广泛应用。以后所采用的剪滞模型大都基于这两个理论[4]。

H. L. Cox 提出的剪滞模型分析了短纤维增强复合材料的界面应力。该模型假设基体通过界面剪应力将拉应力传递给纤维，且界面和基体中的剪应力沿纤维径向变化。剪滞模型基于单根纤维埋入固定基体中形成的复合材料单元(见图 6-1),且假设界面结合是理想的,不考虑纤维末端的应力传递。由于从基体到纤维的载荷转移依赖于两者间的实际位移差,且基体中的拉伸应力为常数,而通常纤维弹性模量 E_f 大于基体弹性模量 E_m,所以当纤维受到平行于纤维方向的力时,基体的变形量大于纤维的变形量,但基体与纤维是紧密结合在一起的,纤维会限制基体的过大变形,在基体与纤维间的界面会产生剪应力和剪应变,并将所承受的载荷合理地分配到纤维和基体上。由于纤维轴向的中间部分和纤维端部限制基体的变形程度不同,使基体呈现不均匀变形,如图 6-1(b) 所示。

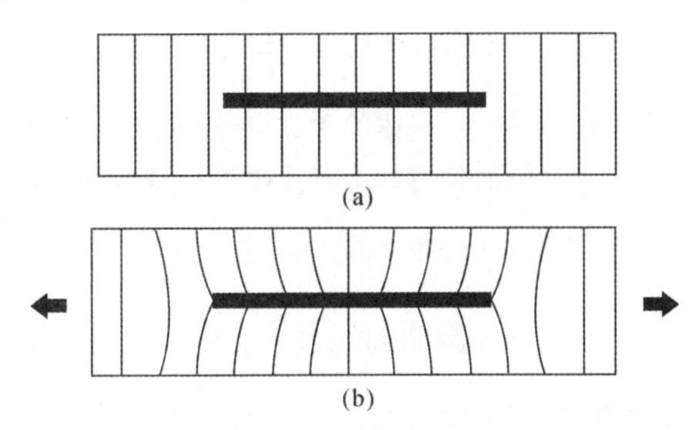

图 6-1　单根纤维增强复合材料的受力变形示意图[4]

(a) 变形前；(b) 变形后

Cox 采用了两组假设来推导纤维的轴向应力,第一组假设考虑材料参数。

(1) 纤维和基体为线弹性固体;

(2) 纤维和基体间的界面无滑移;

(3) 纤维端部不发生载荷传递。

第二组假设是关于该问题的数学方程。在这组假设中,最基本的假设是,径向位移 u 对 x 的微分以及横向、法向的应力和($\sigma_{rr}+\sigma_{\theta\theta}$) 为零或可忽略,即

$$\frac{\partial u}{\partial x}\approx 0 \tag{6-1}$$

以及

$$\sigma_{rr}+\sigma_{\theta\theta}\approx 0 \tag{6-2}$$

除固定纤维外,基体的重要作用是将载荷传递到纤维上,纤维与基体之间的弹性模量差距越大,轴向位移差也越大。取复合材料中一个单元(见图 6-2),讨论加载时载荷如何传递到纤维上,以及纤维中应力的分布情况。复合材料单元中,纤维直径为 $2r_f$;纤维长度为 l;纤维拉应力为 σ;界面剪切应力为 τ;传递到纤维上的载荷为 P_f;纤维之间的距离为 $2R$;纤维轴向坐标为 x,即从纤维一端开始沿纤维任一点的位置。纤维不存在时 x 点的位移为 v(无约束时),纤维存在时 x 点的位移为 u(有约束时)。

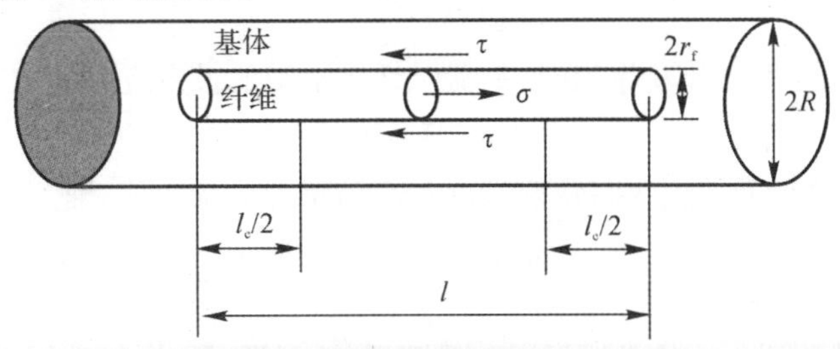

图 6-2　载荷传递模型[4]

Cox 假定，如果 P_f 为到纤维中心距离为 x 处的载荷，则远场应变 ε_m 所对应的载荷传递速度(或导致的剪应力)与纤维轴向位移 u 以及无纤维时基体位移的差值成正比。后者实际上是长度大于临界长度 l_c 的短纤维的中点轴向位移，或连续纤维的轴向位移，即从基体向纤维传递的载荷由纤维对基体的限制作用决定，有

$$\frac{dP_f}{dx}=B(u-v) \tag{6-3}$$

再微分一次得

$$\frac{dP_f^2}{dx^2}=B\left(\frac{du}{dx}-\frac{dv}{dx}\right) \tag{6-4}$$

式中，B 为常数，取决于纤维的几何排列、基体的种类以及纤维和基体的模量。

由于界面无滑移，界面基体一侧的位移即为纤维中的应变位移，有

$$\frac{du}{dx}=\text{纤维的应变}=\frac{P_f}{E_f\cdot A_f} \tag{6-5}$$

$$\frac{dv}{dx}=\text{远离纤维的基本应变}=e \tag{6-6}$$

式中，e 即为加载时基体表现出的总宏观应变。

将式(6-5)和式(6-6)代入式(6-4)得

$$\frac{dP_f^2}{dx^2}=B\left(\frac{P_f}{E_f\cdot A_f}-e\right) \tag{6-7}$$

这个微分方程的解为

$$P_f=E_fA_fe+S\cdot\sinh x+T\cosh\beta x \tag{6-8}$$

式中 $\beta=\left(\frac{B}{A_fE_f}\right)^{1/2}$；

S,T—— 积分常数；

sinh，cosh—— 双曲正弦、双曲余弦函数。

在边界条件处，当 $x=0$ 或 l 时，传递到纤维上的载荷为 $P_f=0$。

$$P_f=E_fA_fe\left[1-\frac{\cosh\beta\left(\frac{l}{2}-x\right)}{\cosh\left(\beta\cdot\frac{l}{2}\right)}\right]\quad 0<x<\frac{l}{2} \tag{6-9}$$

由此可得纤维所受的拉应力为

$$\sigma_f=\frac{P_f}{A_f}=E_fe\left[1-\frac{\cosh\beta\left(\frac{l}{2}-x\right)}{\cosh\left(\beta\frac{l}{2}\right)}\right]\quad 0<x<\frac{l}{2} \tag{6-10}$$

由于纤维的最大应变 e 与基体相同，平衡时纤维承受的最大应力为

$$\sigma_{fmax}=eE_f \tag{6-11}$$

如果纤维足够长，纤维所受的应力将从两端的最小值增加到最大值，即

$$\sigma_{fmax}=\sigma_{fu}=eE_f \tag{6-12}$$

6.2　复合材料的界面剪切强度

无论是弹性界面还是屈服界面，复合材料的界面特性主要由界面剪应力的大小及其分布来体现。由纤维轴向应力可得出界面剪应力 τ，纤维／基体界面上的剪应力与张应力平衡时的示意图如图 6-3 所示。

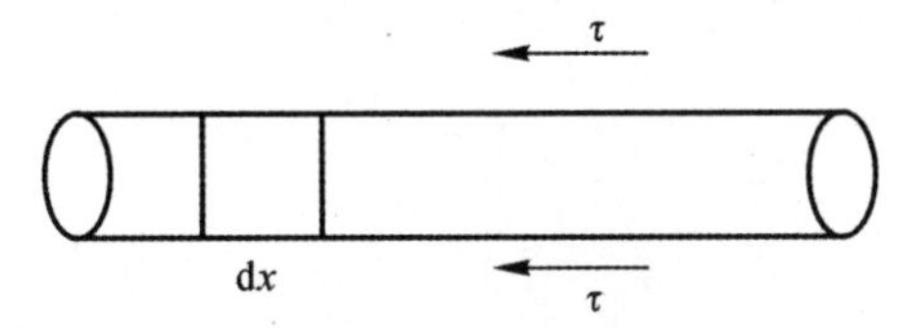

图 6-3　剪应力与张应力的平衡示意图

$$\frac{\mathrm{d}P_{\mathrm{f}}}{\mathrm{d}x}=-2\pi r_{\mathrm{f}}\tau \tag{6-13}$$

由式(6-13)可得

$$\mathrm{d}P_{\mathrm{f}}=-2\pi r_{\mathrm{f}}\cdot\mathrm{d}x\cdot\tau \tag{6-14}$$

对式(6-13)两边积分，得 P_{f} 为

$$P_{\mathrm{f}}=\pi r_{\mathrm{f}}^{2}\sigma_{\mathrm{f}} \tag{6-15}$$

由式(6-14)和式(6-15)可得

$$\tau=-\frac{1}{2\pi r_{\mathrm{f}}}\cdot\frac{\mathrm{d}P_{\mathrm{f}}}{\mathrm{d}x}=-\frac{r_{\mathrm{f}}}{2}\cdot\frac{\mathrm{d}\sigma_{\mathrm{f}}}{\mathrm{d}x} \tag{6-16}$$

将式(6-10)代入式(6-16)可得

$$\tau=\frac{E_{\mathrm{f}}r_{\mathrm{f}}e\beta}{2}\cdot\frac{\sinh\beta\left(\frac{l}{2}-x\right)}{\cosh\left(\beta\cdot\frac{l}{2}\right)} \tag{6-17}$$

根据式(6-10)和式(6-17)可知沿纤维长度方向的拉应力和界面剪应力的变化，如图 6-4 所示。最大界面剪切应力不大于下列两项之一：① 基体的极限剪切应力(否则基体剪切屈服)；② 纤维／基体界面的剪切强度(否则界面发生滑移)。

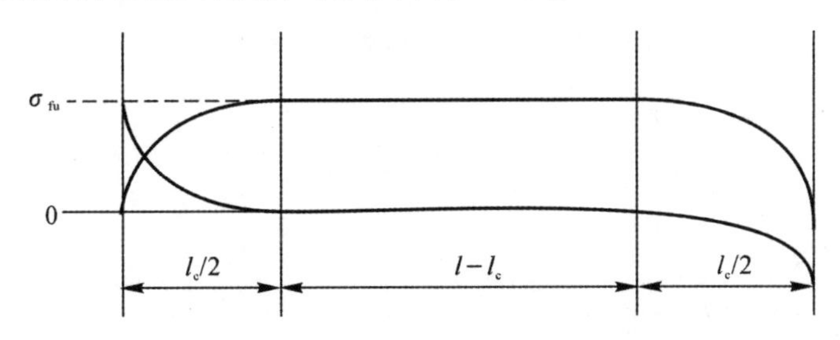

图 6-4　沿纤维长度方向拉应力和界面剪应力的变化

如果纤维长度远大于纤维直径，即 $l\gg 2r_{\mathrm{f}}$，则有

$$\frac{\mathrm{d}P_{\mathrm{f}}}{\mathrm{d}x}=-2\pi r_{\mathrm{f}}\tau(r_{\mathrm{f}})=B(u-v) \tag{6-18}$$

式中，$\tau(r_f)$ 表示界面上的剪切应力。

则式(6-18)可写为

$$B=-\frac{2\pi r_f\tau(r_f)}{u-v} \tag{6-19}$$

根据力的平衡原则，远离纤维的周面内剪应力减小，但基体的剪切力不变，有

$$2\pi r\tau(r)=\text{const}=2\pi r_f\tau(r_f) \tag{6-20}$$

式中，$\tau(r)$ 表示离开纤维中心 r 处基体中的剪切应力，可用下式表示：

$$\tau(r)=\frac{r_f}{r}\tau(r_f)=\frac{r_f}{r}\cdot\frac{E_f r_f e\beta}{2}\cdot\frac{\sinh\beta\left(\frac{l}{2}-x\right)}{\cosh\left(\beta\cdot\frac{l}{2}\right)} \tag{6-21}$$

在复合材料弹性范围内，根据胡克定律，基体的剪切应力可表示为

$$\tau(r)=G_m\gamma \tag{6-22}$$

式中 G_m—— 基体剪切模量；

γ—— 基体剪切应变。

用 W 表示基体中离开纤维轴心任意点的位移。在界面上，不允许滑移，即 $r=r_f$，$W=u$；在纤维之间，基体位移不受纤维影响，即 $r=R$，$W=v$。因此，基体剪切应变 γ 可表示为

$$\gamma=\frac{dW}{dr}=\frac{\tau(r)}{G_m}=\frac{\tau(r_f)}{G_m}\cdot\frac{r_f}{r} \tag{6-23}$$

将式(6-23)变形可得

$$dW=\frac{\tau(r_f)\cdot r_f}{G_m}\cdot\frac{dr}{r} \tag{6-24}$$

对式(6-24)两边积分可得

$$\Delta W=v-u=\int_{r_f}^{R}dW=\frac{\tau(r_f)r_f}{G_m}\int_{r_f}^{R}\frac{1}{r}dr=\frac{\tau(r_f)r_f}{G_m}\ln\left(\frac{R}{r_f}\right) \tag{6-25}$$

将式(6-25)代入式(6-19)可得

$$B=\frac{2\pi G_m}{\ln(R/r_f)} \tag{6-26}$$

定义 ϕ_{max} 为最大堆积因子，即

$$\ln\left(\frac{R}{r_f}\right)=\frac{1}{2}\ln(\phi_{max}/V_f) \tag{6-27}$$

将 β 值代入式(6-26)可得

$$\beta=\left[\frac{4\pi G_m}{E_f A_f\ln(\phi_{max}/V_f)}\right]^{1/2} \tag{6-28}$$

式中 β—— 载荷传递因子；

ϕ_{max}——3.14 ~ 3.63。

G_m/E_f 越大，β 越大，载荷沿纤维增加的速度越快。

对于纤维呈立方排列的复合材料，有

$$\ln\left(\frac{R}{r_f}\right)=\frac{1}{2}\ln(\pi/V_f)=\frac{1}{2}\ln(3.14/V_f) \tag{6-29}$$

对于纤维呈六方排列的复合材料，有

$$\ln\left(\frac{R}{r_f}\right)=\frac{1}{2}\ln(2\pi/\sqrt{3}V_f)=\frac{1}{2}\ln(3.63/V_f) \tag{6-30}$$

由剪滞分析可知，为了使纤维达到最大承载强度，界面剪切强度必须足够大。在金属基复合材料中，最高的界面剪切强度是基体剪切屈服强度。这是因为在高剪切载荷下，金属基体容易发生剪切塑性变形，如果纤维 / 基体的界面剪切强度弱于基体强度，界面先失效。在陶瓷基和聚合物基复合材料中，界面滑移比基体塑性变形更可能发生，界面剪切强度起控制作用。

复合材料的界面有弹性界面和屈服界面(滑移界面)，如图 6－5 所示为不同界面类型的复合材料沿纤维长度方向的应力分布情况。

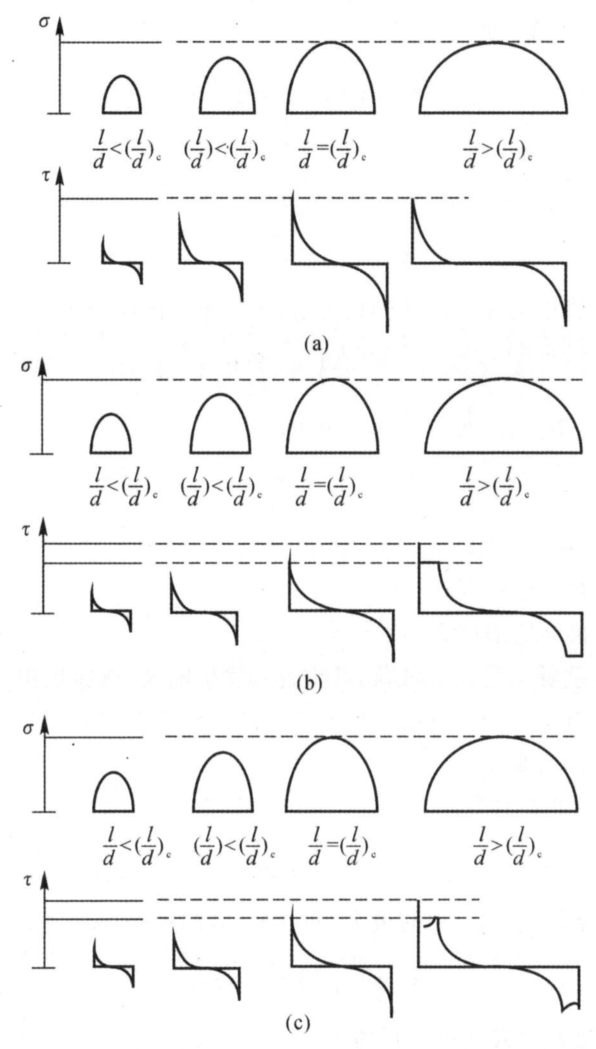

图 6－5　不同界面特性复合材料沿纤维长度方向的应力分布

(a) 弹性界面；(b) 屈服界面；(c) 滑移界面

对于弹性界面，基体不可能发生屈服，如果界面不发生滑移，结果只能是因纤维中的应力大于极限拉伸强度而引起断裂。对于屈服界面，在纤维达到极限强度之前，纤维两端界面的基体已发生屈服，因而界面剪切强度有一个上限，即基体的屈服剪切强度：

$$\tau_i = \tau_y \tag{6-31}$$

式中 τ_i—— 复合材料的界面剪切强度(interfacial shear strength);

τ_y—— 基体的屈服剪切强度(yield shear strength)。

对于弹性界面和屈服界面,如果界面发生滑移,界面剪切强度也有一个上限,即界面脱黏强度:

$$\tau_i = \tau_d \tag{6-32}$$

式中,τ_d 为界面脱黏强度。

在高剪切应力作用下,基体发生塑性变形时不会发生加工硬化,基体的屈服剪切强度与纤维的拉伸应力存在平衡关系,即

$$\tau_y \cdot \pi d \frac{l}{2} = \sigma_f \cdot \frac{\pi d^2}{4} \tag{6-33}$$

式中,d 为纤维直径。

式(6-33)可写为

$$\frac{l}{d} = \frac{\sigma_f}{2\tau_y} \tag{6-34}$$

若纤维足够长,纤维中的应力将达到最大值,即纤维的断裂强度:

$$\left(\frac{l}{d}\right)_c = \frac{\sigma_{fu}}{2\tau_y} \tag{6-35}$$

若纤维的直径保持不变,纤维中的应力可表示为

$$\frac{l_c}{d} = \frac{\sigma_{fu}}{2\tau_y} \tag{6-36}$$

式中 $(l/d)_c$—— 临界长径比;

l_c—— 临界纤维长度;

σ_{fu}—— 纤维断裂强度。

当 $l > l_c$ 时,纤维能够承受最大载荷,纤维首先发生断裂,然后拔出,复合材料断口上纤维的拔出长度约为 $l_c/2$;当 $l < l_c$ 时,纤维承受的载荷达不到纤维的断裂强度,这时复合材料的破坏主要是纤维拔出,而断裂很少。

纤维的平均张应力可表示为

$$\bar{\sigma} = \frac{1}{l}\int_0^l \sigma_f \mathrm{d}x \tag{6-37}$$

由于纤维中的张应力分布不均匀,中间最大,两端最小,则式(6-37)可写为

$$\bar{\sigma}_f = \frac{l - l_c}{l}\sigma_f + \beta\sigma_f \frac{l_c}{l} \tag{6-38}$$

式中,$\beta \cdot \sigma_f$ 是纤维端部 $l_c/2$ 段内的平均应力。

在加载过程中,纤维发生断裂时纤维的平均应力为

$$\bar{\sigma}_f = \sigma_{fu}\left(1 - \frac{1-\beta}{l/l_c}\right) \tag{6-39}$$

式中,载荷传递因子 β 表示界面的载荷传递能力。对于理想的塑性材料,β 的值正好是 0.5,就说明在纤维端部两端应力的增加是线性的。

根据混合法则,复合材料的应力为

$$\sigma_C = \sigma_f\left(1 - \frac{1-\beta}{l/l_c}\right)V_f + \sigma'_m(1-V_f) \tag{6-40}$$

如果纤维断裂前基体开裂，则复合材料的强度为

$$\sigma_C = \sigma_{fu}V_f\left(1 - \frac{1-\beta}{l/l_c}\right) \tag{6-41}$$

对于理想的塑性材料（即 $\beta = 0.5$），此时复合材料的强度为

$$\sigma_C = \sigma_{fu}V_f\left(1 - \frac{l_c}{2l}\right) \tag{6-42}$$

对于连续单向纤维，$l/l_c \to \infty$，如果不考虑基体的影响，则复合材料的强度为

$$\sigma_C = \sigma_{fu}V_f \tag{6-43}$$

对于不连续单向纤维，如果 $l/l_c = 30$ 时，则塑性复合材料的强度可由下式计算：

$$\sigma_C = \sigma_{fu}V_f\left(1 - \frac{1}{60}\right) = 0.98\sigma_{fu}V_f \tag{6-44}$$

式中，σ_{fu} 为纤维的就位强度，而不是原始强度。

由式(6-44)可知，如果 $l/l_c = 30$，则不连续单向纤维复合材料的强度是连续单向纤维复合材料强度的 98%，与连续纤维增强复合材料的力学性能很接近。因此，定义 $l > 30l_c$ 为连续纤维，$l_c < l < 30l_c$ 为短切纤维，$l < l_c$ 为超短纤维。

由于陶瓷基复合材料和部分聚合物基复合材料容易发生界面滑移，可以用 τ_d 代替 τ_y，则复合材料强度可表示为

$$\frac{l_c}{d} = \frac{\sigma_{fu}}{2\tau_d} \tag{6-45}$$

如果复合材料由于收缩而产生的径向压力为 P，则界面脱黏强度可表示为

$$\tau_d = \mu P \tag{6-46}$$

式中，μ 为纤维 / 基体界面处的滑动摩擦因数。

将式(6-46)代入式(6-45)可得

$$\frac{l_c}{d} = \frac{\sigma_{fu}}{2\mu P} \tag{6-47}$$

已知纤维的临界长度和断裂强度时，复合材料的界面剪切强度(interfacial shear strength，τ_i)可由 Kelly and Tyson 方法（即式(6-34)）计算[5]。测量界面剪切强度的方法包括“push-out”“pull-out”“fragmentation”和“microdebond”等，其中纤维顶出(push-out)是获得金属基复合材料、陶瓷基复合材料和聚合物基复合材料的界面剪切强度、摩擦界面滑移应力等参数的有效方法。如图 6-6 所示为采用 push-out 法测界面剪切强度的示意图[6]。当施加在纤维端部的载荷达到界面脱黏时的临界载荷(P_d)时，下式成立：

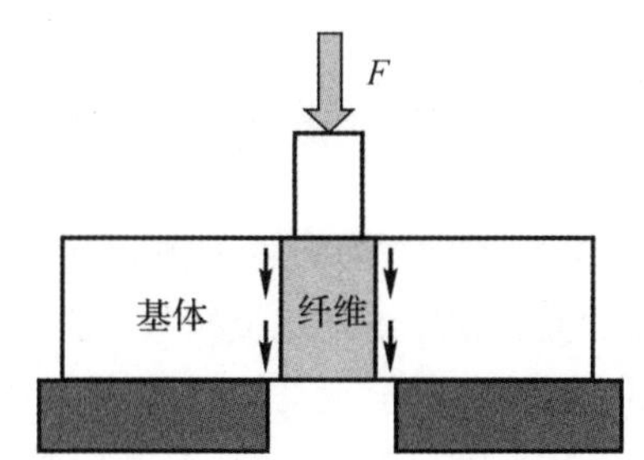

图 6-6　push-out 法测界面剪切强度示意图[6]

$$2\pi r_f l\tau_i = P_d \tag{6-48}$$

式中，l 为纤维长度。

由此可得复合材料的界面剪切强度为

$$\tau_i=\frac{P_d}{2\pi r_f l} \tag{6-49}$$

采用压头在SCS SiC纤维增强Ti基复合材料的纤维端面加载(见图6-7(a)),当界面应力达到界面剪切强度时,纤维被推出(见图6-7(b)),其载荷-位移曲线如图6-8所示。采用push-out法测试界面剪切强度的载荷-位移曲线可分为四个阶段:第一阶段,界面先发生线弹性变形;第二阶段,界面开始脱黏,发生非线性变形,模量降低;第三阶段,界面全部脱黏导致载荷急剧降低;第四阶段,外加力只克服界面摩擦剪应力而发生纤维推出[7]。

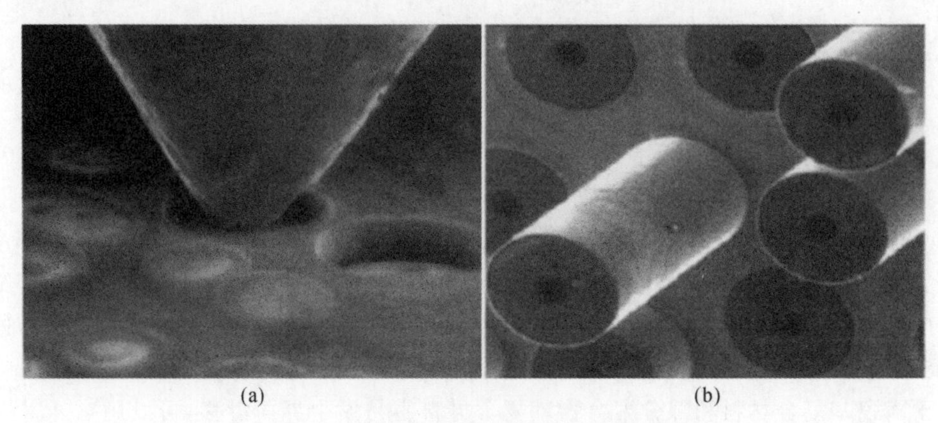

(a) (b)

图6-7 push-out法测试界面剪切强度的过程[7]

(a)push-out压头在纤维端面加载; (b)纤维被推出

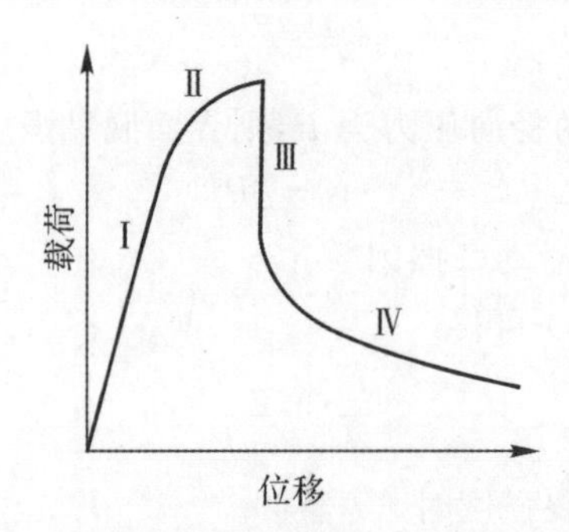

图6-8 push-out法测试界面剪切强度的载荷位移曲线[7]

纤维拔出试验是Broutman在20世纪60年代提出的一种直接测定界面参数的方法[8](见图6-9(a)),可用于测定界面剪切强度、摩擦因数以及单丝脱黏后的断裂能,该方法已在纤维增强混凝土和碳纤维增强金属基复合材料中得到广泛应用。其具体操作步骤如下:① 首先制备试样并固定复合材料基体。② 然后沿着纤维轴向持续增加非常小的力拉伸纤维,当纤维刚好从拔出转入断裂时,记录下纤维脱黏瞬间的力,并测量埋入的纤维长度和纤维直径。③ 最后由下式计算纤维的脱黏力τ,即

$$\tau_d=\frac{F_d}{\pi d_f l} \tag{6-50}$$

式中 d_f—— 聚合物基体中纤维直径;

l—— 纤维长度;

F_d—— 纤维脱黏瞬间的力。

纤维碎断试验主要用于表征纤维增强树脂基复合材料的界面剪切强度,在金属基复合材

料中也有应用。首先,制作单根纤维埋入基体的拉伸试样,将其装在微型试验机上,沿着轴向拉伸,如图 6－9(b) 所示。由于基体的延伸率大于纤维的延性率,纤维首先发生断裂。随着载荷的增加,纤维断裂的长度达到临界长度后就不再发生断裂,即界面上的剪切应力不足以引起纤维发生断裂。最后,采用声发射或光弹性技术,测量出基体中一定长度内的纤维断裂数和纤维平均断裂长度,根据下式计算界面剪切强度:

$$\tau_i = \frac{\sigma_{fu} d_f}{2L_c} \tag{6-51}$$

式中　L_c—— 单丝纤维刚好被拔出而不是断裂在基体内部的临界埋入长度;

σ_{fu}—— 纤维的拉伸强度;

d_f—— 纤维直径。

单纤维微脱黏法首先是由 Miller 于 1987 年提出来的,与拔出法相似,其不同点在于试样的制备(见图 6－9(c))。它是将纤维垂直埋入一个非常小且呈对称状的树脂滴中,通过黏结长度或黏结面积估算出纤维-树脂界面间的黏结强度值。因此,单纤维的微脱黏法多用于确定聚合物基复合材料的界面剪切强度(τ_i)。其优点在于它可以准确地测量出脱黏瞬间力的大小,但妨碍了对界面脱黏过程的直接观察。

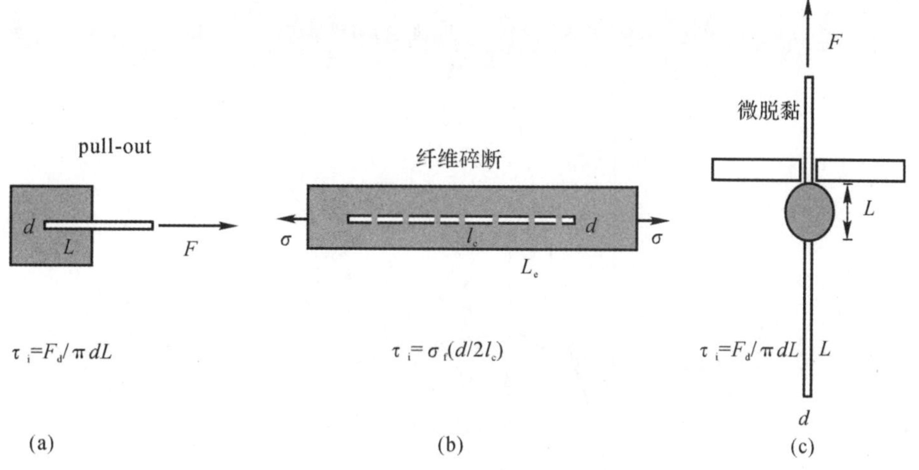

图 6－9　纤维拔出、碎断试验和单纤维微脱黏法示意图[8]

(a) 纤维拔出;　(b) 纤维碎断试验;　(c) 微脱黏

6.3　复合材料的力学性能

6.3.1　纵向力学性能

单向连续纤维增强复合材料是各向异性的,沿纤维轴向和垂直于纤维轴向受力时(见图 6－10) 会表现出不同的力学性能。为方便分析复合材料的基本力学性能,可作如下基本假设[9]:

(1) 各组分材料都是连续均匀的,纤维平行等距排列。

(2) 纤维与基体结合良好,在平行于纤维排列方向上,受力时纤维和基体的应变相等;在垂直于纤维排列方向上，纤维和基体受到的应力相等。

(3) 加载时，纤维与基体间不产生横向应力。

纤维、基体及其复合材料在纵向拉伸载荷下的应力-应变曲线如图6-11所示。由此可见，复合材料的应力-应变曲线介于纤维和基体的应力-应变曲线之间。复合材料的应力-应变曲线按其变形和断裂过程，可分为三个阶段：纤维和基体的变形都是弹性的；纤维的变形仍是弹性的，而基体由于裂纹扩展或塑性变形导致其变形是非弹性的；纤维断裂，进而复合材料断裂。第一阶段直线段的斜率，即为复合材料的弹性模量 E_C，取决于纤维和基体的弹性模量及体积分数。

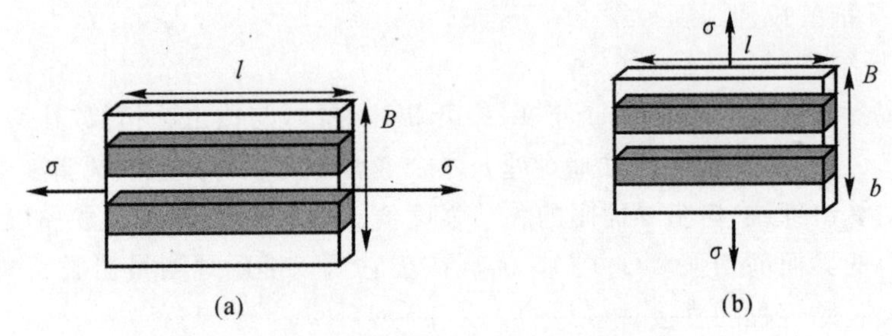

图 6-10　单向连续纤维增强复合材料受力示意图[9]

(a) 沿纤维轴向；(b) 垂直于纤维轴向

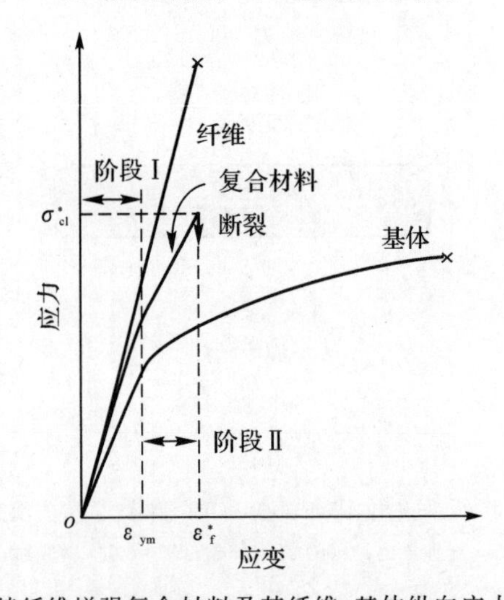

图 6-11　单向连续纤维增强复合材料及其纤维、基体纵向应力-应变曲线示意图[9]

设施加于单向纤维增强复合材料轴向的力为 P_C[10]，细观上，复合材料轴向所受的载荷分别由纤维和基体承担，即

$$P_C = P_f + P_m \tag{6-52}$$

式中，P_f 和 P_m 分别表示纤维和基体承受的载荷。当采用应力表示时，则有

$$\sigma_C A_C = \sigma_f A_f + \sigma_m A_m \tag{6-53}$$

式中　σ_C，σ_f 和 σ_m—— 表示作用于复合材料、纤维和基体上的应力；

A_C，A_f 和 A_m—— 表示复合材料、纤维和基体的横截面积。

纤维和基体所占的体积分数为

$$V_f = A_f / A_C,\quad V_m = A_m / A_C \tag{6-54}$$

假设复合材料内部无缺陷和孔隙，则有 $V_f + V_m = 1$。因此

$$\sigma_C = \sigma_f V_f + \sigma_m V_m \tag{6-55}$$

式(6-55)表明，复合材料的力学性能与纤维和基体的体积分数有关，这种关系称为混合法则(rule of mixture)。对于复合材料，只有纤维的体积分数超过一定值后，才能使纤维在复合材料承载时达到增强基体的效果。

由基本假设(2)可知，在平行于纤维排列方向上纤维和基体的应变相等，即

$$\varepsilon_C = \varepsilon_f = \varepsilon_m \tag{6-56}$$

式中，ε_C，ε_f 和 ε_m 分别代表复合材料、纤维和基体的应变。

在材料的弹性应变范围内，应力-应变均遵循胡克定律，则有

$$\sigma_C = E_C\varepsilon_C,\quad \sigma_f = E_f\varepsilon_f,\quad \sigma_m = E_m\varepsilon_m \tag{6-57}$$

将式(6-56)和式(6-57)代入式(6-55)可得复合材料的弹性模量为

$$E_C = E_f V_f + E_m V_m \tag{6-58}$$

对于单向连续纤维增强的复合材料，其典型的应力-应变曲线如图 6-12 所示。当复合材料所受纵向拉应力小于基体开裂应力 σ_0 时，复合材料发生线弹性变形，如图 6-12(a)所示；当应力达到基体开裂应力 σ_0 时，基体开裂，裂纹扩展，复合材料发生非线性变形，如图 6-12(b)所示；当复合材料所受应力达到最大断裂强度时，纤维断裂，并通过纤维拔出逐渐失效，如图 6-12(c)所示。复合材料的纵向拉伸强度主要取决于纤维的就位强度，而就位强度不仅与纤维在制造过程中的机械损伤和化学损伤有关，还与纤维和基体热膨胀失配导致的不均匀承载有关。因此，减小纤维损伤对提高复合材料强度十分关键。高温热处理和预疲劳可以显著提高复合材料强度，高温热处理对纤维的机械损伤和化学损伤有愈合作用，而预疲劳可以改善纤维与基体的热膨胀失配。

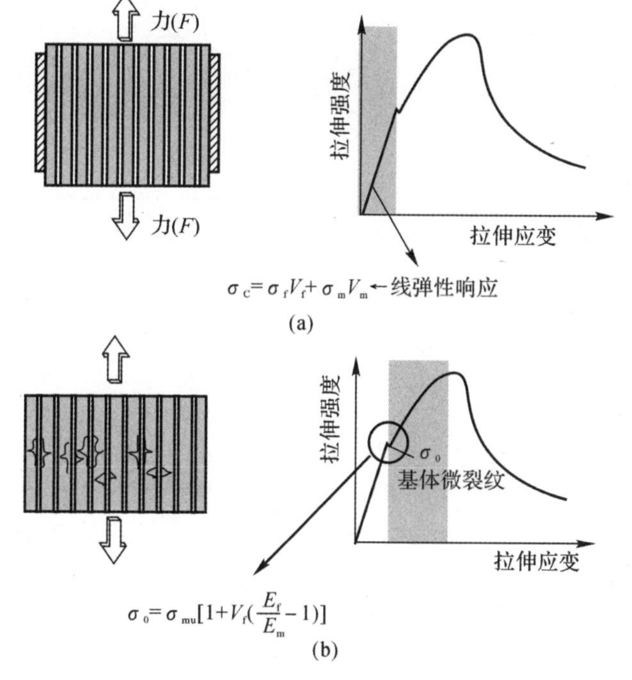

图 6-12　单向连续纤维增强陶瓷基复合材料应力-应变曲线的应力分析示意图[10]

(a) 应力-应变曲线的线弹性阶段；(b) 应力-应变曲线的基体开裂应力

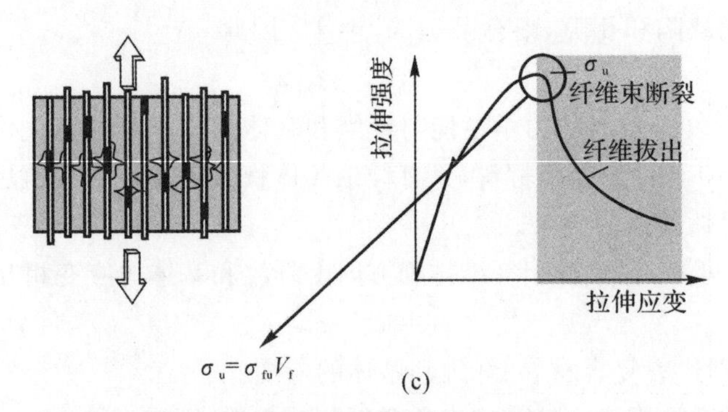

续图 6-12　单向连续纤维增强陶瓷基复合材料应力-应变曲线的应力分析示意图[10]

(c) 应力-应变曲线的最大失效应力

如图 6-13 所示是陶瓷、金属和聚合物基复合材料的弯曲应力-应变曲线示意图。陶瓷基复合材料的弯曲应力-应变曲线可分为三个阶段：首先从基体开裂及裂纹扩展开始，纤维的强度高而界面层相对比较弱，基体裂纹扩展到界面时将发生偏转而出现脱黏、纤维拉长等现象，降低材料对裂纹的敏感性，使得材料不发生破坏性断裂；非弹性应变主要是由于基体进一步开裂、裂纹扩展、纤维/基体脱黏、纤维拉长、部分强度较弱的纤维发生断裂而引起应力-应变的非弹性过程；当应力达到最大时，纤维、基体完全断裂[11]。与陶瓷基复合材料相比，金属基复合材料和热塑性树脂基复合材料通常不会发生基体开裂，而在纤维断裂后，基体与断裂的纤维通过塑性变形继续承载，直到基体达到最大失效应力。而热固性树脂基复合材料在纤维断裂后应力会急剧降低。

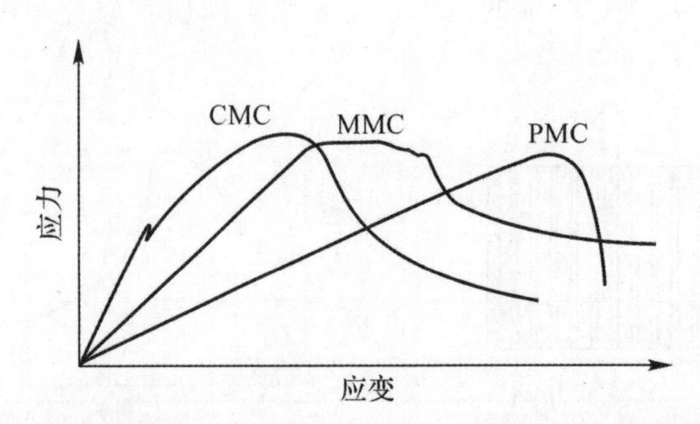

图 6-13　陶瓷/金属/聚合物基复合材料弯曲应力-应变曲线的示意图

6.3.2　横向力学性能

对单向复合材料施加横向加载时(见图 6-10(b))，假设在垂直于纤维排列方向上纤维和基体受到的应力相等，则下式成立：

$$\sigma_C=\sigma_f=\sigma_m \tag{6-59}$$

即垂直于纤维的横向载荷等同于作用在纤维和基体上的载荷，可看作纤维与基体的串联模型，两者承受同样的外力。

在横向加载时复合材料的应变为

$$\varepsilon_C=\varepsilon_f V_f+\varepsilon_m V_m=\varepsilon_f V_f+\varepsilon_m(1-V_f) \tag{6-60}$$

将式(6-57)和式(6-60)代入式(6-59)得

$$\sigma_C = E_C \varepsilon_f V_f + E_C \varepsilon_m (1 - V_f) \tag{6-61}$$

将式(6-57)代入(6-61)可得

$$E_C = \frac{E_m E_f}{(1 - V_f)E_f + V_f E_m} \tag{6-62}$$

比较式(6-58)和式(6-62)得,复合材料的横向拉伸强度比纵向拉伸强度低一个数量级。影响复合材料横向拉伸强度的因素为纤维与基体的性质、界面结合强度、界面孔隙的存在和分布、纤维与孔隙作用引起的内应力与内应变。当纤维与基体强结合时,横向拉伸强度依赖于基体强度与界面结合强度;当纤维与基体弱结合时,孔隙导致应力集中。因此,提高复合材料横向拉伸强度的主要措施是提高基体强度或界面结合强度。

6.4　复合材料的失效机制

复合材料的失效机制表现为宏观和细观两个层次,载荷-位移曲线或应力-应变曲线能够反映复合材料细观结构对宏观性能的影响,也能反映宏细观结构损伤的变化情况,是联系复合材料宏细观性能的纽带。通过材料的载荷-位移曲线,不仅能得到材料的强度、断裂韧性等宏观参量,也能得到反映细观损伤模式的失效过程。

复合材料在平行于纤维方向受到拉伸载荷作用时,先发生弹性变形,然后表现出三种失效方式:① 脆性断裂;② 伴有纤维拔出的断裂;③ 伴有纤维拔出、界面基体剪切或脱黏破坏的断裂。其中,第一种失效方式属于脆性破坏模式,一般是没有先兆和没有非弹性变形的突发灾难性破坏,Griffith 认为脆性破坏包括裂纹的迅速扩展,受能量的释放而不是最大应力控制;第二、三种方式属于屈服破坏模式,表现出连续稳定的裂纹扩展和断裂过程,且裂纹扩展由最大应力控制。

在复合材料受拉时,基体的剪切破坏和部分脱黏可能同时发生也有可能分别独立发生,这取决于纤维与基体之间的界面结合状态,以及由基体向纤维传递载荷的机理。界面脱黏和纤维拔出会阻止基体裂纹的扩展,从而阻止其他邻近纤维的断裂。如果复合材料的基体和纤维强度高而界面结合弱,则复合材料容易发生界面脱黏,界面脱黏后裂纹可以在纤维与基体的界面上或在邻近基体中扩展,这主要取决于它们的相对强度。

当复合材料中纤维与基体间具有合适的界面剪切强度时,承载过程中发生界面脱黏、纤维断裂和纤维拔出。如果纤维足够长,纤维的强度会很快达到断裂强度 σ_{fu},进而发生断裂,断裂后纤维拔出,其拔出长度为 $l_c/2$。虽然纤维的强度分布是不均匀的,拔出纤维的长度也是不同的,但统计的结果是 $l_c/2$。从理论上分析,只要纤维足够长,纤维就能最大限度地承载,复合材料的强度就有可能达到最大。因此,从复合材料增韧的角度讲,纤维越长越好。在承载过程中,当纤维中的应力达到极限强度时,纤维会在 $l/2$ 的地方断裂,纤维的其余部分会在进一步的加载过程中不断达到极限强度,然后断裂,直到纤维的长度接近 l_c。纤维的逐步断裂在应力-应变曲线上表现为裂纹稳态扩展过程,进而提高了断裂韧性。这就是通常所说的连续纤维增强的复合材料在加载过程中不会出现灾难性损毁的原因。

以纤维增强聚合物基复合材料为例,通过界面设计可以实现纤维的连续断裂和连续拔出,既使是热固性树脂基复合材料也可能发生非灾难性的失效行为。Gilat 等人测试了[±45°]铺层的碳纤维增强环氧树脂基复合材料在不同应变速率下的应力-应变曲线[12]。由图 6-14 可见，碳纤维增强环氧树脂基复合材料在失效过程中，首先表现出线弹性响应，然后表现出非线性响应，具有典型的非灾难性失效行为。该复合材料的应力-应变曲线表明：由于纤维的界面脱黏、连续断裂和连续拔出，使复合材料表现出稳态的失效模式。在高的应变速率下，同一截面内可发挥承载作用的纤维更多，复合材料的模量和强度更高。

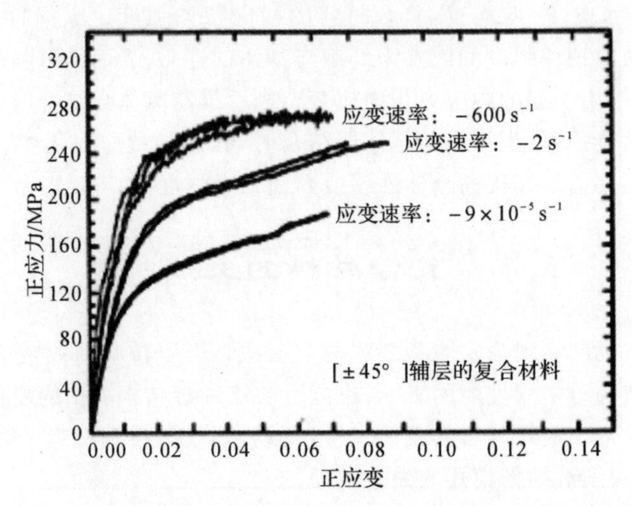

图 6-14 [±45°] 碳纤维增强环氧树脂基复合材料在不同应变速率下的应力-应变曲线[12]

纤维的体积分数对复合材料的失效模式也有很大影响。以单向玻璃纤维增强复合材料为例，当纤维体积分数较低($V_f<40\%$)时，主要发生脆性破坏；当纤维体积分数适中($40\%<V_f<65\%$)时，破坏模式常表现为伴有纤维拔出的脆性断裂；当纤维体积分数较高时，则多出现伴有纤维拔出和脱黏或基体剪切破坏的断裂模式。由图 6-15 可见，热压工艺制备的 BSAS 玻璃陶瓷表现出脆性断裂模式，而 SiC 纤维增强 BSAS 基复合材料表现出非灾难性的失效行为[13]。

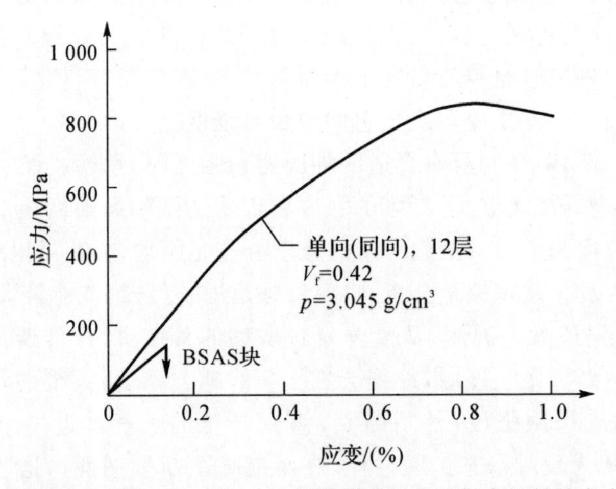

图 6-15 BSAS 陶瓷与单向 Hi-Nicalon 纤维增强 BSAS 复合材料的应力-应变曲线[13]

Marshall，Cox，Evans 采用断裂力学分析模拟了脆性基体复合材料的基体开裂应力。对于大裂纹，基体开裂应力与裂纹尺寸无关。因此，稳态基体开裂应力 σ_y 为[14]

$$\sigma_y = 1.817\left[(1-\upsilon^2)K_{\mathrm{IC}}^2\tau_{\mathrm{friction}}E_f V_f^2 V_m(1+E_f V_f/E_m V_m)^2/(E_m r_f)\right]^{1/3} \tag{6-63}$$

式中　υ—— 复合材料泊松比；

K_{IC}—— 基体断裂韧性；

τ_{friction}—— 界面滑移摩擦应力；

V_f—— 纤维体积分数；

V_m—— 基体体积分数；

r_f—— 纤维半径；

E_f—— 纤维弹性模量；

E_m—— 基体弹性模量。

下面将具体分析复合材料在失效过程中的弹性变形、界面脱黏以及纤维拔出三个阶段所消耗的功。

6.5　复合材料的断裂功

6.5.1　弹性变形

在复合材料中，纤维所受的拉伸应力 σ_{fe} 为

$$\sigma_{fe} = E_f e\left[1-\frac{\cosh\beta(l/2-x)}{\cosh(\beta l/2)}\right] \tag{6-64}$$

将纤维的拉伸应力转化为弹性应变能，可得

$$U_f = \frac{\pi r_f^2}{2E_f}\int_0^l \sigma_{fe}^2 \mathrm{d}x \tag{6-65}$$

由此可得，在复合材料中，纤维中储存的弹性应变能为

$$U_f = \frac{1}{2}\pi r_f^2 E_f e^2\left[l\left(1+\frac{1}{2\cosh^2(\beta l)}\right)-\frac{3\tanh(\beta l)}{2\beta}\right] \tag{6-66}$$

在复合材料中，基体所受的剪切应力为

$$\tau(r) = \frac{\tau(r_f)r_f}{r} = G_m\gamma \tag{6-67}$$

将基体的剪切应力转化为弹性应变能，可得

$$\mathrm{d}U_m = \frac{\mathrm{d}x}{2G_m}\int_{r_f}^R 2\pi r\tau_{(r)}^2\mathrm{d}r \tag{6-68}$$

则基体的剪切模量 G_m 可表示为

$$G_m = E_m/[2(1+\varepsilon_m)] \tag{6-69}$$

将式(6－69)代入式(6－68)可得

$$\mathrm{d}U_m = \frac{2\pi r_f^2(1+\varepsilon_m)}{E_m}\tau(r_f)^2\mathrm{d}x\int_r^R\frac{\mathrm{d}r}{r} \tag{6-70}$$

由此可得，基体沿纤维轴向微区的弹性应变能为

$$\mathrm{d}U_m = 2\pi(1/\beta^2 E_f)\tau^2(r_f)\mathrm{d}x \tag{6-71}$$

其中

$$\tau(r_f) = \frac{E_f r_f e\beta}{2}\frac{\sinh\beta(l/2-x)}{\cosh(\beta l/2)} \tag{6-72}$$

对式(6-71) 两边积分,可得基体的弹性应变能 U_m 为

$$U_m=\frac{1}{4}\pi r_f^2 E_f e^2\left(\frac{\tanh(\beta l)}{\beta}-\frac{l}{\cosh^2(\beta l)}\right) \tag{6-73}$$

将基体和纤维所受到的弹性应变能加起来,可得复合材料的弹性应变能为

$$U_t=U_m+U_f=\frac{1}{2}\pi r_f^2 E_f e[l-\tanh(\beta l)/\beta] \tag{6-74}$$

6.5.2 界面脱黏

如图 6-16 所示为复合材料加载过程中裂纹前沿扩展示意图。在裂纹前沿会发生界面脱黏、纤维断裂和纤维拔出。复合材料失效主要包括界面脱黏和纤维拔出两个过程(见图6-17):

(1) 界面脱黏。界面脱黏需要克服裂纹扩展阻力。

(2) 纤维拔出。纤维拔出需要克服滑动摩擦阻力。

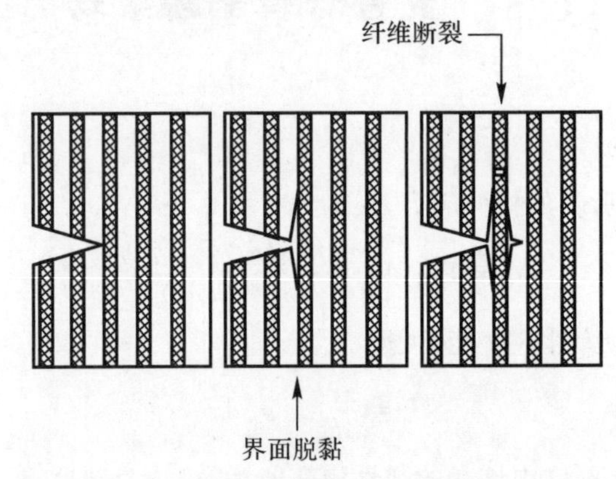

图 6-16 复合材料纤维断裂和界面脱黏示意图[14]

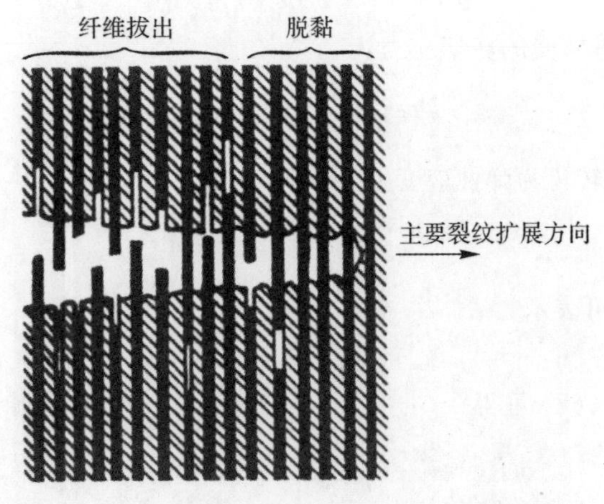

图 6-17 复合材料界面脱黏和纤维拔出示意图[14]

界面裂纹扩展的判据:对于脆性断裂,假定纤维端部(剪应力最大) 初始小裂纹长度为 dl,裂纹扩展的条件是能量释放,即

$$d(2\pi r_f l G_i - U_t)/dl \leqslant 0 \tag{6-75}$$

式中，G_i 为单位面积的界面断裂功，即新裂开的表面所需作的功小于复合材料的弹性应变能。

复合材料界面裂纹迅速扩展需要满足的条件为

$$2\pi r_f G_i \leqslant \frac{1}{2}\pi r_f^2 E_f e^2 \tanh^2(\beta l) \tag{6-76}$$

界面脱黏的条件：复合材料脆性断裂的临界应变为

$$e_{\text{critical}} = 2\sqrt{G_i/E_f r_f}\coth(\beta l) \tag{6-77}$$

复合材料脆性断裂的临界应力为

$$\sigma_{\text{critical}} = e_{\text{critical}}[E_m(1-V_f)+E_f V_f] \tag{6-78}$$

纤维两端表面的剪切应力可由式(6-72)表示，在边界 $x=0$ 和 $x=1$ 处，纤维两端表面的剪应力达到最大，即

$$\tau(r_f)_{\max} = \frac{1}{2}\beta E_f r_f e_{\text{critical}} \tanh(\beta l) \tag{6-79}$$

当界面剪应力达到最大时，界面发生脱黏(整体埋入的纤维，脱黏由两端开始)，其脱黏强度可表示为

$$\tau_d = \tau(r_f)_{\max} = \frac{1}{2}E_f r_f e_{\text{critical}}\beta\tanh(\beta l/2) \tag{6-80}$$

将式(6-77)代入式(6-80)可得界面解离脱黏条件为

$$\tau_d = \beta\sqrt{E_f G_i r_f} \tag{6-81}$$

若复合材料中存在界面层，则界面剪切强度大于界面脱黏应力，即$\tau_i > \tau_d$。

(1) 弹性界面：

$\tau_i > \tau_d$，裂纹垂直于纤维方向扩展，材料发生脆性破坏。

$\tau_i < \tau_d$，裂纹沿界面扩展，界面脱黏使材料发生韧性破坏。

(2) 塑性界面：

$\tau_i > \tau_m$，裂纹沿界面基体扩展。

若复合材料断面上有 N 根纤维断裂，则脱黏对复合材料断裂功的贡献 W_{ab} 经断裂面积 A 归一化后，可得脱黏时复合材料的弹性功为

$$G_E = \frac{W_{ab}}{A} = \frac{N\pi d^2 \sigma_{fu}^2 l}{8AE_f} \tag{6-82}$$

由于 N 根纤维的体积分数可表示为

$$V_f = N\pi r_f^2/A \tag{6-83}$$

将式(6-83)代入式(6-82)可得

$$G_E = \frac{V_f \sigma_{fu}^2 l}{2E_f} \tag{6-84}$$

复合材料在纤维脱黏时的表面功为

$$G_s = \frac{W_{db}}{A} = \frac{N\cdot 2\pi r_f \cdot l \cdot 2G_i}{A} = 4V_f\frac{l}{r_f}G_i \tag{6-85}$$

由于临界纤维长度可表示为

$$l_c = r_f\frac{\sigma_{fu}}{\tau_i} \tag{6-86}$$

因此,复合材料的纤维脱黏功为(弹性功 G_E + 表面功 G_s),即

$$G = G_E + G_s = V_f\left(\frac{r_f \sigma_{fu}^3}{2E_f \tau_i} + \frac{4\sigma_{fu} G_i}{\tau_i}\right) \tag{6-87}$$

6.5.3 纤维拔出功

纤维拔出功对复合材料的韧性极为重要,当长为 x 的纤维末端从基体中拔出时,有效摩擦力在距离 x 上做功,如图 6-18 所示。

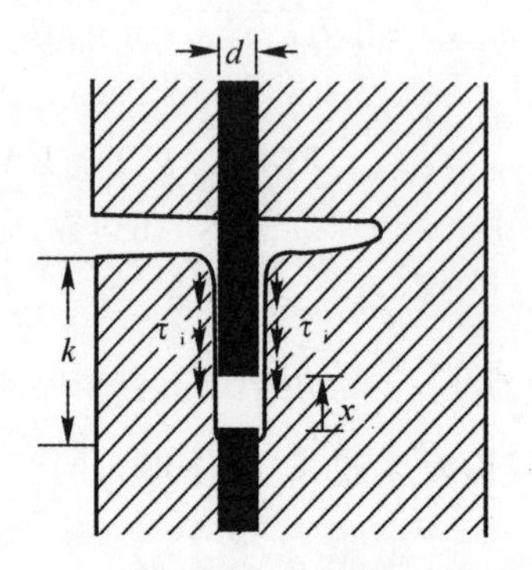

图 6-18 复合材料纤维拔出示意图[14]

每根纤维的拔出功可通过计算有效摩擦力做功得到,即

$$W_{fP} = \int_0^k \tau_i \pi d(k-x)\mathrm{d}x = \frac{\tau_i \pi d k^2}{2} \tag{6-88}$$

实际上,纤维拔出长度在 $0 \sim l_c/2$ 范围内分布。

当 $l < l_c$ 时,纤维的平均拔出功为

$$\overline{W}_{fP1} = \frac{1}{l/2}\int_0^{l/2} \frac{\tau_i \pi d k^2}{2} dk = \frac{\tau_i \pi d l^2}{24} \tag{6-89}$$

当 $l > l_c$ 时,纤维的平均拔出功为

$$\overline{W}_{fP2} = \left(\frac{l_c}{l}\right)\frac{\tau_i \pi d l_c}{24} \tag{6-90}$$

考虑纤维的体积分数,纤维的拔出功经断裂面积 A 归一化后,当 $l < l_c$ 时,纤维的拔出功为

$$G_{f1} = V_f \frac{\tau_i l_c^2}{4d} \tag{6-91}$$

当 $l > l_c$ 时,纤维的拔出功为

$$G_{f2} = V_f \frac{\tau_i l_c^3}{4ld} \tag{6-92}$$

复合材料在断裂过程中消耗的弹性应变能、界面脱黏功及纤维拔出功越大,复合材料的断裂功就越大。由复合材料断裂过程中的载荷-位移曲线可以估计其断裂功。载荷-位移曲线面积越大,复合材料的断裂功就越大。由图 6-13 可见,金属基复合材料的断裂功大于陶瓷基复合材料和聚合物基复合材料的断裂功,这是因为金属基复合材料具有更大的弹性应变能、界面脱黏功和纤维拔出功。

6.6　复合材料的界面特性

6.6.1　聚合物基复合材料的界面特性

聚合物基复合材料的性能不仅取决于纤维和基体的性能,而且取决于能有效传递应力的界面。界面是复合材料中极为重要的微结构单元,作为增强材料与基体的连接桥梁和外加载荷从基体向增强材料传递的纽带,界面的组成、性能、结合方式以及界面结合强度对复合材料的力学性能和破坏行为有重要影响。往往通过控制聚合物基复合材料的界面结构和界面结合方式来调整界面性能以适应不同纤维增强聚合物基复合材料的性能。

聚合物基复合材料的界面结合强度直接影响到复合材料的性能,尤其是横向拉伸、断裂韧性和抗冲击等性能,而界面结合情况依赖于纤维表面状况、纤维对树脂的浸润程度和基体交联状态[15]。通常复合材料的界面结合越好,其拉伸强度越高,但其抗冲击韧性往往又有所下降。此外,若纤维和树脂基体之间缺乏结合力或存在空隙,则水分很容易扩散进入纤维 / 树脂基复合材料中,导致复合材料强度和抗湿性大大下降。然而,对某些脆性很大的基体,有时也许需要适当牺牲一些界面结合力,否则所得复合材料的断裂韧性可能随界面结合性的提高而降低。

聚合物基复合材料界面的形成可分为两个阶段。第一阶段是基体与增强纤维的接触与浸润过程。增强纤维对基体分子的各种基团或基体中各组分的吸附能力不同,因而界面聚合层在结构上和聚合物本体是不同的。增强纤维只能吸附那些能降低其表面能的物质,而且降低其表面能越多的物质越能被优先吸附。第二阶段是聚合物的固化阶段。在此过程中聚合物通过物理或化学作用而固化,形成固定的界面层。固化阶段受第一阶段影响,同时它也决定了所形成的界面层结构。这里所说的界面,并不是一个没有厚度的理想几何面,而是一个具有一定厚度的界面层,我们称之为中间相。

公认的界面黏接机理可主要归纳为五种:吸附与浸润、相互扩散、静电吸引、化学键合、机械啮合。普遍认为碳纤维与树脂基体复合后,两相界面之间存在着三种力的作用,即化学作用的键合力、物理作用的范德华力和机械作用的锚锭力,后者也称啮合力。化学键合力起主导作用,范德华力和锚锭力起辅助作用,如图 6 - 19 所示[16]。

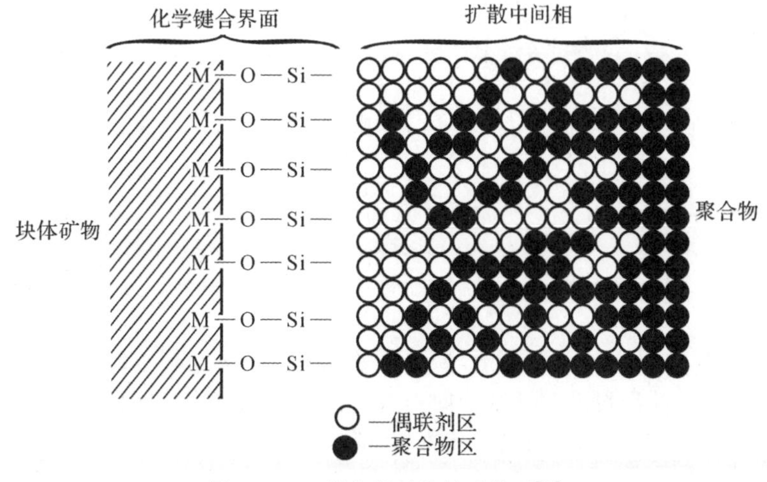

图 6 - 19　复合材料的界面模型[16]

具有不同界面结合的聚合物基复合材料表现出不同的界面剪切强度，因而也在承载时表现出不同的失效行为。由表6-1可见，对于玻璃纤维增强聚苯乙烯(PS)复合材料及玻璃纤维增强聚二甲基硅氧烷(PDMS)复合材料，通过不同的纤维表面处理，可以调节复合材料的界面结合强度。

表6-1　不同界面的玻璃纤维增强PDMS以及PS复合材料的表观界面剪切强度

纤维表面处理	聚合物基体	界面剪切强度 τ_i/MPa
未处理	PDMS	0.22±0.04
丙基型硅烷		0.96±0.32
sPB-PDMS 10k		1.9±0.86
sPB-PDMS 30k		0.9±0.24
sPB-PDMS 100k		1.1±0.14
未处理	PS	7.2±0.72
丙基型硅烷		7.4±1.56
sPB-PS 10k		13.2±2.7
sPB-PS 30k		13.5±2.2
sPB-PS 100k		10.8±2.4

如图6-20所示为采用聚丁二烯-聚苯乙烯处理的单丝玻璃纤维增强聚苯乙烯基复合材料的典型载荷-位移曲线[17]。曲线分为两个区间，在第一个区间，聚苯乙烯表现出弹性变形，导致纤维/基体界面处应力增加，复合材料载荷-位移曲线表现为线性。当界面处应力达到最大值时，复合材料所承受的最大载荷为脱黏载荷(F_d)，导致界面发生脱黏，界面脱黏后纤维所受拉伸载荷降低为零。这个载荷的突然降低与聚苯乙烯在承载过程中储存的弹性能的释放有关。在纤维拔出过程中，由于界面处的摩擦，载荷增加并达到一个稳定值，此载荷随着纤维拔出长度的增加而降低。

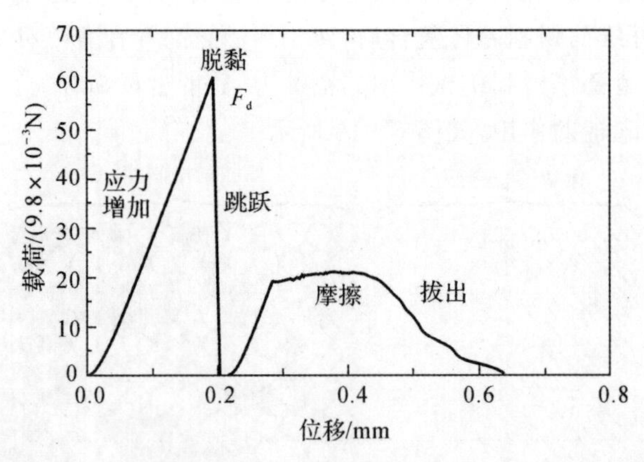

图6-20　采用聚丁二烯-聚苯乙烯处理的单丝玻璃纤维增强聚苯乙烯(PS)复合材料的载荷-位移曲线[17]

由图6-21可见，在最大拉伸载荷下，聚二甲基硅氧烷基体与玻璃纤维之间开始脱黏；随着位移的增加，界面脱黏前沿将沿着纤维轴向推进。由于脱黏速度足够慢，可以观察到拉伸载荷随脱黏程度的变化规律[17]。当基体完全与纤维脱黏时，载荷由于界面摩擦达到一个稳定值。

逐步的界面脱黏表明，采用纤维-基体接触面积计算的表观界面剪切强度不能反映实际界面剪切强度。

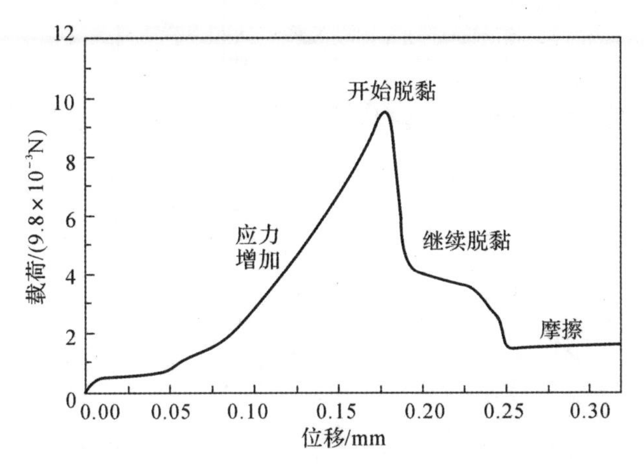

图 6-21　聚丁二烯-聚二甲基硅氧烷处理单丝玻璃纤维增强聚二甲基硅氧烷(PDMS)复合材料的载荷-位移曲线示意图[17]

对比图 6-20 和图 6-21 可见，对于聚合物基复合材料，强界面结合导致复合材料表现出高承载能力。因此，为了提高聚合物基复合材料的强度，必须实现纤维和基体的强界面结合。由图 6-20 可见，强界面结合会导致聚合物基复合材料在承载达到最大载荷时，表现出突然失效。

图 6-22 所示为 3D T700 碳纤维增强的环氧树脂基复合材料的拉伸、弯曲和压缩载荷-位移曲线[18]。由图 6-22(a) 可见，复合材料的拉伸载荷-位移曲线均呈双折线形，曲线上有一个不太明显的拐点，拐点之前为初始模量区，拐点之后为二次模量区。在初始阶段，纤维与树脂之间的界面结合得很好，树脂起到了很好的传递力的作用，并与轴向纤维共同承受拉伸力的作用，表现为较高的初始模量。随着材料的伸长，树脂与纤维间的部分界面开始发生破坏，材料的整体性受到影响，表现为略低的二次模量，随着界面破坏的加剧，起增强作用的纤维与基体难以共同发挥作用，不能承受已经达到很高的拉伸力而突然断裂，即脆断。

由图 6-22(b) 可见，复合材料的压缩载荷-位移曲线的起始部分呈线性关系，一段时间后载荷出现拐点，而后曲线又呈直线形，载荷快速增加至最大值，至此，压缩载荷-位移曲线与拉伸载荷-位移曲线具有相同的规律。然而，与拉伸载荷-位移曲线急剧下降为零这一特点不同的是，压缩曲线的最后阶段是下降到某一值后缓慢下降，形成台阶形状。材料没有明显的断裂、劈开等现象，但此时该材料已经破坏，无法继续使用。

在弯曲强度测试过程中，复合材料试样上表面受压应力，下表面受拉应力。因此，复合材料的弯曲载荷-挠度曲线兼具拉伸载荷-位移曲线和压缩载荷-位移曲线的特点。由图 6-22(c) 可以看出，复合材料的弯曲载荷-挠度曲线的起始部分明显呈线性关系，随着载荷的增加，材料的弯曲挠度也逐渐增大，但当载荷超过某一极限值后，载荷出现波动，而挠度继续增大，曲线呈台阶形下降趋势。

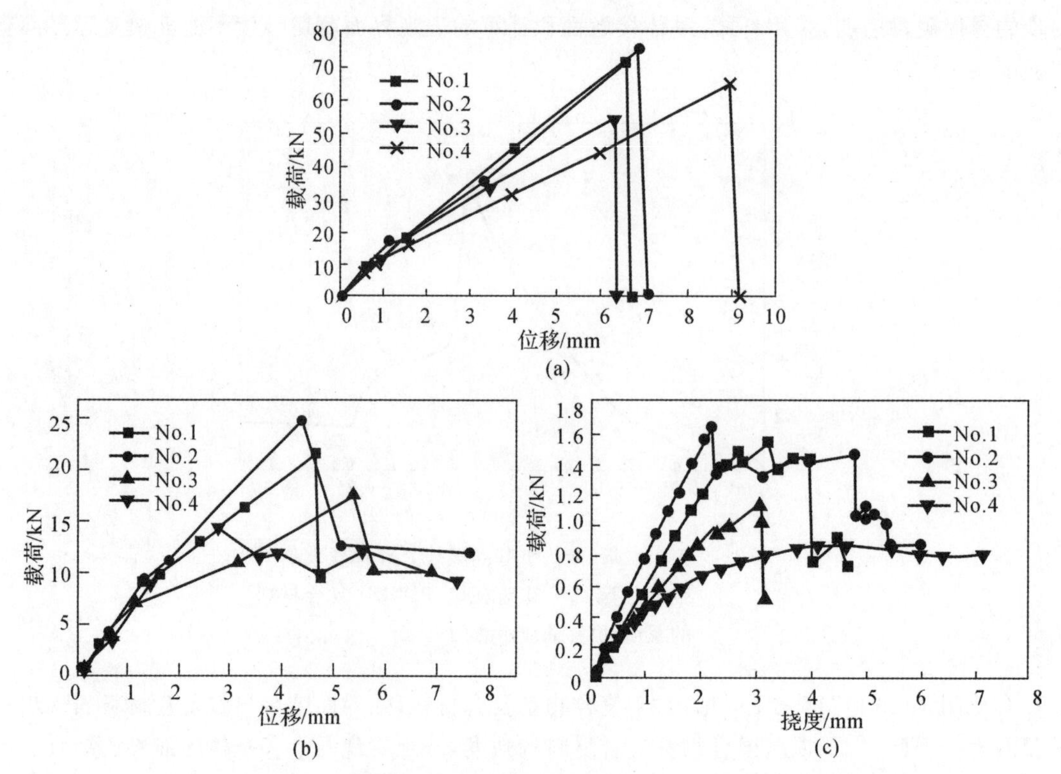

图 6-22　3D T700 碳纤维增强环氧树脂基复合材料的拉伸载荷-位移曲线[18]

(a) 拉伸载荷-位移曲线；(b) 压缩载荷-位移曲线；(c) 弯曲载荷-挠度曲线

6.6.2　金属基复合材料的界面特性

金属基复合材料通常由塑性基体和弹性纤维组成，为了确保载荷传递，纤维/基体界面必须是强界面。通常在纤维表面沉积薄的反应层以在界面形成稳定的化学结合，从而实现界面适当的强结合。

金属基复合材料的界面结合来自于物理作用、化学作用、界面摩擦应力、纤维/基体热膨胀失配导致的残余热应力等。其界面问题主要有界面化学反应、纤维降解、基体与纤维不润湿等。金属基复合材料的界面结合可分为化学结合和机械结合[19]。化学结合界面如图 6-23(a) 所示，在复合材料的制备或服役过程中，纤维与基体间发生化学反应，其反应产物及其反应区厚度等影响界面结合强度。机械结合界面的不规则程度和界面残余热应力有关，如图 6-23(b) 所示，界面不规则程度影响界面断裂过程和摩擦力大小。纤维径向和基体间的热膨胀失配，在界面处会产生径向压应力而影响界面断裂过程和摩擦力值，如图 6-23(c) 所示。

改善金属基复合材料界面结合的方法有改善基体相成分、纤维表面涂层、纤维表面处理、控制工艺参数等。其中，在纤维表面制备涂层是改善界面结合最有效的方法。

下面以 SCS6 SiC 纤维增强铜基复合材料为例介绍在纤维表面制备涂层的过程[20]，其界面结构示意图如图 6-24 所示。

SCS6 SiC 纤维直径为 140μm，C 芯(18μm 直径)被厚度为 50μm 的 β-SiC 包覆；该纤维表面为 SiC 掺杂 C 涂层(2.5μm 厚)，其中最外层为 0.5μm 厚的无定形 C 层，起到结合涂层的作

用。如果界面处不采用其他涂层，界面处的径向残余压应力为 88 MPa，不足以提高界面剪切强度。采用磁控溅射法在纤维表面制备 0.15μm 的薄 Ti 涂层，获得 SCS6 SiC 纤维增强铜基复合材料；随后通过高温热处理，Ti 层与无定形 C 层反应生成 TiC，起到增强纤维与铜基体界面结合的作用。

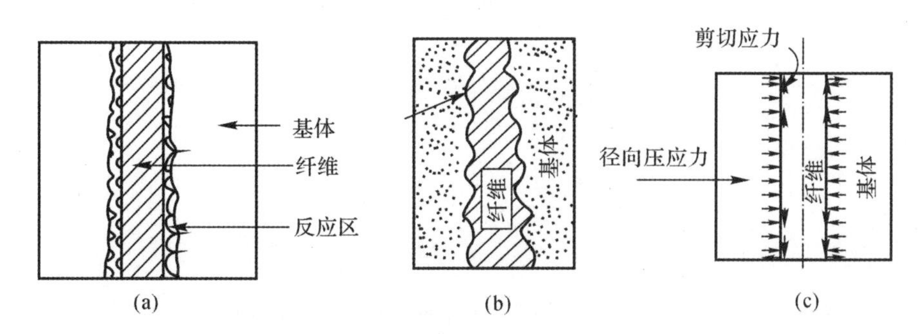

图 6-23　金属基复合材料界面微结构示意图[19]

(a) 界面反应；(b) 界面粗糙；(c) 界面残余压应力

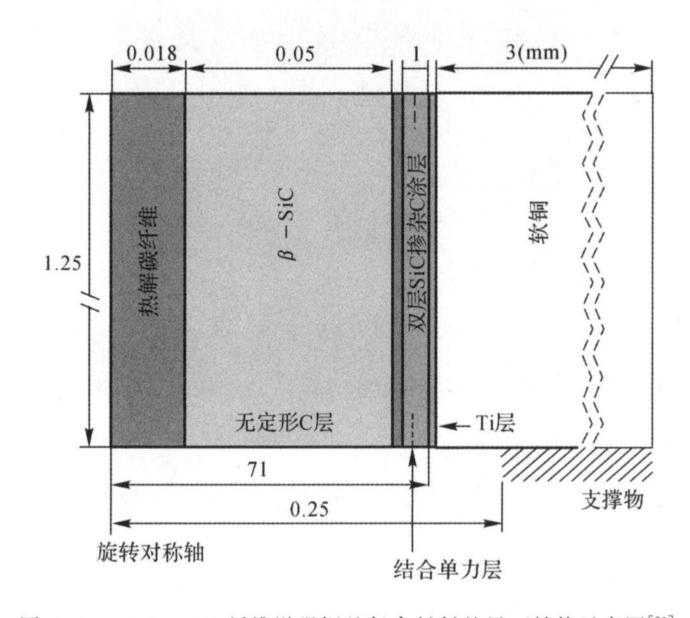

图 6-24　SCS6 SiC 纤维增强铜基复合材料的界面结构示意图[20]

如图 6-25 所示为无 Ti 涂层复合材料的界面 push-out 响应曲线，其中，每条曲线对应的试样厚度分别为 1.35mm，2.4mm，3.02mm。三组曲线都表现出相似趋势，最大载荷较低，仅为2 ～ 25 N。导致界面弱剪切强度是由于界面缺乏化学键。在初始测试阶段，界面表现出线性响应，载荷达到最大值时，界面开始滑移；在界面滑移阶段，载荷连续降低，接触面积减小。整个 push-out 过程仅由摩擦控制。界面缺少化学键合导致界面剪应力小及塑性变形程度低。由图 6-26 可见，无 Ti 界面涂层复合材料的 push-out 响应后的界面没有发现塑性变形。

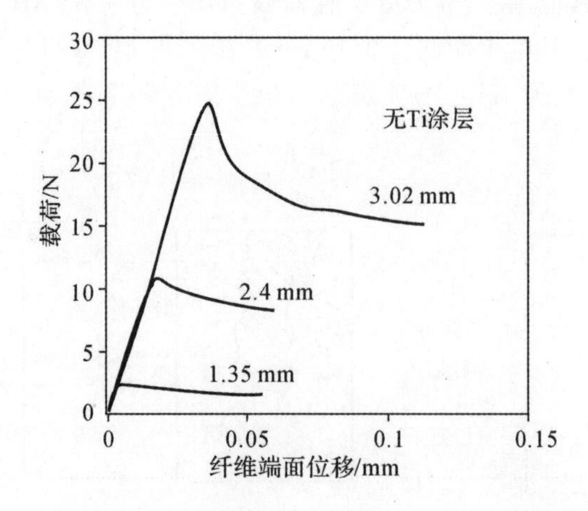

图 6-25　无 Ti 界面涂层复合材料的 push-out 响应[20]

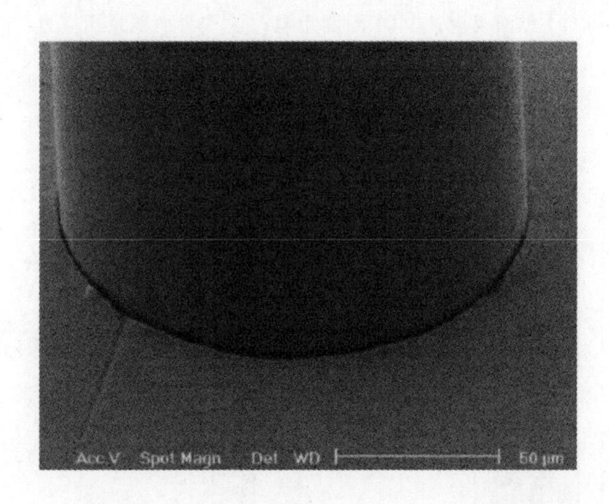

图 6-26　无 Ti 界面涂层复合材料的 push-out 响应后的 SEM 照片[20]

由图 6-27 可见，含 Ti 涂层的 SiC 纤维增强 Cu 基复合材料(试样厚度 1.25mm) 的 push-out 载荷-位移曲线。由于 Ti 涂层使 SiC 纤维和 Cu 基体的界面处于强结合，复合材料承受的最大载荷达到 62N，远高于无涂层复合材料。随着位移增加，曲线先表现出线弹性响应；在 P_{nl} 点由线性响应转变为非线性响应；在 P_d 点，复合材料刚度明显降低；在 P_{max} 点附近，载荷变化不明显，平均界面剪切强度 τ_d 约为 102MPa，有

$$\bar{\tau}_d = \frac{P_{max}}{2\pi RL} \tag{6-93}$$

式中，界面结合面积为 0.589mm^2。

在含 Ti 涂层的 SiC 纤维增强 Cu 基复合材料中，Ti 涂层与纤维外表面的 C 层反应生成 TiC 反应层，导致纤维与基体界面处形成强结合。由图 6-28 可见，在 push-out 测试后，界面处纤维表面的 C 层发生破坏(见图 6-28(a))，且在纤维附近的基体中发生明显的塑性变形(见图6-28(b))。

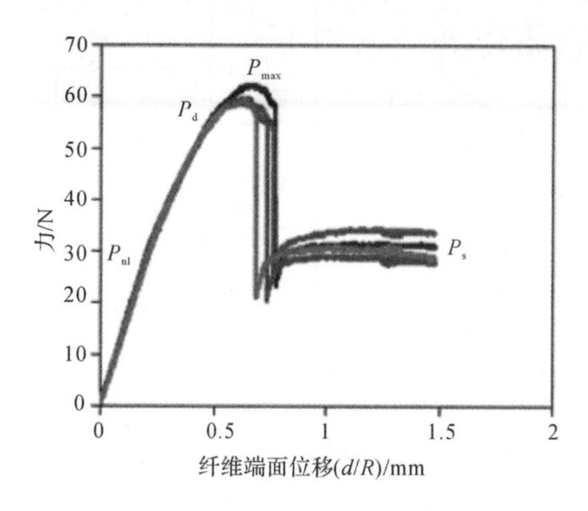

图 6 - 27　Ti 涂层复合材料的载荷位移曲线[20]

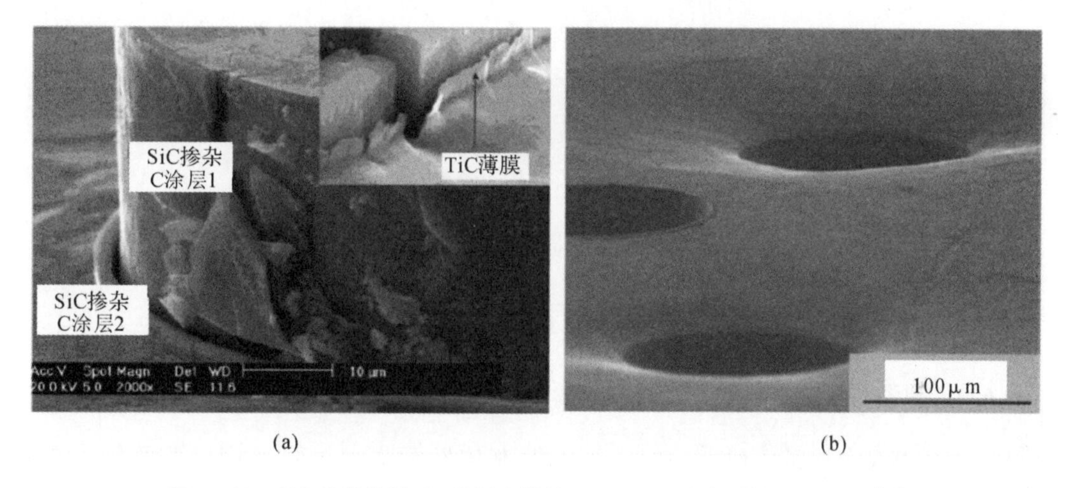

图 6 - 28　SiC 纤维增强 Cu 基复合材料 push - out 响应后的 SEM 照片[20]

(a) 有 Ti 界面涂层复合材料；(b) 纤维附近基体的塑性变形

采用体积分数为 32％的 SiC 纤维(纤维半径为 50μm)增强 Ti - 6Al - 4V 基复合材料，试样厚度为 1mm，其拉伸应力-应变曲线如图 6 - 29(a)所示[21]。如图 6 - 29(b)所示为可见试样瞬时模量随拉伸应变的变化规律。在初始阶段，材料开始发生线弹性变形，其模量为 198GPa；当拉伸应变达到 0.35％时，材料发生非线性变形，直到应变达 0.55％；进一步加载，材料又发生线性变形，但是斜率降低，表明纤维在承担另外的载荷；在 1 400MPa 应力下，纤维发生连续失效，导致模量降低。

如图 6 - 30 所示为复合材料弯曲载荷-位移曲线。由图可见，其弯曲响应与拉伸响应有所不同。当复合材料在弯曲载荷下开始失效时，仍然表现出大的承载能力，这是因为纤维的桥接可阻止裂纹的产生和扩展。由于拉伸表面基体的塑性流动，材料内部的应力发生再分配。

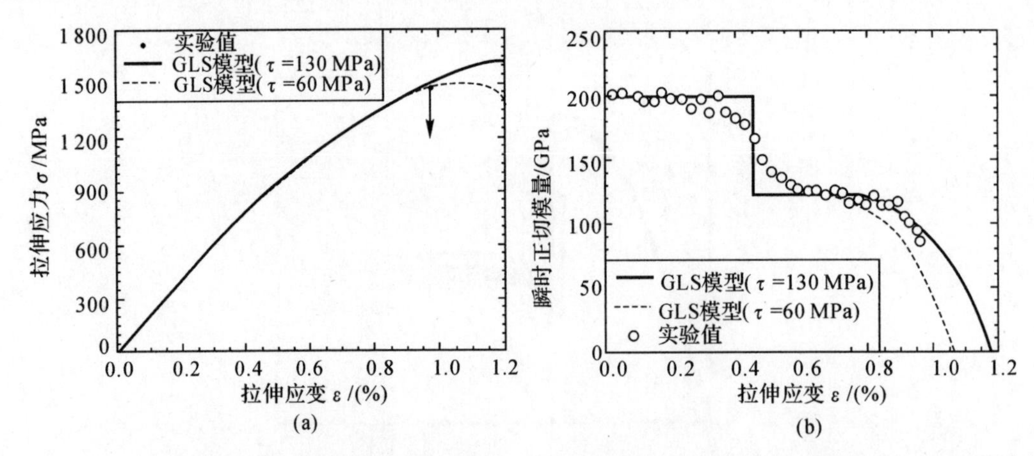

图 6-29　SiC 纤维增强 Ti 基复合材料的拉伸应力-应变曲线和相应的瞬时正切模量-拉伸应变曲线[21]

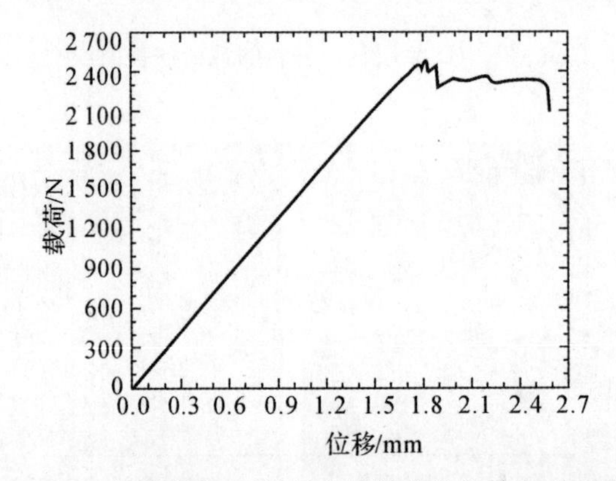

图 6-30　SiC 纤维增强 Ti 基复合材料的弯曲载荷-位移曲线[21]

6.6.3　陶瓷基复合材料的界面特性

对于陶瓷基复合材料(CMCs)，如果其纤维/基体界面设计合理，则陶瓷基复合材料比陶瓷材料具有较高断裂韧性和破坏阻力。当 CMCs 承载时，基体中产生裂纹。为提高裂纹扩展阻力，当基体裂纹向纤维/基体界面扩展时，若纤维不发生破坏，要求陶瓷基复合材料具有以下微结构特征：

(1)纤维/基体界面的开裂阻力足够低，确保纤维和基体可以脱黏。该类 CMC 称为弱界面复合材料。

(2)基体强度足够低，可产生基体开裂，而纤维不受损，确保复合材料具有足够的强度和抗破坏能力。该类 CMC 称为弱基体复合材料。

对于具有高模量和高强度的陶瓷基复合材料，必须具有致密基体，这就要求纤维和基体间的界面结合弱。由于陶瓷基复合材料的制备温度较高，为了保护纤维不受损伤或为了形成弱界面，必须采用界面层，以降低界面结合强度。最常用的弱界面是热解碳(PyC)和氮化硼(BN)界面层。此外，采用多层界面，如$(PyC-SiC)_n$或者$(BN-SiC)_n$，提高复合材料的力学性能和抗氧化性能[22-23]。如图 6-31 所示为纤维/基体界面模型示意图。目前最常用陶瓷基复合材料的界面微结构为图(a)和图(c)。

下面以 SiC 纤维增韧 SiC 陶瓷基复合材料(SiC/SiC)为例[24]。为了获得具有不同界面剪切强度的复合材料，分别制备了不同厚度的 BN 界面层。试样 A 的 BN 界面层厚度为 100 nm，试样 B 的 BN 界面层厚度为 400 nm，试样 C 的 BN 界面层厚度为 230 nm。如图6-32 所示为三种试样单丝纤维 push-out 的加、卸载载荷-位移曲线，试样 A 的界面层薄，界面结合强，界面剪切强度高达 48MPa，纤维没有表现出滑移；试样 B 的界面层厚，界面结合弱，界面剪切强度仅为 10MPa；试样 C 的界面层厚度居中，界面结合较强，界面剪切强度为 29MPa。

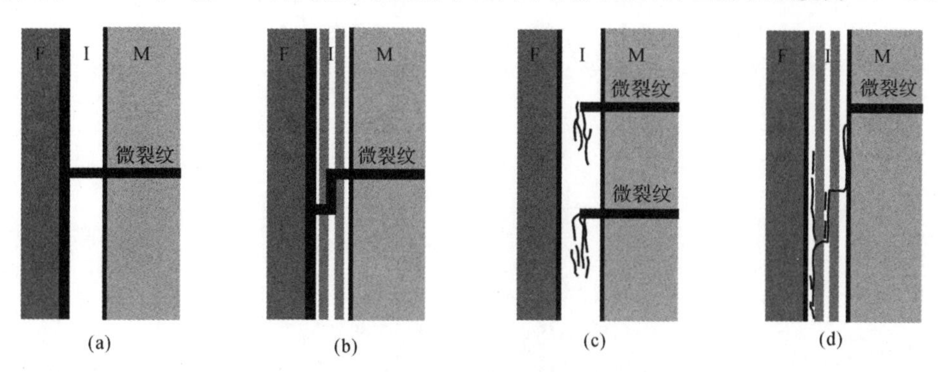

图 6-31　纤维/基体界面模型示意图[22-23]

(a)纤维与界面层弱结合；(b)纤维与界面层弱结合，多层界面层弱结合；

(c)纤维/基体与界面层强结合，界面层内弱结合；(d)纤维/基体与界面层强结合，多层界面层弱结合

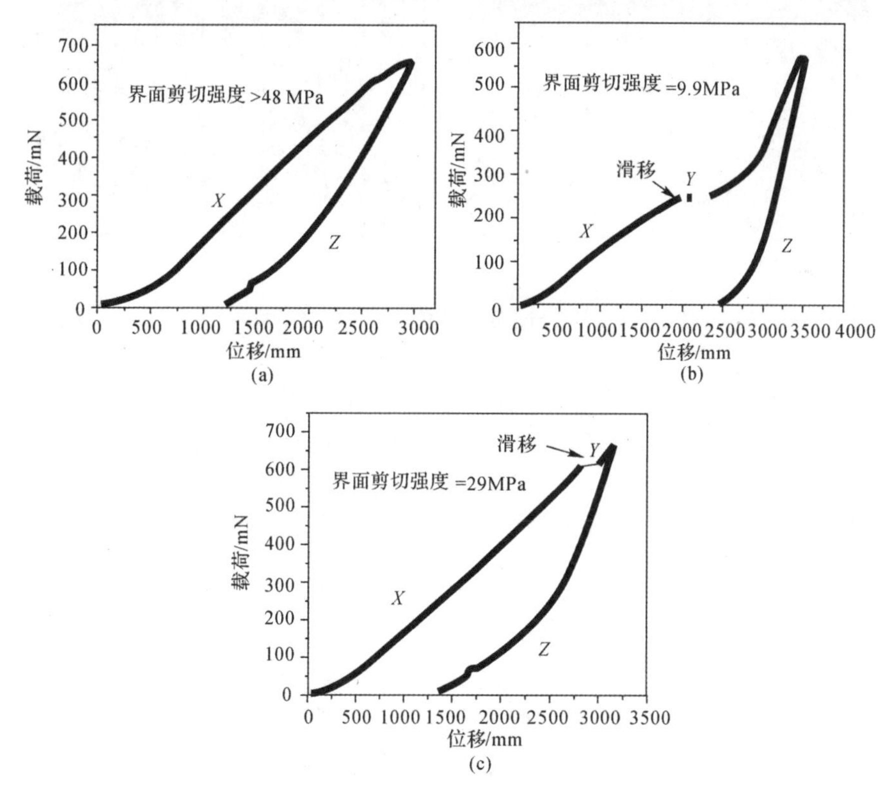

图 6-32　SiC/SiC 复合材料的 push-out 载荷位移曲线[24]

(a) 试样 A；(b)试样 B；(c)试样 C

与 push-out 实验结果一致，试样 A 的界面层薄，界面结合强，表现出脆性失效行为，拉伸强度非常低，仅为 70MPa(见图 6-33)[24]。试样 B 的界面层厚，界面剪切强度低，表现出非线

性失效行为，拉伸强度高达 233MPa。试样 C 的界面层厚度适中，界面剪切强度也适中，表现出非线性失效行为，拉伸强度为 200MPa。

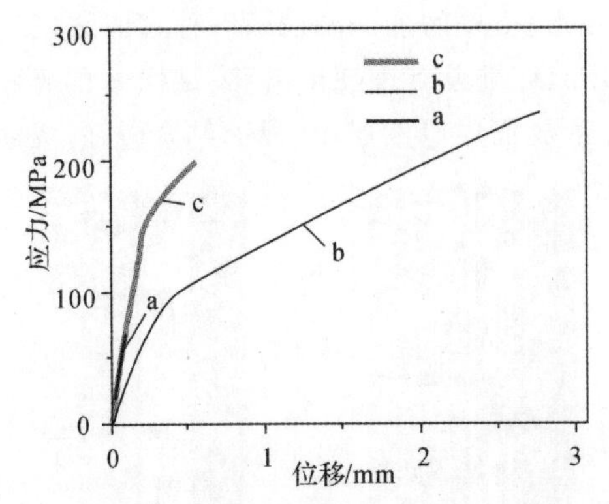

图 6－33　SiC/SiC 复合材料的拉伸应力-位移曲线[24]

a—试样 A；　b—试样 B；　c—试样 C

由图 6－34 可见 SiC/SiC 复合材料的拉伸断口形貌。试样 A 没有纤维拔出，而试样 B 表现出明显的纤维拔出，这与其界面结合强弱和力学行为一致[25-26]。

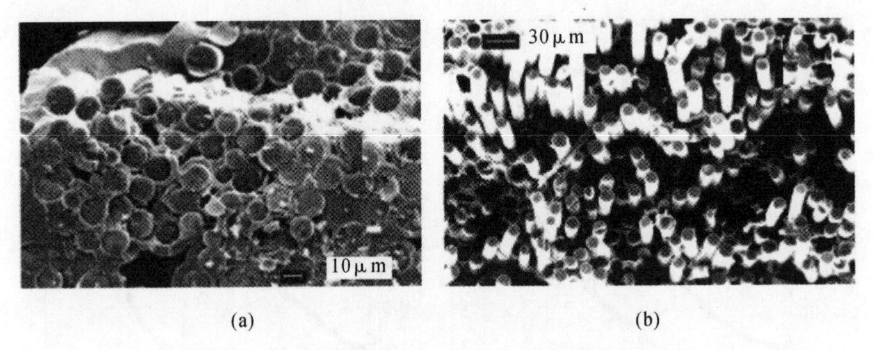

图 6－34　SiC/SiC 复合材料的拉伸断口形貌[25-26]

(a)试样 A；　(b)试样 B

上述规律同样适用于其他陶瓷基复合材料。如图 6－35 所示[27]，对于 Nicalon SiC 纤维增韧 Si－C－O 陶瓷基复合材料，如果不采用界面层，复合材料的弯曲应力-挠度曲线表现出脆性失效行为，弯曲强度极低。采用 CVD 热解碳界面层后，随着界面层厚度增加，弯曲强度升高。

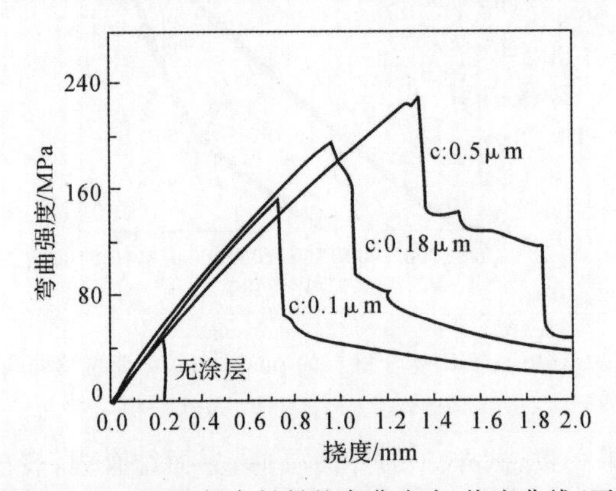

图 6－35　Nicalon 纤维增强 Si－C－O 基复合材料的弯曲应力-挠度曲线(不同热解碳界面层厚度)[27]

实　例

1. 假设 SiC 晶须的直径为 2μm，长度为 10μm，强度为 3GPa，BAS 玻璃陶瓷与 SiC 晶须界面处的剪切强度为 100MPa。请问该 SiC 晶须增韧 BAS 玻璃陶瓷基复合材料中晶须是否可承担足够的载荷？为使晶须承担最大载荷，界面剪切强度应达到多大？

答：由

$$\frac{l_c}{d}=\frac{\sigma_{fu}}{2\tau_y}$$

可知，$l_c=30\mu m$。临界晶须长度大于晶须长度，晶须不能有效承担载荷，因此，需要提高晶须与基体的界面结合，界面剪切强度大于 300MPa。

2. SiC/SiC 复合材料的纤维直径为 14μm，纤维模量为 350GPa，纤维强度为 3GPa。界面断裂能为 100MPa，β 为 $1m^{-1}$。请判断该复合材料断口最短纤维拔出长度。

答：由下式

$$\tau_d=\beta\sqrt{E_f G_i r_f}\qquad \frac{l_c}{d}=\frac{\sigma_f}{2\tau_i}$$

可得

$$l_c=1\ 342\mu m,\quad l_c/2=671\mu m$$

参考文献

[1] Cox H L. The elasticity and strength of paper and other fibrous materials[J]. Journal of Applied Physics，1952，3:72－79.

[2] Galiotis C，Paipetis A. Definition and measurement of the shear－lag parameter as an index of the stress transfer efficiency in polymer composites[J]. Journal of Materials Science，1998，33:1137－1143.

[3] Rosen B W. Mechanics of composite strengthening [M]. Ohio，USA：ASM Publication，1965.

[4] 张志成，郑元锁. 短纤维复合材料应力传递理论研究进展[J]. 橡胶工业，2003，50:116－122.

[5] Kelly A，Tyson W R. Tensile properties of fibre－reinforced metals：Copper/tungsten and copper/molybdenum[J]. Journal of the Mechanics and Physics of Solids，1965，13:329－338.

[6] Zhong Y，Hu W，Eldridge J I，et al. Fiber push－out tests on Al_2O_3 fiber－reinforced NiAl－composites with and without hBN－interlayer at room and elevated temperatures[J]. Materials Science and Engineering A，2008，488:372－380.

[7] Chandra N，Ghonem H. Interfacial mechanics of push-out test：theory and experiments[J]. Composites Part A：Applied Science and Manufacturing，2001，32：575－584.

[8] Broutman，Lawrence J，Richard H Krock. Modern composite materials [M]. Massachusetts，USA：Addison－Wesley Publishing Company，1967.

[9] 李红周，贾玉玺，姜伟，等. 纤维增强复合材料的细观力学模型以及数值模拟进展[J]. 材料工程，2006，8:57-60.

[10] 乔生儒. 复合材料细观力学性能[M]. 西安：西北工业大学出版社，1997.

[11] 张鸿. 陶瓷基复合材料结构失效机理及模型研究[D]. 南京:南京航空航天大学材料科学与工程学院，2009.

[12] Amos Gilata，Robert K Goldberg，Gary D Roberts. Experimental study of strain-rate-dependent behavior of carbon/epoxy composite[J]. Composites Science and Technology，2002，62:1469-1476.

[13] Narottam P Bansal，Jeffrey I Eldridge. Hi-Nicalon fiber-reinforced celsian matrix composites：Influence of interface modification[J]. Journal of Materials Research，1998，13:1530-1537.

[14] Narottam P Bansal. Mechanical behavior of silicon carbide fiber-reinforced strontium aluminosilicate glass-ceramic composites[J]. Materials Science and Engineering A，1997,231:117-127.

[15] B Pukánszky. Influence of interface interaction on the ultimate tensile properties of polymer composites[J]. Composites，1990，21:255-262.

[16] Edwin P Plueddemann. Silane primers for epoxy adhesives[J]. Journal of Adhesion Science and Technology，1988，2:179-188.

[17] Madsen N B. Modification and characterization of the interface in polymer/inorganic composites[M]. Roskilde：Denmark Risoe National Laboratory，1999.

[18] 杨彩云，李嘉禄，陈利，等. 树脂基三维机织复合材料结构与力学性能的关系研究[J]. 航空材料学报，2006，26:51-55.

[19] 刘志科. 原位合成铁基复合材料的微结构特征、生长机制以及界面反应机理的研究[D]. 广西:广西大学材料科学与工程学院，2006.

[20] You J H，Lutz W，Gerger H，et al. Fiber push-out study of a copper matrix composite with an engineered interface：Experiments and cohesive element simulation[J]. International Journal of Solids and Structures，2009，46:4277-4286.

[21] Ramamurty U. Assessment of load transfer characteristics of a fiber-reinforced titanium-matrix composite[J]. Composites Science and Technology，2005，65:1815-1825.

[22] Evans A G，Marshall D B. Overview no 85：The mechanical behavior of ceramic matrix composites[J]. Acta Metallurgica，1989，37:2567-2583.

[23] Roger R Naslain. The design of the fibre-matrix interfacial zone in ceramic matrix composites[J]. Composites Part A：Applied Science and Manufacturing，1998，29:1145-1155.

[24] Udayakumar A，Ganesh A Sri，Raja S，et al. Effect of intermediate heat treatment on mechanical properties of SiC_f/SiC composites with BN interphase prepared by ICVI[J]. Journal of the European Ceramic Society，2011，31：1145-1153.

[25] Katoh Y，Kohyama A，Nozawa T，et al. SiC/SiC composites through transient

eutectic - phase route for fusion applications[J]. Journal of Nuclear Materials，2004，329 -333:5887 - 591.

[26] Evans A G，Marshall D B. The mechanical behavior of ceramic matrix composites [J]. Acta Metallurgica，1989，37:2567 - 2583.

[27] Hwang L R，Fergus J W，Chen H P，et al. Interface compatibility in ceramic - matrix composites[J]. Composites Science and Technology，1996，56：1341 - 1348.

第 7 章　复合材料的模量匹配与失效模式

在复合材料纤维与基体满足界面结合强度、界面热化学/热物理相容的前提下，纤维与基体的模量匹配程度是决定复合材料力学性能及其失效模式的关键因素。由于各类复合材料中纤维和基体模量不同，使得聚合物基、金属基和陶瓷基复合材料断裂的临界纤维长度也不相同。对于聚合物基复合材料，若纤维与基体的模量比太大，纤维临界长度过长，即使界面强结合，复合材料也容易发生非积累性破坏而影响纤维的增强效果；对于金属基复合材料，若纤维与基体的比和纤维临界长度都适中，在一定范围内调整纤维与基体模量比，可控制复合材料的强韧性；对于陶瓷基复合材料，若纤维与基体模量比太小，纤维临界长度过短，复合材料容易发生积累性破坏，影响纤维的增韧效果。为了提高复合材料的力学性能，在优化复合材料界面结合强度的同时，需要调控纤维与基体模量的匹配程度，从而保证复合材料发生混合破坏模式。

本章主要讨论复合材料基体与纤维的模量匹配对其力学性能和失效模式的影响，同时讨论复合材料模量匹配的控制方法。

7.1　复合材料的模量匹配

复合材料的强度和刚性主要取决于纤维。除界面外，基体能否有效传递载荷也是纤维能否有效承担载荷的关键。因此，充分发挥纤维的力学性能和提高复合材料的综合性能又受基体性能的影响，并取决于纤维与基体的模量匹配程度。

当纤维与基体间的界面具有强结合，且在承载过程中不发生脱黏时，基体和纤维间的模量比越高，界面的载荷传递因子 β 也越大，即

$$\beta=\left[\frac{4\pi G_{\mathrm{m}}}{E_{\mathrm{f}}A_{\mathrm{f}}\ln(\phi_{\max}/V_{\mathrm{f}})}\right]^{1/2} \tag{7-1}$$

对于 l/l_{c} 比值较小的复合材料，β 值越大，复合材料的强度也越高，即

$$\sigma_{\mathrm{C}}=\sigma_{\mathrm{f}}\left(1-\frac{1-\beta}{l/l_{\mathrm{c}}}\right)V_{\mathrm{f}}+\sigma'_{\mathrm{m}}(1-V_{\mathrm{f}}) \tag{7-2}$$

由式(7-2)可见，对于连续纤维，若 l/l_{c} 比值很大，则 β 值的大小对复合材料的强度没有明显影响。理论上，无论是连续纤维增强聚合物基、金属基还是陶瓷基复合材料，其拉伸强度均可能达到最大值。但是，对于模量和强度相差较大的基体与纤维，应力传递会使界面及其附近基体承受较大的应力集中。当复合材料受外力作用时，整个材料出现范围较宽或较分散的微观破坏，使得纤维不能同时承载。在这种情况下，式(7-2)中的纤维体积分数 V_{f} 低于理论值，则导致复合材料强度较理论值低。

在复合材料界面不发生滑移的情况下，复合材料的断裂应变 ε_{C} 可表示为

$$\varepsilon_{\mathrm{C}}=\varepsilon_{\mathrm{m}}=\varepsilon_{\mathrm{f}}=\frac{\sigma_{\mathrm{m}}}{E_{\mathrm{m}}}=\frac{\sigma_{\mathrm{f}}}{E_{\mathrm{f}}} \tag{7-3}$$

式中　$\varepsilon_m,\varepsilon_f$—— 基体和纤维的断裂应变；

σ_m,σ_f—— 基体和纤维的拉伸强度；

E_m,E_f—— 基体和纤维的弹性模量。

复合材料的拉伸强度 σ_C 为

$$\sigma_C = \sigma_f V_f + \sigma_m V_m \tag{7-4}$$

式中，V_m，V_f 分别为基体和纤维的体积分数。

假设纤维的断裂延伸率比基体的低，如聚合物基复合材料，则复合材料的拉伸强度可表示为

$$\sigma_C = \sigma_f V_f + E_m \varepsilon_f V_m \tag{7-5}$$

将式(7-3)代入式(7-5)，可得

$$\sigma_C = \sigma_f V_f + E_m \frac{\sigma_f}{E_f} V_m = \left(V_f + \frac{E_m}{E_f} V_m\right) \sigma_f \tag{7-6}$$

假设基体的断裂延伸率比纤维的低，如陶瓷基复合材料，则复合材料的拉伸强度可表示为

$$\sigma_C = E_f \varepsilon_m V_f + \sigma_m V_m \tag{7-7}$$

将式(7-3)代入式(7-7)，可得

$$\sigma_C = \sigma_m V_m + E_f \frac{\sigma_m}{E_m} V_f = \left(V_m + \frac{E_f}{E_m} V_f\right) \sigma_m \tag{7-8}$$

由式(7-6)可见，对于纤维的断裂延伸率比基体断裂延伸率低的复合材料，提高基体与纤维的模量比可提高复合材料强度。由式(7-8)可见，对于基体断裂延伸率比纤维断裂延伸率低的复合材料，提高纤维与基体的模量比可提高复合材料的强度。

除复合材料的拉伸强度外，纤维的临界长径比也与纤维和基体的模量比有关：

$$\frac{l_c}{d} = \frac{eE_f}{2\gamma G_m} = (1+\varepsilon_m) \frac{E_f}{E_m} \tag{7-9}$$

由式(7-9)可见，纤维与基体的模量比越大，复合材料的临界纤维长度也越大。临界纤维长度太大对拉伸强度影响不大，但对弯曲强度影响很大。

表7-1列出了不同的聚合物、金属与陶瓷材料的弹性模量、断裂应变和拉伸强度[1-3]。尼龙等聚合物材料的弹性模量低于5GPa，拉伸强度低于100MPa；金属材料的弹性模量为60～220GPa，拉伸强度通常较高，可达近1 000MPa；陶瓷材料的弹性模量高于聚合物和金属，可高达400GPa，但由于存在微结构缺陷，使得其拉伸强度通常低于金属材料。因尺寸效应，陶瓷纤维不同于块体陶瓷，不仅模量提高，强度也大幅度提高。

表7-1　不同材料的力学性能

材料名称	弹性模量 E/GPa	断裂应变 ε	拉伸强度 σ/MPa
尼龙	2～4	最大弹性应变 1.1%～2.3%	屈服强度 45 最大强度 75
环氧树脂	3.5		69
聚乙烯	1.8～4.3		

续 表

材料名称	弹性模量 E/GPa	断裂应变 ε	拉伸强度 σ/MPa
聚氯乙烯	0.1～2.8		
皮革	0.12～0.4		
橡胶	0.002～0.078		
Kevlar 49 纤维	134	2.5%	3 600
低碳钢	200		
低合金钢	200～220		
奥氏体不锈钢	190～200		
铜合金	100～130		
铝合金	60～75	最大弹性应变 0.14%	屈服强度 95 最大强度 110
Ti-6Al-4V	114	最大弹性应变 0.77% 最大断裂应变 14%	屈服强度 880 最大强度 950
金钢石	1 039		
碳化硅	414	0.03%	138
三氮化铝	380		
尖晶石	240		
石英玻璃	73		
氯化镁	210		
氧化锆	207	0.12%	248
T300 C 纤维	230	1.5%	3 530

表 7-2 给出了聚合物基、金属基和陶瓷基复合材料中纤维与基体的模量比、材料失效模式以及纤维拔出程度。在复合材料中，如果纤维与基体的模量比相差较大，导致复合材料的模量不匹配，需采用相应的界面设计和基体改性以实现模量匹配控制。

表 7-2　不同复合材料的纤维/基体模量比及其失效模式

复合材料体系	纤维基体模量比	失效模式	纤维拔出程度
PMC：T300 C/环氧	230/4=57.5	积聚型断裂	长拔出
PMC：Kevlar/环氧	100/4=25	混合型断裂	长拔出
MMC：T300 C/Al	230/70=3.3	混合型断裂	中拔出
CMC：T300 C/SiC	230/450=0.5	非积聚型断裂	无拔出

对于聚合物基复合材料，纤维的模量和强度远高于基体，纤维的断裂延伸率比基体的低，复合材料主要依靠纤维承载，由式(7-6)可知其增强效果未能得到有效发挥。由式(7-9)可知，聚合物基复合材料的临界纤维长度大。聚合物基复合材料中纤维和基体的界面结合通常

较弱，在承载过程中，界面处应力集中，界面容易脱黏，纤维拔出长度较长。通过界面改性使纤维/基体两相界面具有合适的黏附力，形成一个与纤维和基体的模量均匹配且能顺利传递载荷的界面层，对提高树脂基复合材料的力学性能至关重要。

下面以 Kevlar49 纤维增强环氧树脂基复合材料为例说明界面改性对材料力学性能的影响[4,5]，见表 7－3。尽管同为聚合物材料，Kevlar49 纤维与环氧树脂的模量和强度仍相差较为悬殊。但是，经过合理的强界面设计，Kevlar/环氧树脂基复合材料的拉伸强度可达 1.6GPa，高于钢的强度。

表 7－3　Kevlar/环氧树脂复合材料与其他材料的力学性能比较

材　料	密度/($g \cdot cm^{-3}$)	拉伸强度/GPa	拉伸模量/GPa
Kevlar/环氧树脂	2.1	1.6	220
钢	7.8	1.4	210
铝合金	2.8	0.5	77
钛合金	4.5	1.0	110
尼龙 6	1.2	0.1	3

对于金属基复合材料，纤维与基体的模量比适中，纤维比基体的断裂延伸率低，基体和纤维可同时发挥承载作用，由式(7－6)可知其增强效果有效发挥；由式(7－9)可知，金属基复合材料的临界纤维长度适中。金属基复合材料中纤维和基体的界面结合较为适中，在承载过程中，界面处应力集中效应相对较弱，因而纤维拔出长度适中。可通过引入界面层，使纤维与基体之间依靠机械结合或化学反应形成强结合，提高金属基复合材料的力学性能。

对于陶瓷基复合材料，基体的模量通常高于纤维，基体比纤维的断裂延伸率低，纤维易于在达到最大载荷前断裂，故其强度通常低于金属基复合材料，临界纤维长度短，见式(7－8)和式(7－9)。对于陶瓷基复合材料，若纤维与基体的界面结合强，在承载过程中，界面处应力集中效应相对最弱，但陶瓷基体应变极小，先于纤维断裂，基体裂纹会直接穿过纤维，导致纤维拔出长度短甚至无纤维拔出。通过制备具有低模量、低断裂能的界面层，可实现界面脱黏和裂纹偏转，提高陶瓷基复合材料的力学性能。

综上所述，对于聚合物基复合材料，提高其力学性能的关键是增强其界面结合、提高界面层和基体的模量。对于金属基复合材料，适当提高其界面结合强度和基体模量也可提高其力学性能。而对于陶瓷基复合材料，提高其力学性能的关键是适当降低其界面结合强度和基体模量。

7.2　复合材料的模量匹配控制

7.2.1　聚合物基复合材料的模量匹配控制

对于聚合物基复合材料，其纤维/基体模量比大，界面脱黏不利于提高复合材料强度，而增加界面层模量和基体模量是提高其强度、减小其临界纤维长度的有效途径。对于含界面层的聚合物基复合材料，拉伸强度可用下列两式表示：

$$\sigma'_{C}=\left(V_{f}+\frac{E_{m}+\Delta E_{m}}{E_{f}}V_{m}\right)\sigma_{f} \tag{7-10}$$

$$\frac{l_c'}{d}=(1+\varepsilon_m')\frac{E_f}{E_m+\Delta E_m} \tag{7-11}$$

式中　ΔE_m—— 界面层和基体模量的增量；

ε_m'，l_c'，σ_C'—— 基体应变、复合材料临界纤维长度和复合材料强度。

纤维、界面层和基体的弹性模量 E_r，可采用原子力显微镜结合纳米压痕法测试[6]：

$$E_r=\frac{\sqrt{\pi}\ \dfrac{dF}{dh}}{2\beta\sqrt{A}} \tag{7-12}$$

式中　β——1.034；

A—— 压痕投影面积。A 是压痕深度 h_c 的函数，有

$$A=15.5h_c^2+106h_c$$

试样的模量 E_s 可由下式得出：

$$\frac{1}{E_r}=\frac{1-\nu_i^2}{E_i}+\frac{1-\nu_s^2}{E_s} \tag{7-13}$$

式中　ν—— 泊松比；

下标 i 和 s—— 分别代表压头材料和试样。

金刚石压头性能：$\nu_i=0.07$，$E_i=1\,140$GPa。玻璃纤维的 $\nu_s=0.07$，树脂基体的 $\nu_s=0.42$。

1. 高模量界面层聚合物基复合材料

对于基体模量较小的聚合物基复合材料，增加高模量界面层可改善纤维与基体的模量失配程度，并提高复合材料的力学性能。

以 E 型玻璃纤维增强树脂基复合材料为例说明上述结论[7]。对于 E 型玻璃纤维，分别制备γ-氨基丙基三乙氧基硅烷(γ-APS)-聚氨酯(PU)界面层，然后制成玻璃纤维增强环氧树脂(EP)基复合材料(见图 7-1)。图中深灰色代表模量由纤维表面向基体方向逐渐降低的界面层。这种界面层的形成是 APS 界面层呈梯度分布以及基体中的胺固化剂向界面层定向扩散所致，而且 PU 界面层和基体中的不同固化剂可混融。在材料制备过程中，环氧树脂会扩散进入 PU 界面层，固化剂与界面层的化学反应会导致 PU 界面层膨胀，以及 EP 与 APS 在纤维表面的反应导致其强界面结合。

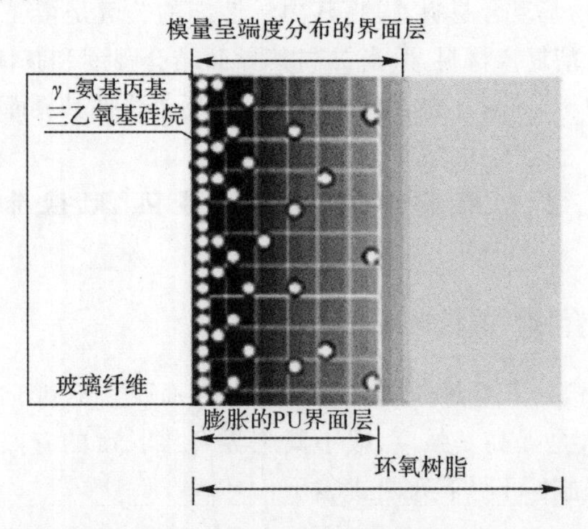

图 7-1　采用 γ-APS/PU 界面层的玻璃纤维增强环氧树脂复合材料的界面模型示意图[7]

通过 AFM 测量纤维和基体的压痕尺寸，用式(7－12)和式(7－13)计算可得，环氧树脂和玻璃纤维的模量分别为 3.72GPa 和 61.12GPa，该复合材料的 APS/PU 界面层模量达到 10GPa，如图 7－2 所示。

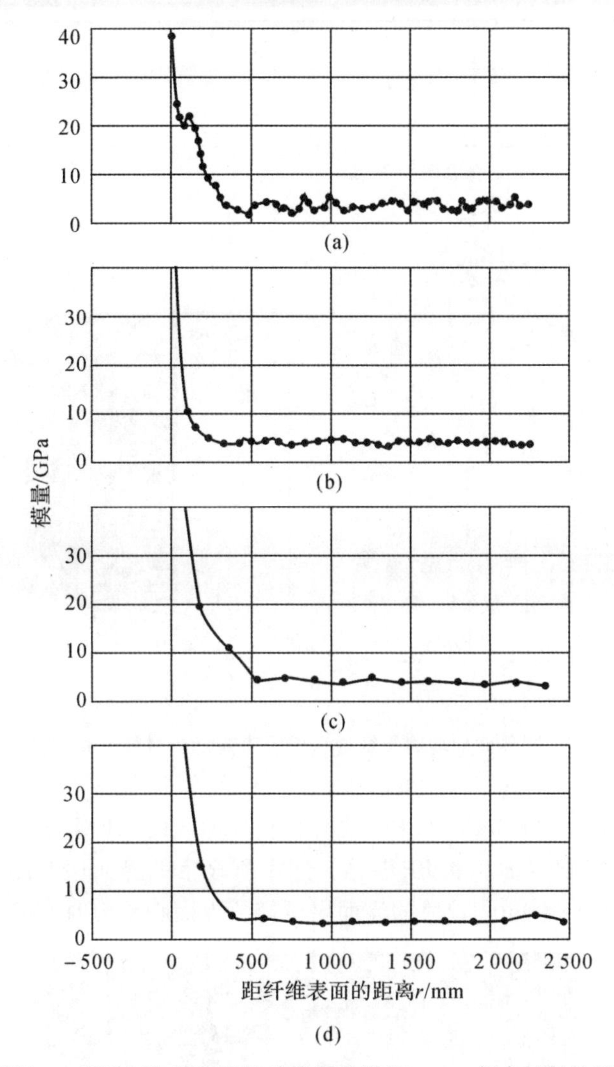

图 7－2　采用 γ－APS/PU 界面层的玻璃纤维增强 epoxy 复合材料的界面模量分布

注：模量测试的加载压力分别为[7] (a)0.24μN，(b)2.6μN，(c)5.2μN，(d)12.3μN

由于 E 型玻璃纤维增强树脂基复合材料的 γ－氨基丙基三乙氧基硅烷(γ－APS)－聚氨酯(PU)界面层的模量介于玻璃纤维与环氧树脂基体之间，与无界面层的复合材料相比，有高模量界面层复合材料的力学性能大幅度提高(见表 7－4)。

为了进一步对比界面层模量对复合材料力学性能的影响，对 E 型玻璃纤维分别制备γ－氨基丙基三乙氧基硅烷(γ－APS)－聚氨酯(PU)界面层和 γ－氨基丙基三乙氧基硅烷(γ－APS)－聚丙烯(PP)界面层，然后制成两种界面层的玻璃纤维增强聚丙烯基复合材料(PPm)(见图7－3)。

表 7-4 体积分数为 50%的单向玻璃纤维增强环氧树脂基复合材料的界面模量及横向力学性能

体 系	拉伸模量			剪切强度	纳米压痕
	σ/MPa	E/GPa	ε/(%)	τ/MPa	E_i/GPa
无界面层纤维-EP	27.3	8.69	0.3	59.7	
APS/PU-EP	49.2	9.31	0.6	84.3	$3.7+30\exp(-r/7)$

注：E_i为界面层模量；r为与纤维表面的距离(nm)。

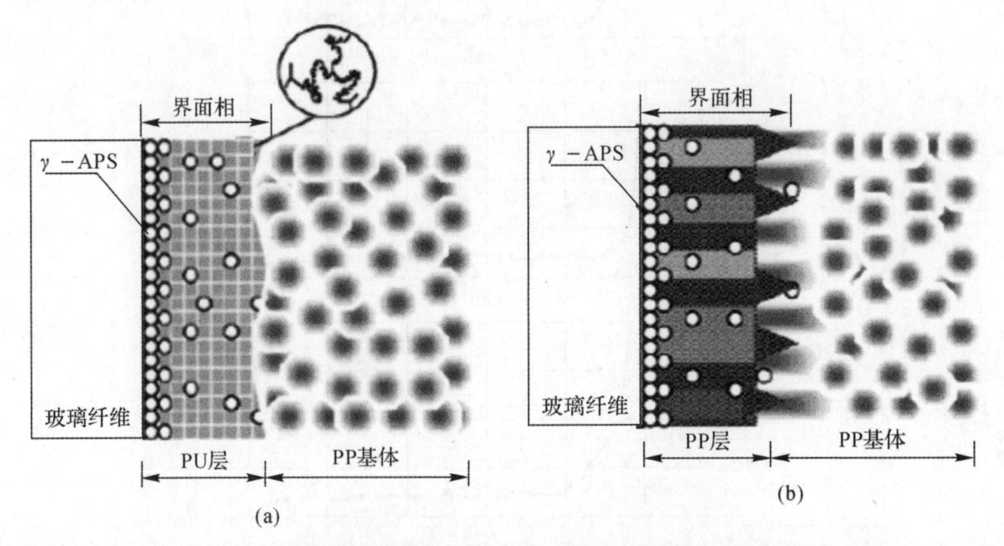

图 7-3 采用不同界面的玻璃纤维增强聚丙稀基复合材料的界面模型示意图[7]

(a)γ-APS/PU-PPm； (b)γ-APS/PP-PPm

如图 7-4 所示为 γ-APS/PP-PPm 复合材料界面区的 AFM 形貌照片。由图可见玻璃纤维、结晶程度较高的 PP 界面相和 PP 基体。图中所显示的界面层厚度为 2μm，而大多数区域的界面相厚度为 100～200nm，较薄的界面层可避免界面在受力时开裂。

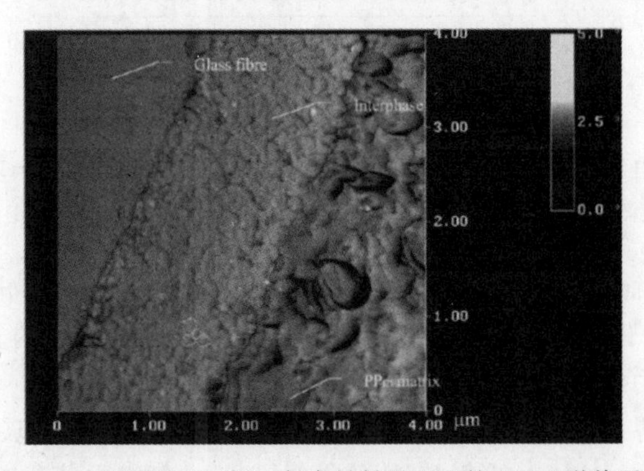

图 7-4 γ-APS/PP-PPm 复合材料界面区的 AFM 形貌照片[7]

通过 AFM 测量纤维和基体的压痕尺寸，采用式(7-12)和式(7-13)计算获得的基体-界面层-纤维模量分布如图 7-5 所示。PP 基体和玻璃纤维的模量分别为 1.85 GPa 和 61.12GPa。γ-APS/PU 和 γ-APS/PP 界面层的平均模量分别为 0.78GPa 和 5.76GPa。

γ－APS/PU界面层的模量低于基体，而γ－APS/PP界面层的模量高于基体。γ－APS/PP界面层的低分子量及其在制备过程中结晶化是界面层具有高模量的原因。

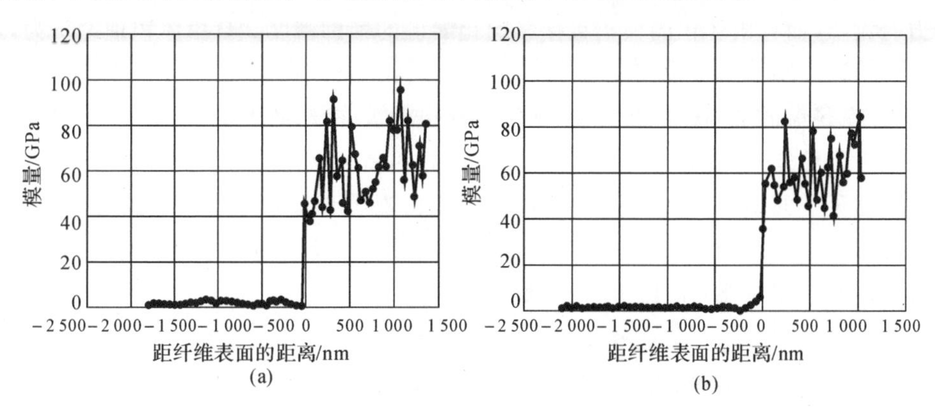

图7－5　玻璃纤维增强复合材料的基体-界面层-纤维模量分布[7]

(a)γ－APS/PU－PPm；(b)γ－APS/PP－PPm

在该复合材料中，由于γ－APS/PP界面层的模量远高于γ－APS/PU界面层的模量，前者复合材料的强度和模量均远高于后者。采用γ－APS/PP和γ－APS/PU界面层的玻璃纤维增强PPm复合材料的力学性能见表7－5。

表7－5　不同界面层、13.4%体积分数玻璃纤维增强PPm复合材料的力学性能

材料体系	拉　伸			剪切强度	纳米压痕
	σ/MPa	E/GPa	ε/(%)	τ/MPa	E_i/GPa
玻璃纤维增强 γ－APS/PU－PPm	37.4	6.2	4.5	10.9	0.78
玻璃纤维增强 γ－F－APS/PP－PPm	73.6	9.3	0.6	21.7	5.76

如图7－6所示为玻璃纤维增强PP基复合材料的断口形貌AFM照片。由于γ－APS/PU的界面层模量低，复合材料的临界纤维长度较大，断口纤维的拔出长度大于γ－APS/PP－PPm复合材料的断口纤维拔出长度。

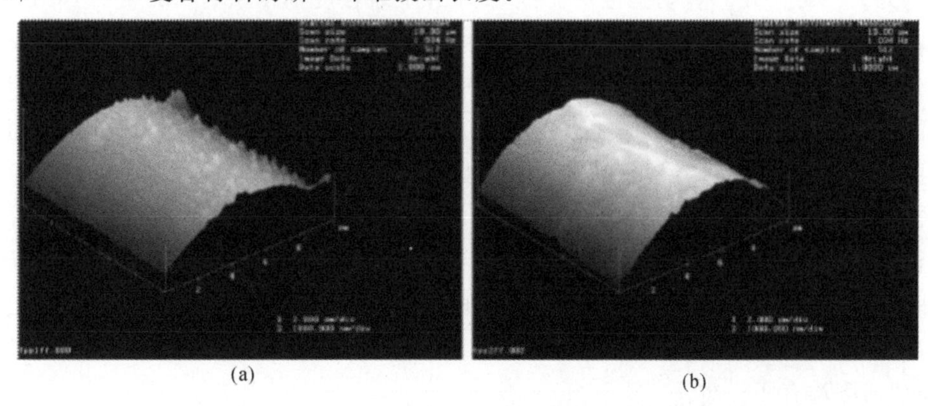

图7－6　玻璃纤维增强复合材料的断口AFM照片[7]

(a)γ－APS/PU－PPm复合材料；(b)γ－APS/PP－PPm复合材料

2.高模量基体聚合物基复合材料

一般而言，聚合物基体的模量较低，其模量大小取决于化学键的性质、化学键密度及分子间作用力的大小，而自由体积的大小直接影响化学键的堆砌密度。自由体积理论认为，对任何高聚物，当温度下降时，自由体积逐渐减小；当温度降至玻璃化温度时，自由体积缩小到最低值，此时已没有足够的空间供链段运动，链段运动也就被冻结，故模量增加。

由断裂理论可知，当受到外力作用时，模量较高的高聚物在单位形变时将需要更大的外力以克服高聚物分子的结合能。从这一角度看，模量反映出高聚物分子结合能的大小。玻璃态和非晶态高分子的结合能，除了包括高分子的共价键能外，还必须考虑分子间的位垒作用。共价键能可以用共价键位能曲线的 mores 函数来表示，即

$$V(r)=V_0 e^{-2w(r-r_0)}-2V_0 e^{-w(r-r_0)} \tag{7-14}$$

式中 w—— 共价键的固有振动频率；

V_0—— 两原子在平衡位置距离 r_0 时的位能。

分子间的位垒可以表示为

$$u=Ar^{-n}+Br^{-m} \tag{7-15}$$

式中，A,B,m,n 为常数，一般 $m=6,n\geqslant 11,A,B>0$。

高聚物分子的结合能可以表示为

$$U=u+NV \tag{7-16}$$

式中，N 为单位面积上的主链数。

将式(7-16)对 r 二次偏微分即可得到模量的表达式：

$$E=E_u+E_v=n(n+1)Ar^{-n-2}+m(m+1)Br^{-m-2}+2Nw^2V_0^2r_0 \tag{7-17}$$

从式(7-17)可以看出，当单位面积内主链数增加时，模量增加；当分子间距离减小时，模量增加。综合起来，即当高聚物分子化学键堆砌密度增加，亦即体系自由体积减小时，模量增加[8]。

对于 TDE-85 环氧树脂，以 MPD，DDM，DDS 为固化剂，以 S-GF 为增强纤维，在相同的纤维体积分数下，基体的性能愈高，复合材料的性能愈高(见图 7-7)。TDE-85/MPD 浇铸体模量最高，所以 TDE-85/MPD/S-GF 复合材料的性能最高，拉伸强度为 1 680.3MPa，弯曲强度为 2 324.6MPa，剪切强度为 138.5MPa，压缩强度为 1 337.5MPa。与 CYD-128/DDS/S-GF 复合材料的性能相比，上述各性能分别提高了 57.6%，56.5%，50.1%，61.1%。

对于 TDE-85/MPD/S-GF 和 CYD-128/MPD/S-GF 两种复合材料，由于树脂基体不一样，环氧树脂 TDE-85 比环氧树脂 CYD-128 交联密度高，导致基体模量升高，从而使复合材料各主要性能明显升高。由此可见，基体的模量对复合材料的压缩、弯曲、剪切性能影响较大，对拉伸性能影响也很明显。一般来说，复合材料的拉伸性能主要由纤维性能决定，但如果基体弹性模量低，纤维受拉时难以同时受力，其破坏模式是一种渐进式的纤维断裂。压缩、剪切、弯曲性能则主要由基体的性能决定。树脂基体的模量愈高，基体愈不易变形，且能有效地支撑纤维，传递载荷的效率也愈高，同时树脂与纤维之间良好的界面结合使复合材料的弯曲、剪切、压缩强度均有所提高。

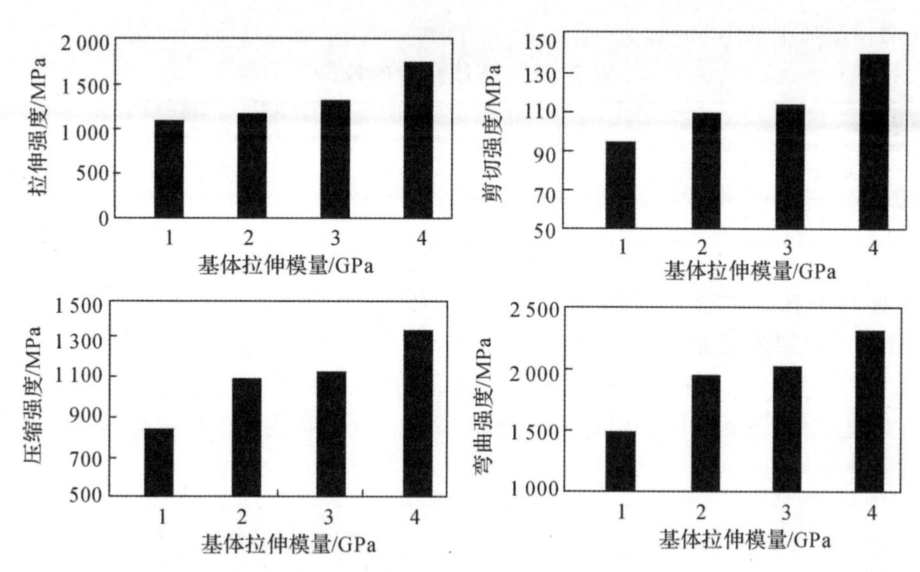

图 7-7　复合材料的拉伸强度、剪切强度、压缩强度和弯曲强度与基体模量的关系，其中横坐标 1，2，3，4 分别代表基体模量为 3.24GPa，4.1GPa，4.3GPa，5.3GPa[8]

7.2.2　金属基复合材料的模量匹配控制

与聚合物基复合材料和陶瓷基复合材料相比，金属基复合材料的纤维与基体模量匹配程度较好。由式(7-10)和式(7-11)可见，适当增加基体模量也是提高其强度、降低其临界纤维长度的有效途径。

由于金属材料的一些物理性能和力学性能存在较大差异，且在不同应用领域对材料性能有不同要求，应根据需求选用具有不同性能的基体制备复合材料。表 7-6 给出了几种常见金属基体的性能，可见 Mg 和 Al 基体密度较低，且模量较小，而 Ti 和 Ni 基体与金属间化合物基体的密度和模量均较高。

表 7-6　几种常见金属基体的性能

金　属	密度 $g \cdot cm^{-3}$	熔点 ℃	比热容 $J \cdot (g \cdot K)^{-1}$	热导率 $W \cdot (m \cdot K)^{-1}$	热膨胀系数 $\times 10^{-6} \cdot K^{-1}$	抗拉强度 MPa	弹性模量 GPa
Mg	1.74	570	1.0	76	25.2	280	40
Al	2.72	580	0.96	171	23.4	310	70
Ti	4.4	1 650	0.59	7	9.5	1 170	110
Ni	8.9	1 440	0.46	62	13.3	760	210
Cu	8.9	1 080	0.38	391	17.6	340	120

1. 低模量金属基体复合材料

在此以连续碳纤维增强铝基复合材料为例说明低模量金属基体对复合材料性能的影响。比较压力浸渗法制备出的 $M40C_f/6061$ 和 $M40C_f/5A06$ 两种复合材料[9]，其中碳纤维的体积分数为 60%，M40 碳纤维的直径为 5μm，两种基体合金的成分见表 7-7。在退火状态下，基体 5A06 的模量高于基体 6061。

表 7-7 基体合金的成分

合金牌号	Mg	Si	Cu	Fe	Mn	Zn	Ti	Al
6061	0.8～1.2	0.4～0.8	0.15～0.4	≤0.7	≤0.15	≤0.25		余量
5A06	5.8～6.8				0.5～0.8		0.02～0.1	余量

两种材料的拉伸性能测试结果如图 7-8 所示，基体 6061 的弹性模量为 68.9GPa，$M40C_f/6061$ 的拉伸强度为 720.1MPa，而基体 5A06 的弹性模量为 70GPa，$M40C_f/5A06$ 的拉伸强度为 973MPa，后者比前者高 35%。界面存在的脆性 Al_4C_3 反应物会在低应力条件下断裂而成为裂纹源，导致纤维的早期失效破坏；该界面反应物使复合材料的界面结合力过高，也会降低复合材料的强度。

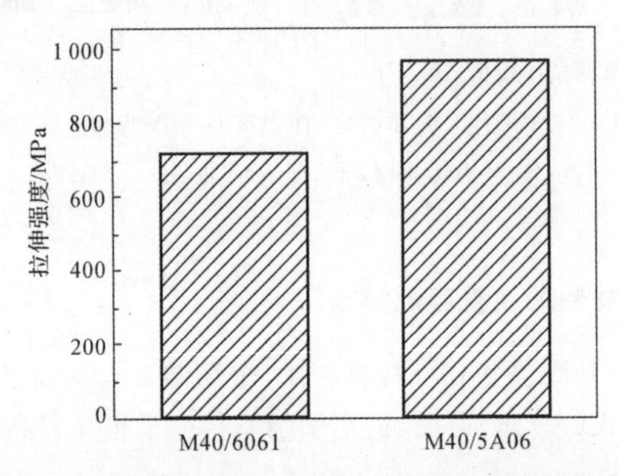

图 7-8 基体合金对 C_f/Al 复合材料拉伸强度的影响[9]

界面反应程度较高、基体模量较低的 $M40C_f/6061$ 力学性能相对低，其断口几乎没有纤维拔出，表现为脆性断裂(见图 7-9(a)(c))，而界面反应轻微、基体模量较高的 $M40C_f/5A06$ 复合材料则具有较高强度，其断口有部分纤维拔出，基体发生了一定量的塑性变形(见图 7-9(b)(d))。

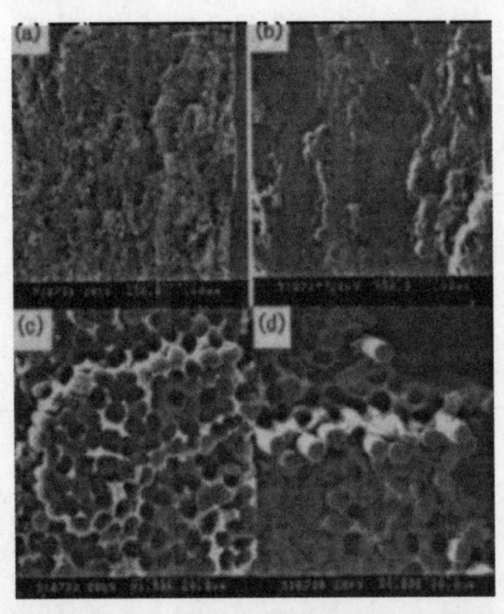

图 7-9 C_f/Al 复合材料的拉伸断口形貌[9]

(a)(c)M40/6061； (b)(d)M40/5A06

2. 高模量金属基体复合材料

以单晶 Al_2O_3 连续纤维增强高模量 Fe 基合金为例，说明高模量金属基体对复合材料性能的影响。如表 7－8 所示，FeAlVCMn 基体的屈服强度为 762±23MPa，失效强度为 817±29MPa，模量为 163±16GPa；FeNi－CoCrAl 基体的屈服强度为 254±5MPa，失效强度为 464±56MPa，模量为 157±27GPa[10]。

表 7－8 Fe 基合金的力学性能

材　料	失效强度 σ_{UTS}/MPa	$\sigma_{0.2\%y}$/MPa	E/GPa	ε_f/(%)
FeAlVCMn	817±29	762±23	163±16	1.20±0.48
FeNi－CoCrAl	464±56	254±5	157±27	>10

如图 7－10 所示为单晶 Al_2O_3 纤维增强 Fe 基复合材料和 Fe 基合金的拉伸应力-应变曲线。单晶 Al_2O_3 纤维增强 FeAlVCMn 复合材料（Al_2O_3/FeAlVCMn）的抗弯强度达1 096±231MPa，失效应变为 0.7%，弹性模量为 238±26GPa，远高于基体的模量。由于单晶 Al_2O_3 纤维增强 FeNi－CoCrAl 复合材料（Al_2O_3/FeNi－CoCrAl）的基体与纤维之间的模量比相对较小，Al_2O_3/FeNi－CoCrAl 复合材料的强度低于 Al_2O_3/FeAlVCMn 复合材料的强度。不同体积分数的单晶 Al_2O_3 纤维增强 Fe 基复合材料的力学性能见表 7－9。

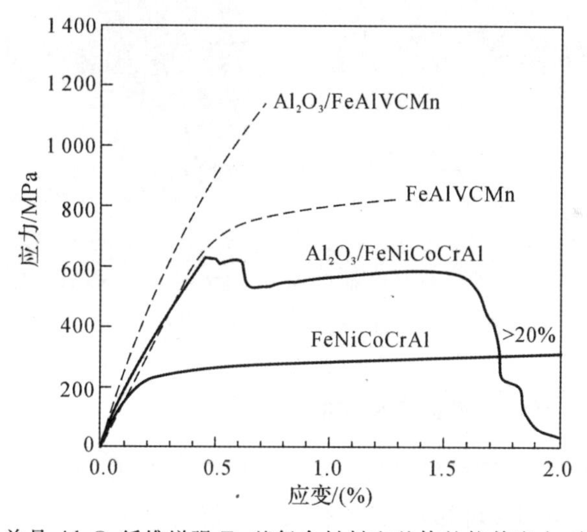

图 7－10 单晶 Al_2O_3 纤维增强 Fe 基复合材料和基体的拉伸应力-应变曲线[10]

表 7－9 单晶 Al_2O_3 纤维增强 Fe 基复合材料的力学性能

材　料	σ_{UTS}/MPa	σ_{el}/MPa	E/GPa	ε_{UTS}/(%)	ε_{el}/(%)	V_f/(%)	预测失效强度[11]/MPa
Al_2O_3/FeAlVCMn							
Tape－cast	989	383	238	0.57	0.18	26	972
	1 148	391	228	0.71	0.17	33	1 028
	1 152	341	249	0.72	0.13	26	972

续 表

材 料	σ_{UTS}/MPa	σ_{el}/MPa	E/GPa	ε_{UTS}/(%)	ε_{el}/(%)	V_f/(%)	预测失效强度[11]/MPa
Al_2O_3/FeNiCoCrAl							
Powder - cloth	638	214	258	0.38	0.14	33	640
	624	138	215	0.52	0.06	33	640
Tape - cast	636	182	207	0.41	0.10	34	646
	674	247	254	0.38	0.11	34	646

Al_2O_3/FeAlVCMn 复合材料的基体模量相对较高，为 163±16GPa，其断口纤维的拔出长度较短(见图 7-11(a))；而 Al_2O_3/FeNi-CoCrAl 复合材料的基体模量为 157±27GPa，相对较低，其断口纤维拔出长度较长(见图 7-11(b))。

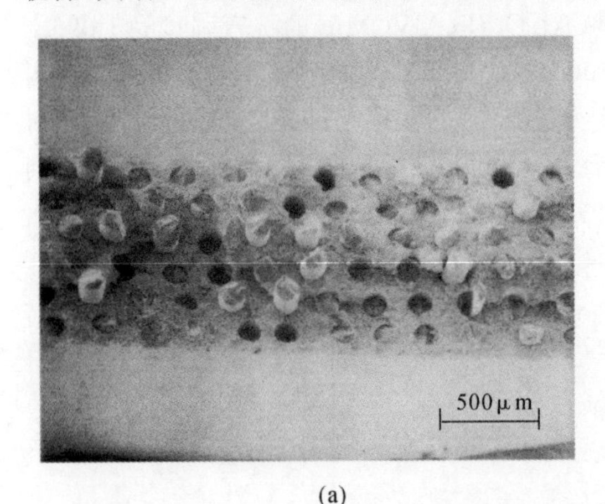

(a)

(b)

图 7-11 Al_2O_3纤维增强 Fe 基复合材料的断口 SEM 照片[10]

(a) Al_2O_3/FeAlVCMn； (b) Al_2O_3/FeNi-CoCrAl

7.2.3 陶瓷基复合材料的模量匹配控制

对于陶瓷基复合材料，纤维模量通常小于基体模量。因此，陶瓷基复合材料强度较低、纤维临界长度较小。由以下两式可知，降低基体模量是提高陶瓷基复合材料强度、增加其临界纤维长度的有效途径[11]。

$$\sigma'_C=\left(V_m+\frac{E_f}{E_m-\Delta E_m}V_f\right)\sigma'_m \tag{7-18}$$

$$\frac{l'_c}{d}=(1+\varepsilon'_m)\frac{E_f}{E_m-\Delta E_m} \tag{7-19}$$

由于陶瓷基体的脆性，如果界面结合太强，基体裂纹会穿过纤维，使复合材料表现出与单体陶瓷相似的脆性断裂；如果界面结合适中，基体裂纹可以沿着界面偏转，减小纤维损伤，使复合材料兼具高强度和高韧性。因此，裂纹在界面处的扩展对复合材料的增韧具有重要作用。

基体裂纹在纤维/基体界面处至少存在三种可能的扩展途径(见图 7-12)，裂纹在界面处向一边偏转(单偏转裂纹)，裂纹在界面向两边偏转(双偏转裂纹)，裂纹穿过界面。确定裂纹扩展途径的判据有应力判据和能量判据，前者由界面局部渐进应力场控制，后者基于两个裂纹扩展途径的断裂功差值[12-16]。

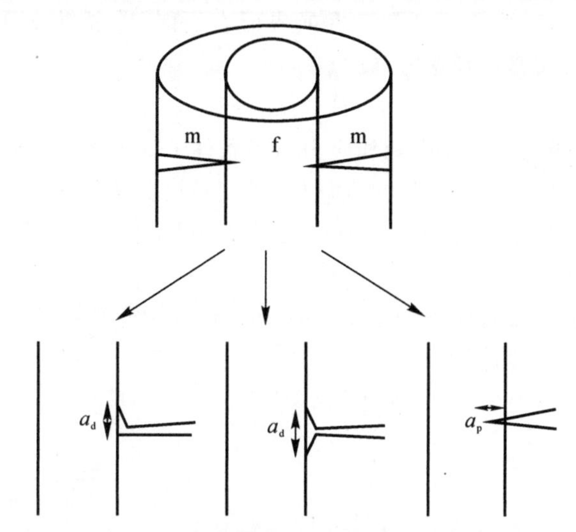

图 7-12　纤维 / 基体界面处三种可能的断裂模式[12-16]

从能量角度讲，裂纹扩展会释放其周围应力场的能量，当这一能量足以弥补产生新裂纹表面的能量时，裂纹就会扩展。为了预测裂纹扩展，需要计算能量释放速率 G 或裂纹每扩展单位面积所释放的弹性能，也需要掌握裂纹扩展的裂纹表面断裂能 Γ。G_d 和 Γ_d 分别为裂纹偏转的能量释放速率和表面能，G_p 和 Γ_p 分别为裂纹穿过界面的能量释放速率和表面能。如果 $G_d \geqslant \Gamma_d$，则裂纹可以偏转；如果 $G_p \geqslant \Gamma_p$，则裂纹可以穿过纤维。对于由两种材料构成的界面，在平面应变条件下，体系中的应力取决于两个基本的变量，即 Dundurs 参数[17]：

$$\alpha = \frac{E_f(1-\nu_m^2) - E_m(1-\nu_f^2)}{E_f(1-\nu_m^2) + E_m(1-\nu_f^2)} \tag{7-20}$$

$$2\beta = \frac{E_f(1+\nu_m)(1-2v_m) - E_m(1+v_f)(1-2v_f)}{E_f(1-v_m^2) + E_m(1-v_f^2)} \tag{7-21}$$

对垂直于界面的裂纹，当施加平行于界面的外力时，沿着界面的能量释放速率 G_d 和裂纹扩展进入纤维的能量释放速率 G_p 分别为

$$G_d = d(\alpha,\beta)k_I^2\,\pi a_d^{1-2\lambda}, \quad G_p = c(\alpha,\beta)k_I^2\,\pi a_p^{1-2\lambda} \tag{7-22}$$

式中　a_d—— 沿界面的裂纹扩展长度；

a_p—— 裂纹扩展进入纤维的长度；

K_I—— 模式 I 的应力强度因子；

d,c——Dundurs 参数的复杂函数；

λ—— 纤维和基体间的弹性失配函数。

式(7-20)～式(7-22)适用于由裂纹渐近尖端场引起的裂纹扩展。对于基体和纤维具有相同弹性性能的材料，$\lambda = 1/2$；而对于基体刚度比纤维大的材料，$\lambda > 1/2$。因此，当裂纹扩展长度为零时，若 $\lambda < 1/2$，则应变释放速率为零，界面不可能发生开裂；若 $\lambda > 1/2$，则在任一有限应力水平下，界面都会开裂。

针对以上问题，He 和 Hutchinson(HH) 提出了评价界面脱黏或是裂纹穿过的判据。HH 提出：假定 $a_d = a_p$，分析 G_d/G_p 比值可判断裂纹在界面偏转还是穿过，如果 $G_d/G_p > \Gamma_d/\Gamma_p$，裂纹将会偏转。对于纤维表面的穿透裂纹，$\Gamma_p = \Gamma_f$，$\Gamma_f$ 为临界能量释放速率或纤维表面能；对于界面的偏转裂纹，$\Gamma_d = \Gamma_i$，Γ_i 为界面断裂韧性或界面表面能，Γ_i 通常比基体表面能 Γ_m 低。因此，纤维 / 基体界面的裂纹偏转判据为

$$\Gamma_i/\Gamma_f < G_d/G_p \tag{7-23}$$

He 和 Hutchinson 研究了平面应变和应力边界条件下的平界面。假定基体和纤维各向同性，并间接假定基体裂纹尺寸为半无限的，而裂纹扩展长度为无限的。研究表明，裂纹偏转的判据主要取决于 α，而受 β 的影响较小。HH 研究了 $\beta=0$ 情况下的单 / 双偏转裂纹及斜入射裂纹等。

He - Hutchinson 的裂纹脱黏判据如图 7 - 13 所示。当纤维和基体的弹性模量相同时，界面裂纹单向偏转(模式 I) 的判据为

$$\Gamma_i/\Gamma_f < 1/4 \tag{7-24}$$

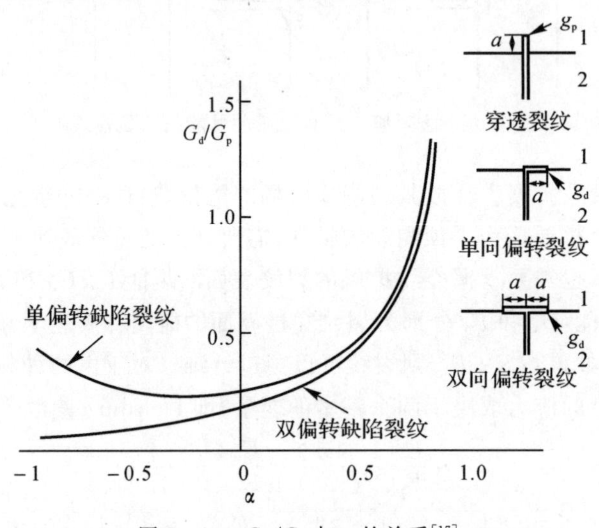

图 7 - 13　G_d/G_p 与 α 的关系[17]

当纤维的平面应变拉伸模量为基体的 3 倍时，$\alpha = 0.5$，界面裂纹单向偏转(模式 I) 的判据为

$$\Gamma_i/\Gamma_f < 1/2 \tag{7-25}$$

研究表明，大多数陶瓷纤维具有断裂能 $\Gamma_f \approx 20\mathrm{J/m^2}$。对于弹性模量相同的纤维和基体，式(7 - 24) 表明，脱黏能的上限为 $\Gamma_i = 5\mathrm{J/m^2}$[12-18]。

如图 7 - 14 所示为可发生界面脱黏的陶瓷基复合材料示意图。在陶瓷基复合材料纤维与基体的界面处，可形成低脱黏能界面的三种情况是纤维 / 基体间的弱界面层脱黏，如图 7 - 14(b) 所示；多孔基体与纤维形成弱界面，如图 7 - 14(c) 所示；纤维与基体间存在间隙，如图 7 - 14(d) 所示。由于纤维与基体间存在间隙会导致纤维不能有效承担载荷。因此，常采用的弱界面为弱界面层或多孔基体。

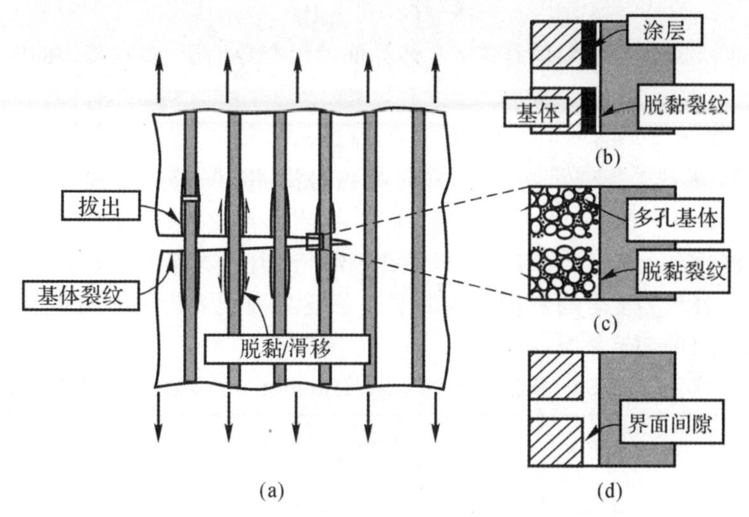

图 7-14　可发生界面脱黏的陶瓷基复合材料示意图[18]

(a) 复合材料的裂纹扩展；(b) 纤维/基体间的弱界面层脱黏

(c) 多孔基体与纤维形成弱界面；(d) 纤维与基体间存在间隙

1. 多孔陶瓷基复合材料

对于没有界面层的复合材料，如果基体的理论模量高于纤维的理论模量，则可以通过设计成多孔基体的方法来改善界面模量匹配的程度。

多孔陶瓷基复合材料的强度可以用下式表示：

$$\sigma_C = \sigma'_{mu}\left\{1 + V_f\left[\left(\frac{E_f}{E'_m}\right) - 1\right]\right\} \tag{7-26}$$

式中　E'_m—— 多孔基体的模量；

σ'_{mu}—— 多孔基体的强度。

由此可见，当纤维与基体模量不匹配时，即使基体的致密度提高，复合材料的强度也未必提高。以 SiC 纤维增韧多孔 SiC 陶瓷基复合材料为例说明上述观点[19-20]，表 7-10 给出了 SiC 纤维和 SiC 基体的力学性能。

表 7-10　SiC 纤维和 SiC 基体的弹性常数(弹性模量 E 和泊松比 ν)与断裂能 Γ

力学性能	SiC_f	SiC
弹性模量 E/GPa	270	400
泊松比 ν	0.2	0.2
断裂能 $\Gamma/(J \cdot m^{-2})$	20	20

多孔 SiC 陶瓷的强度 σ'_{mu}、模量 E'_m 随孔隙率 P 的变化规律为

$$\sigma'_{mu} = 700e^{-1.88P} \tag{7-27}$$

$$E'_m = 400e^{-2.27P} \tag{7-28}$$

多孔基体的断裂能 G_c^P 与致密材料的断裂能 G_c 和孔隙率 P 的关系为

$$G_c^P = G_c\,(1-P)^2 \tag{7-29}$$

由于多孔 SiC/SiC 复合材料的纤维 / 基体界面处没有界面层，多孔基体的断裂能近似为界面的断裂能，即

$$\Gamma_i = G_c^P = G_c\,(1-P)^2 \tag{7-30}$$

假定泊松比不随孔隙率变化，由表 7 - 10 的数据及式(7 - 28) ～ 式(7 - 30) 计算得到的 He -Hutchinson 参数见表 7 - 11。由表 7 - 11 可见，当 $P=42\%$ 时，多孔 SiC/SiC 复合材料界面处具有裂纹偏转能力；而当 $P\leqslant 41\%$ 时，多孔 SiC/SiC 复合材料界面处的裂纹会沿纤维径向往纤维内部扩展，表现为复合材料的脆性断裂。假定界面裂纹为单向偏转裂纹，那么可由图 7 - 13 判断界面裂纹的偏转情况。

表 7 - 11　多孔 SiC/SiC 复合材料的 He - Hutchinson 参数及界面裂纹偏转情况

P	E_f/GPa	E_m/GPa	ν	Γ_i/(J·m^{-2})	Γ_f/(J·m^{-2})	Γ_i/Γ_f	α	裂纹状态
10%	270	319	0.2	16.2	20	0.81	−0.083	穿过
20%	270	254	0.2	12.8	20	0.64	0.031	穿过
30%	270	202	0.2	9.8	20	0.49	0.144	穿过
40%	270	161	0.2	7.2	20	0.36	0.253	穿过
41%	270	158	0.2	7.0	20	0.35	0.262	穿过
42%	270	154	0.2	6.8	20	0.34	0.274	偏转
43%	270	151	0.2	6.5	20	0.32	0.283	偏转
45%	270	144	0.2	6.1	20	0.30	0.304	偏转

当 SiC 纤维的体积分数为 40% 时，由式(7 - 26) ～ 式(7 - 28) 可得多孔 SiC/SiC 复合材料的强度随气孔率的变化规律，即

$$\sigma_C = \sigma'_{mu}\left\{1+V_f\left[\left(\frac{E_f}{E'_m}\right)-1\right]\right\} = 700e^{-1.88P}\left\{1+\frac{2}{5}\left[\left(\frac{270}{400e^{-2.27P}}\right)-1\right]\right\} = 420e^{-1.88P}+189e^{0.39P} \tag{7-31}$$

因此，当 $P=42\%$ 时，由式(7 - 31) 可得多孔 SiC/SiC 复合材料的强度为

$$\sigma_C = 700e^{-1.88P}\left\{1+\frac{2}{5}\left[\left(\frac{270}{400e^{-2.27P}}\right)-1\right]\right\} = 420e^{-1.88P}+189e^{0.39P} = 413\text{MPa}$$

由此可见，当 SiC 纤维的体积分数为 40%时，基体气孔率为 42%的多孔 SiC/SiC 复合材料既具有最高强度又是界面脱黏的必要条件。

最常见的多孔陶瓷基复合材料是氧化物陶瓷基复合材料。氧化物陶瓷基体必须具有足够低的韧性才能使基体裂纹在纤维/基体界面处偏转，从而使复合材料获得足够高的强度。这种看似矛盾的要求只有使基体内部的气孔均匀分布时才能达到。细的基体颗粒可以提高堆垛密度和均匀性，从而提高基体强度。但是，细基体颗粒会导致在基体制备和使用过程中复合材料的进一步致密化，使得气孔率降低，导致纤维与基体间的界面结合变强。

莫来石具有好的抗蠕变性和低的模量，在 1 300℃以下难烧结，有潜力作为燃气轮机用耐 1 000～1 200℃的热结构材料。为了实现莫来石基体颗粒间的键合，需要采用 1 300℃以上的高温烧结，但是，大多数商用氧化物纤维在 1 300℃以上易于发生微结构演变。在理想情况下，

陶瓷基体颗粒间形成键合，且体积收缩最小，所需的烧结机理为表面或气相传输，但这种途径不能保证基体所需的强度。先驱体浸渗裂解（PIP）是形成颗粒间键合的另一个途径，但是初始基体必须具有足够强度才能经受后续的 PIP 工艺。

氧化物纤维增强氧化物陶瓷基复合材料的设计理念如图 7－15 所示[21]。莫来石颗粒（直径 1μm）在纤维束间及纤维束内填充，形成刚性网络，约 200nm 粒径的 Al_2O_3颗粒填充于这些网络中。由于亚微米尺寸的 Al_2O_3在 800℃以上易于烧结，细的 Al_2O_3颗粒在莫来石颗粒之间以及莫来石与纤维之间形成桥接。较低的工艺温度可减小对纤维的损伤，而刚性莫来石网络可抑制基体的收缩，且通过先驱体浸渍裂解可进一步增强基体。

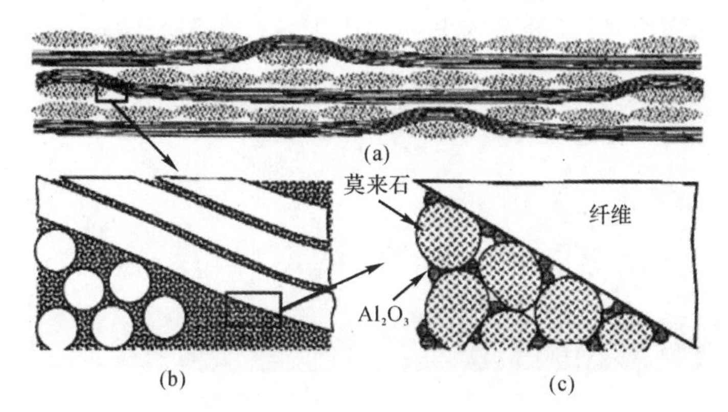

图 7－15　氧化物纤维增强氧化物基复合材料的微结构设计示意图（纤维为 Nextel 610 或 720，基体由莫来石颗粒组成的连续网络结构，莫来石颗粒间由小 Al_2O_3颗粒及 PIP Al_2O_3组成）[21]

如图 7－16 所示为氧化物纤维增强氧化物基复合材料的工艺流程。采用莫来石粉体和 Al_2O_3粉体配制成浆料，在 3D 或 2D 氧化物纤维上进行真空浆料浸渍，干燥后在 900℃进行烧结。采用 $AlCl(OH)_5$溶液对复合材料进行先驱体浸渍裂解，在 1 200℃进行烧结，获得氧化物纤维增强氧化物基复合材料。当 PIP 循环 10 次后，纤维束内和纤维束间均填充了均匀的莫来石-氧化铝基体（见图 7－17），基体中含 20％Al_2O_3，气孔率为 37％。

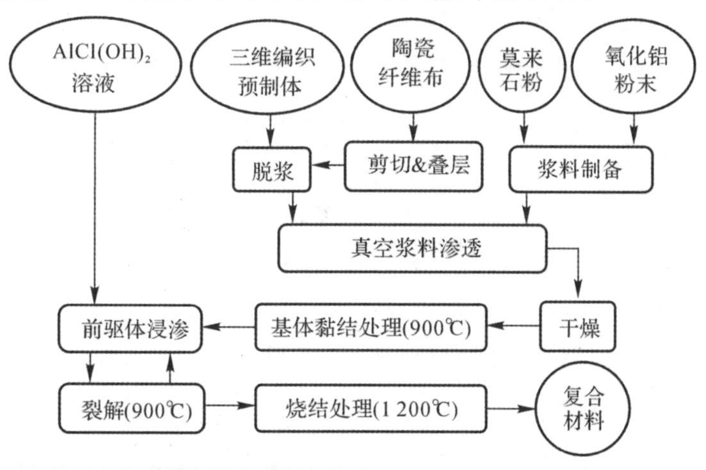

图 7－16　氧化物纤维增强氧化物基复合材料的工艺流程[21]

当 Nextel 610 和 Nextel 720 纤维增强氧化物基复合材料的纤维预制体为 0°/90°铺层时的纤维体积分数均为 39%，纤维的轴向模量分别为 75GPa 和 50GPa。由式(7－26)可知，Nextel 610 纤维增强复合材料的拉伸强度高于后者，这与图 7－18 所示的实验结果一致。在图 7－18 中，两种复合材料的初始模量分别为 107GPa 和 59GPa，而 Nextel 610 纤维增强复合材料的强度达到 230MPa。

假定 Nextel 610 纤维和莫来石-氧化铝基体的断裂能均为 20 J/m^2，泊松比也均为 0.2，由式(7－26)～式(7－30)所计算获得的 He－Hutchinson 参数见表 7－12[22]。假定界面裂纹为单向偏转裂纹，那么可由 He－Hutchinson 判据(见图 7－13)判断界面裂纹的偏转情况，具体如图 7－19 所示。当复合材料孔隙率大于 30%时，复合材料界面可出现裂纹偏转。

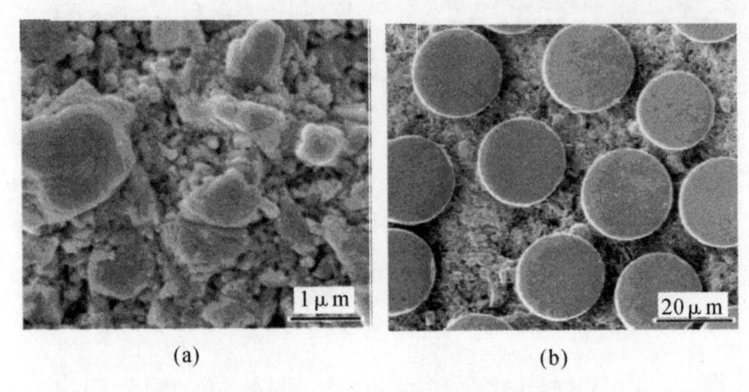

(a)　　(b)

图 7－17　Nextel 610 纤维增强莫来石-氧化铝复合材料抛光断口形貌 SEM 照片[21]

(a)基体含 20%Al_2O_3，气孔率为 37%；　(b)PIP 10 次后纤维束内填充的基体形貌

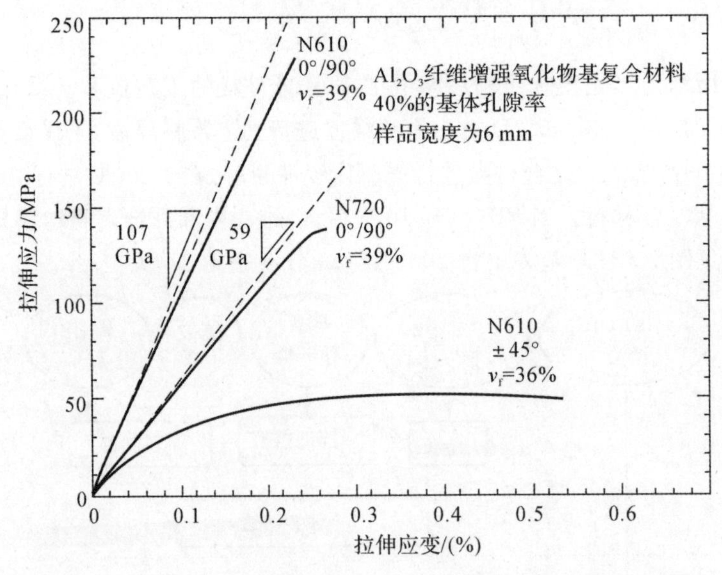

图 7－18　Nextel 610 纤维以及 Nextel 720 纤维增强莫来石-氧化铝复合材料的拉伸应力-应变曲线[21]

表7-12　多孔Nextel 610/莫来石-氧化铝复合材料的He-Hutchinson参数及界面裂纹偏转情况

P	E_f/GPa	E_m/GPa	ν	$\Gamma_i/(J\cdot m^{-2})$	$\Gamma_f/(J\cdot m^{-2})$	Γ_i/Γ_f	α	裂纹状态
10%	370	120	0.2	16.2	20	0.81	0.510	穿过
20%	370	95	0.2	12.8	20	0.64	0.591	穿过
30%	370	76	0.2	9.8	20	0.49	0.659	偏转
40%	370	60	0.2	7.2	20	0.36	0.721	偏转
41%	370	59	0.2	7.0	20	0.35	0.725	偏转
42%	370	58	0.2	6.8	20	0.34	0.729	偏转

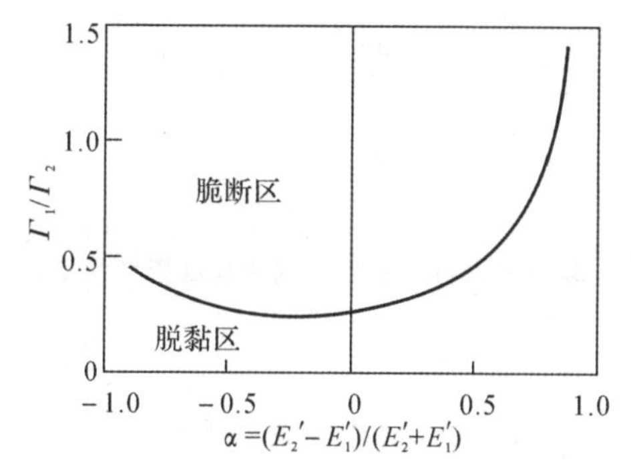

图7-19　基于He-Hutchinson模量匹配关系分析Nextel 610/莫来石-氧化铝界面裂纹扩展方向示意图[22]

如图7-20所示为Nextel 610纤维增强多孔莫来石-氧化铝复合材料的断口形貌。由图可见，复合材料断裂过程中广泛表现出纤维拔出（见图7-20(a)），多孔基体与Nextel 610纤维之间形成的弱界面层是界面脱黏（见图7-20(b)）和纤维拔出（见图7-20(a)）的关键。

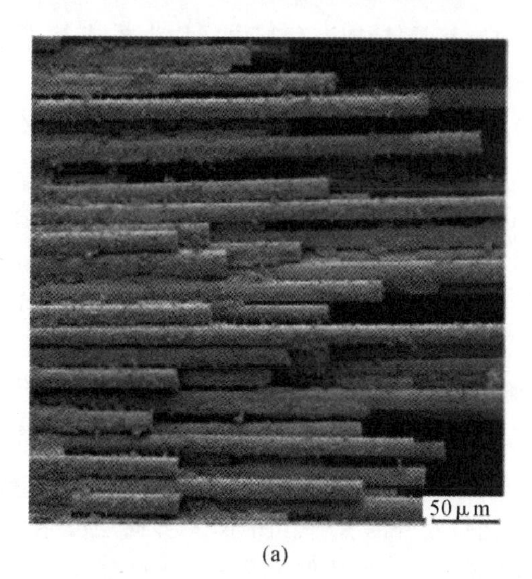

(a)

(b)

图7-20　Nextel 610纤维增强多孔莫来石-氧化铝复合材料的断口形貌SEM照片[22]

(a)纤维拔出；　(b)界面脱黏

提高制备温度或服役温度会增加复合材料基体的烧结程度。基体强度的提高会导致复合材料强度增加，但随着基体致密化程度增加，界面断裂能增加，导致复合材料发生脆断，使纤维不能有效发挥承载作用。因此，随着烧结程度进一步增大，复合材料的强度表现出降低的趋势(见图 7－21)[22]。

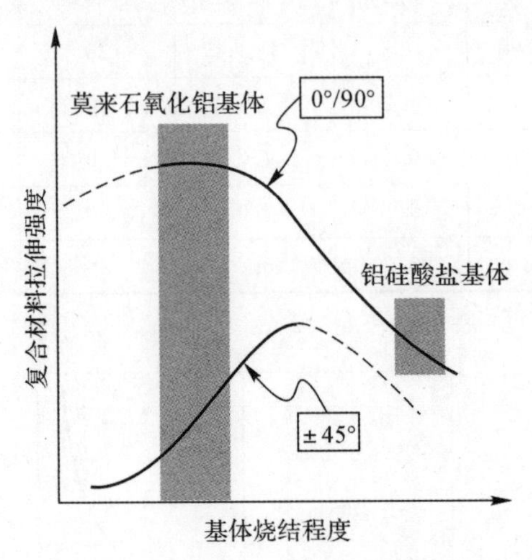

图 7－21　复合材料拉伸强度随基体烧结程度的变化规律[22]

2.含界面层陶瓷基复合材料

采用界面层可以在强界面结合的纤维/基体间形成弱结合界面。陶瓷基复合材料对界面层的要求是可偏转裂纹并具有抗氧化能力。由图 7－22 可见陶瓷基复合材料的界面相可分为如下几类[23]：(a)纤维/界面层间弱结合(Ⅰ型)；(b)层状晶体结构界面相(Ⅱ型)；(c)$(X-Y)_n$多层界面相(Ⅲ型)；(d)多孔界面相(Ⅳ型)。

Ⅰ型界面层是指纤维与界面层之间形成弱结合，如 Nicalon/PyC/SiC，Nicalon/BN/SiC，C/PyC/SiC 复合材料等。

Ⅱ型界面层是指界面层具有平行于纤维表面的层状晶体结构，每层之间均为弱结合，像热解碳(PyC)、六方氮化硼(h－BN)等界面层材料适用于非氧化物陶瓷基复合材料；像 $LaPO_4/Al_2O_3$，$KMg_3(AlSi_3)O_{10}F_2$，$KMg_2AlSi_4O_{12}$，$CaAl_2O_{19}$ 等界面层材料适用于氧化物陶瓷基复合材料。在理想情况下，这些界面层应该与纤维表面紧密结合，界面层中的每一微层都平行于纤维表面。在这种情况下，纤维/界面层之间的弱结合不再表现为力学熔断，基体裂纹在界面层内部多次偏转。但是，这种界面层很少能达到理想状态。换言之，这类界面层的晶化程度、取向程度以及与纤维表面的结合性较差，因此，常表现出Ⅰ型界面层或Ⅰ型/Ⅱ型混杂界面相的断裂模式。

Ⅲ型界面层将Ⅱ型界面层的概念扩展至纳米尺度或微米尺度。这类界面层由不同属性的界面交替形成$(X-Y)_n$，且与纤维之间形成强结合，但是 X/Y 界面之间为弱结合。Ⅲ型界面具有很大的可设计性，可调参数包括 X,Y 界面层的属性，X,Y 界面层的交替层数和厚度等。Ⅲ型界面层的另一个优点是 X,Y 界面层可设计成优势互补的材料。例如，X 界面层可充当力学熔断功能层，Y 界面层可充当氧化性气体扩散阻挡层。典型的例子是 SiC/SiC 复合材料中的$(PyC-SiC)_n$多层界面相(见图 7－23)。

Ⅳ型界面层是多孔界面层。制备多孔界面层的方法是先在纤维表面形成 C/氧化物涂层，然后制备基体，最后烧掉碳相而形成多孔界面，如具有典型性的多孔 Al_2O_3 和 ZrO_2 界面层。

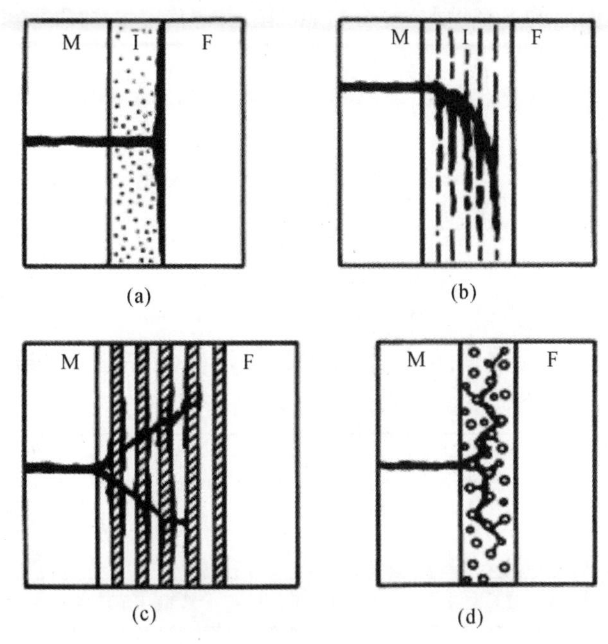

图 7-22　陶瓷基复合材料不同类型的界面相[23]

(a)纤维/界面层间弱结合；(b)层状晶体结构界面相；(c)$(X-Y)_n$多层界面相；(d)多孔界面相

对于上述四类界面层，复合材料基体裂纹在纤维/基体界面区能否偏转，不但取决于界面层与纤维的断裂能之比，还取决于纤维与基体的模量匹配程度。

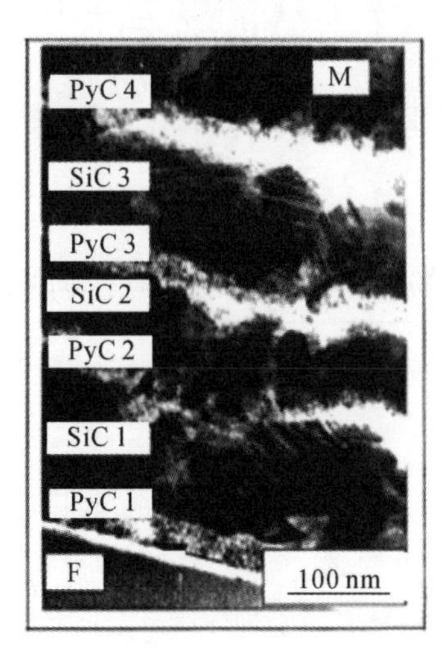

图 7-23　SiC/PyC 交替界面 TEM 照片[23]

下面就以 SiC 纤维增强钡铝硅复合材料(SiC/BAS)和 SiC 纤维增强 SiC 复合材料(SiC/SiC)为例进行说明[24-25]。表 7-13 给出了 SiC 纤维、BAS(SiC)基体、PyC(BN)界面层的性能数据。对于无界面层的 SiC/BAS 复合材料,有

$$E'_{\mathrm{f}}=\frac{E_{\mathrm{f}}}{1-\nu^2}=\frac{270}{1-0.2^2}=281.25$$

$$E'_{\mathrm{m}}=\frac{E_{\mathrm{m}}}{1-\nu^2}=\frac{100}{1-0.2^2}=104.17$$

$$\alpha=\frac{E'_{\mathrm{f}}-E'_{\mathrm{m}}}{E'_{\mathrm{f}}+E'_{\mathrm{m}}}=\frac{281.25-104.17}{281.25+104.17}=0.46$$

$$\frac{\Gamma_{\mathrm{i}}}{\Gamma_2}=\frac{\Gamma_{\mathrm{BAS}}}{\Gamma_{\mathrm{SiC}}}=\frac{10}{20}=0.5$$

表 7-13　SiC 纤维、BAS(SiC) 基体、PyC(BN) 界面层的弹性常数(弹性模量 E 和泊松比 ν) 与断裂能 Γ

力学性能	SiC_f	BAS	SiC	PyC	BN
弹性模量 E/GPa	270	100	400	6.9	62
泊松比 ν	0.2	0.2	0.2	0.17	0.2
断裂能 $\Gamma/(\mathrm{J\cdot m^{-2}})$	20	10	20	2	8

对于无界面层的 SiC/SiC 复合材料,有

$$E'_{\mathrm{f}}=\frac{E_{\mathrm{f}}}{1-\nu^2}=\frac{270}{1-0.2^2}=281.25$$

$$E'_{\mathrm{m}}=\frac{E_{\mathrm{m}}}{1-\nu^2}=\frac{400}{1-0.2^2}=416.67$$

$$\alpha=\frac{E'_{\mathrm{f}}-E'_{\mathrm{m}}}{E'_{\mathrm{f}}+E'_{\mathrm{m}}}=\frac{281.25-416.67}{281.25+416.67}=-0.26$$

$$\frac{\Gamma_{\mathrm{i}}}{\Gamma_2}=\frac{\Gamma_{\mathrm{SiC}}}{\Gamma_{\mathrm{SiC}}}=\frac{20}{20}=1$$

由图 7-24 可知,上述两种无界面的复合材料,裂纹在界面处都不会发生偏转。

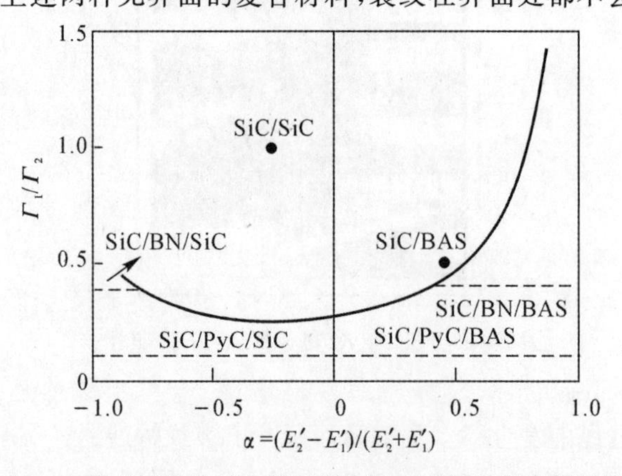

图 7-24　基于 He-Hutchinson 模量匹配关系分析 SiC/BAS,SiC/SiC 复合材料界面裂纹扩展方向的示意图

当采用 PyC 界面层时，$\frac{\Gamma_i}{\Gamma_2}=\frac{2}{20}=0.1$，此时，无论 α 多大，SiC/BAS 和 SiC/SiC 复合材料的基体裂纹在界面处都会偏转。

当采用 BN 界面层时，$\frac{\Gamma_i}{\Gamma_2}=\frac{8}{20}=0.4$，此时，对于采用 BN 界面层的 SiC/BAS 复合材料，只有当 $\alpha>0.45$ 时，基体裂纹在界面处才会偏转；而对于采用 BN 界面层的 SiC/SiC 复合材料，只有当 $\alpha<-0.82$ 时，基体裂纹在界面处才会偏转。

3. 多层基体复合材料

2D C/SiC 陶瓷基复合材料中，C 纤维的弹性模量为 230GPa，而 SiC 基体的弹性模量为 350GPa，基体的模量高于纤维。通过在 C 纤维和 SiC 基体之间制备弹性模量较低的 PyC 基体，并通过多层基体结构设计优化其力学性能。复合材料 A 纤维束内部的 PyC 基体层较薄，厚度约为 0.2 μm；纤维束外部的 PyC 基体层较厚，厚度约为 0.4 μm。复合材料 B 的 PyC 基体层厚度却与之相反，纤维束内部的 PyC 基体层较厚，厚度约为 0.4 μm；纤维束外部的 PyC 基体层较薄，厚度约为 0.2 μm。复合材料 A 和复合材料 B 的基体是多层结构，包含白色的 SiC 基体层和两层黑色的 PyC 基体层。PyC 基体层分布均匀而连续，并与 SiC 基体结合紧密。其中一层 PyC 基体存在于纤维束内部（如图 7-25 中单箭头所示），另外一层 PyC 基体层存在于纤维束外部（如图 7-25 中双箭头所示）。

(a)　(b)

图 7-25　改性 2D C/SiC 复合材料的显微结构[26]

(a)复合材料 A；(b)复合材料 B

改性前后复合材料典型的拉伸应力-应变曲线如图 7-26 所示。由图可见，拉伸应力-应变曲线可划分为三个阶段[27,27]：起始阶段为线性阶段，纤维和基体在该阶段发生弹性变形，这一阶段一直持续到基体刚要产生裂纹为止。当基体产生新的裂纹时，复合材料便进入第二阶段的变形。基体裂纹在该阶段随应力的增加而不断增多，拉伸曲线在宏观上表现为近似的线性行为。当基体裂纹达到饱和状态时，复合材料便开始了第三阶段的变形。在该阶段，界面发生脱黏，纤维承担大部分的载荷。随着应力的增加，纤维不断发生断裂，直到复合材料断裂为止。

改性后复合材料的断口形貌表明，纤维在拔出时伴随有基体的逐级拔出。基体的逐级拔出表明，裂纹在扩展过程中发生了多次偏转而延长了裂纹扩展路径和扩展时间，有效提高了复合材料韧性。裂纹在改性复合材料基体中的扩展路径如图 7-27(a)(b)所示。可见复合材料 A 和复合材料 B 中的基体裂纹在 SiC 基体层和 PyC 基体层的界面处以及 PyC 基体层和 SiC

基体层的界面处均发生偏转，并最终扩展到纤维表面。裂纹在基体层界面处发生偏转，表明PyC基体层具有与PyC界面相相似的“力学熔断器”和“偏转裂纹”功能，也达到把PyC层引入基体的目的。同时，裂纹在基体层界面处发生偏转必将造成纤维在拔出过程中伴有基体的拔出。此外，裂纹在基体层界面处发生偏转也必将引起PyC基体层和SiC基体层的脱黏和滑移。

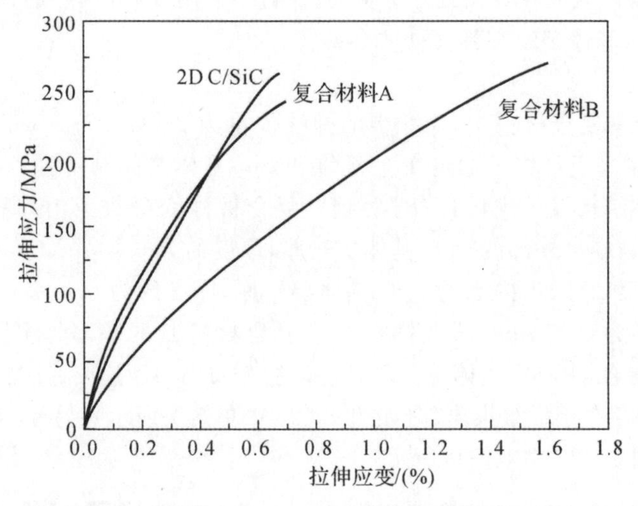

图7-26　改性复合材料和2D C/SiC复合材料典型的拉伸应力-应变曲线[26]

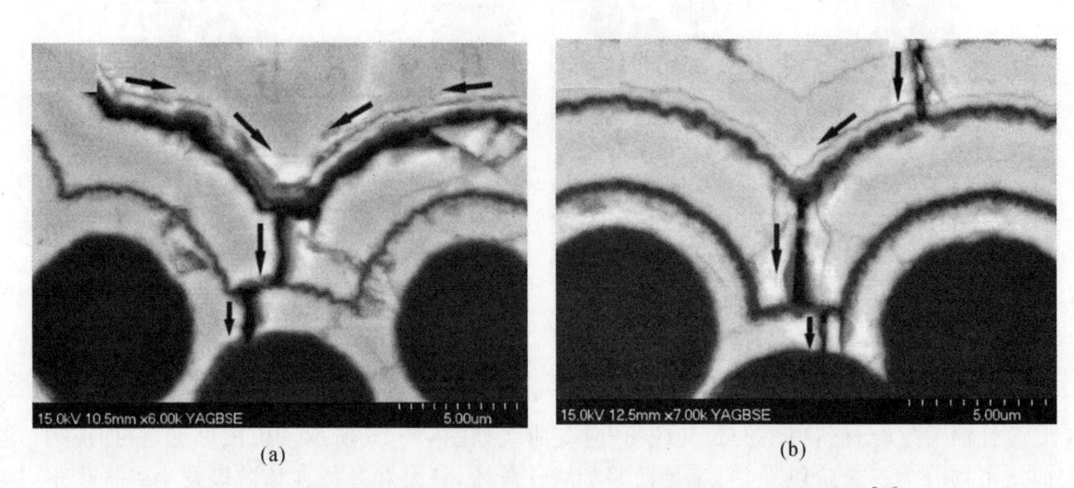

(a)　(b)

图7-27　裂纹在改性复合材料和2D C/SiC复合材料中的扩展路径[26]

(a)复合材料A；(b)复合材料B

7.3　复合材料的模量匹配与失效模式

复合材料的断裂可分为三种类型：积聚型断裂（K表示）、非积聚型断裂（HK表示）和混合型断裂（C表示）。

积聚型断裂，界面结合强度较弱，当外加载荷增加时，基体不能将载荷有效传递给纤维，整个复合材料内部出现不均匀的积聚损伤。此处损伤主要指界面脱黏、纤维断裂和拔出。若纤维损伤积聚过多，剩余截面不能承载而断裂。此时，复合材料的强度主要取决于纤维的强度。

非积聚型断裂，界面结合强度较强。复合材料的断裂主要集中在一个截面内，不存在纤维拔出。

混合型断裂，界面结合强度适中。大多数纤维可同时有效承担载荷，破坏时大多数纤维的拔出长度适中。

若将复合材料简化为由界面结合强、界面结合弱和界面结合适中的纤维组成，可用图 7-28 所示的物理模型说明上述三种断裂模式[28]。在复合材料承载过程中，界面结合强的纤维发生非积聚型断裂，图中以白色纤维表示；界面结合弱的纤维发生积聚型断裂，图中以黑色纤维表示；界面结合适中的纤维发生混合型断裂，图中以灰色纤维表示。发生以非积聚型为主的破坏时，当载荷达到最大值时，界面结合强的纤维几乎在同一断面断裂，如图 7-28(a)所示。发生以积聚型为主的破坏时，随着载荷的增加，纤维逐渐断裂，断面不在同一平面上，纤维拔出长度较长，如图 7-28(b)所示。发生混合型破坏时，纤维的断裂更趋向于同时断裂，纤维不在同一断面断裂，但拔出长度适中，如图 7-28(c)所示。

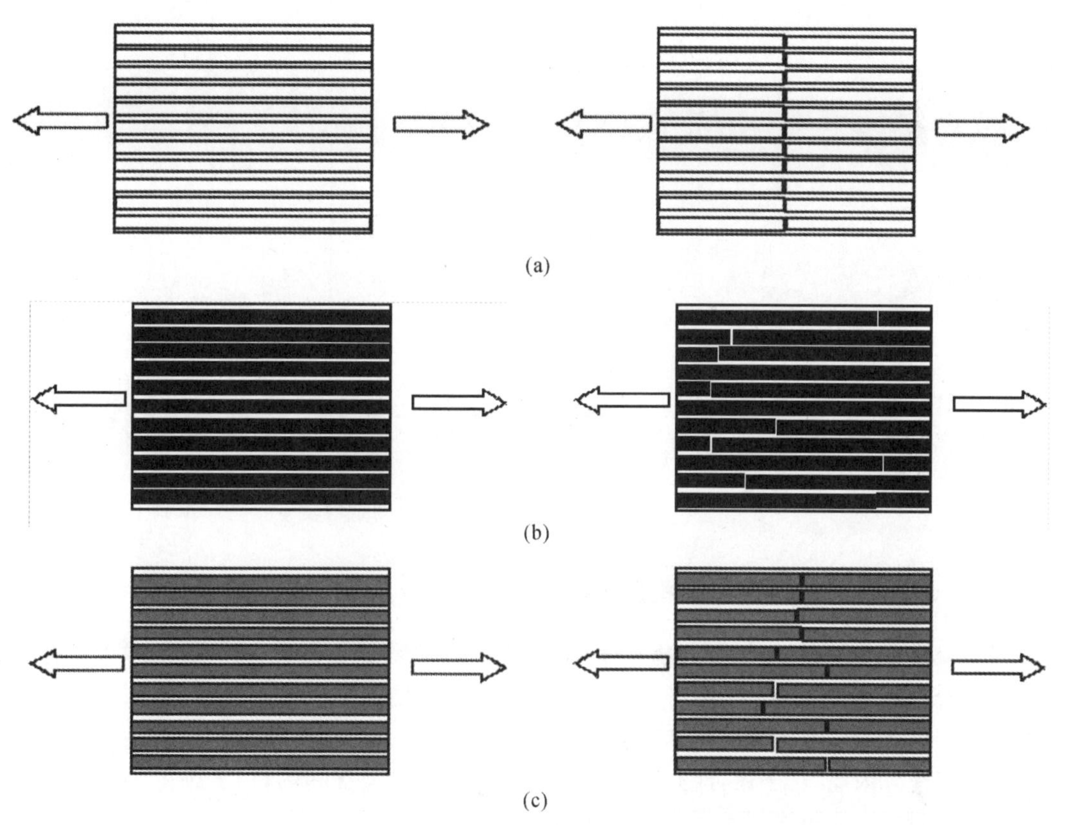

图 7-28　复合材料断裂的三种模型(白色代表界面结合强的纤维；黑色代表界面结合弱的纤维，灰色代表界面结合适中的纤维)[28]

(a)非积聚型断裂前后；(b)积聚型断裂前后；(c)混合型断裂前后

复合材料的界面结合是决定其强度及失效模式的主要因素，如图 7-29 所示[29]。界面结合表现为弱结合、强结合及适中结合。引入无量纲参数 θ 表示界面结合强度，θ 的取值范围为 0～1。当 $\theta=0$ 时，界面完全弱结合；当 $\theta=1$ 时，界面完全强结合；当 $0<\theta<1$ 时，界面结合介

于强弱之间。

(1)当 $0<\theta<\theta_1$ 时，由于界面结合强度较弱，基体不能将载荷有效地传递给纤维，整个复合材料内部出现不均匀的积聚损伤，导致其积聚型断裂。因纤维临界长度 l_c 太大，纤维拔出长度长，强度低而韧性高。

(2)当 $\theta_2<\theta<1$，由于界面结合强度较强，复合材料断裂主要集中在一个截面上，在断裂过程中不存在纤维的拔出，复合材料呈现非积聚型断裂。因纤维临界长度 l_c 太小，纤维拔出长度短，强度高而韧性低。

(3)当 $\theta_1<\theta<\theta_2$，由于界面结合强度适中，纤维临界长度 l_c 在一定范围内分布，纤维拔出长度适中，强度和韧性匹配性较好，复合材料具有最大的断裂强度，此时的界面结合为 θ_{max}。

一般地，对于弱界面结合的复合材料，其界面剪切强度低，临界纤维长度(l_c)较长，在断裂过程中表现为积聚型破坏，强度低而韧性高；对于强界面结合的复合材料，其界面剪切强度高，临界纤维长度(l_c)较短，在断裂过程中表现为非积聚型破坏，强度高而韧性低；对于界面结合适中的复合材料，临界纤维长度(l_c)在一定范围内，在断裂过程中表现为混合型破坏，强度和韧性匹配。

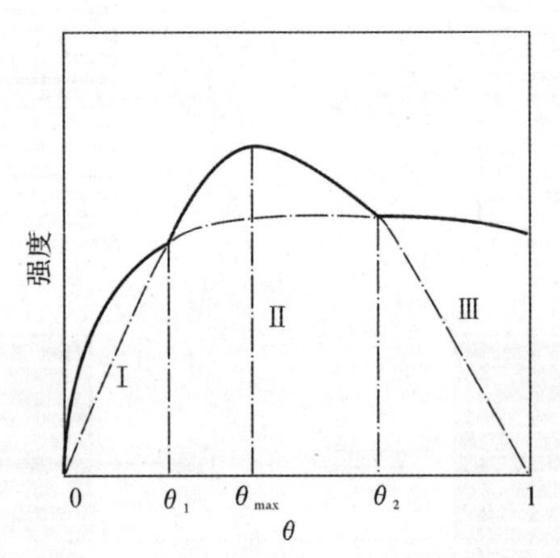

图 7-29　复合材料强度与界面结合的关系[29]

7.3.1　聚合物基复合材料的模量匹配与失效模式

对于聚合物基复合材料，聚合物基体与表面能较低的纤维之间润湿性较差，界面结合通常较弱。聚合物基复合材料常采用纤维表面改性的方法来提高其界面结合强度，从而实现对复合材料断裂模式的调控。聚合物基复合材料主要由纤维承担载荷，但是界面脱黏会导致纤维难以承担载荷。因此，对于聚合物基复合材料，强界面结合是有利的，但太强的界面结合也会导致复合材料发生非积聚型断裂，即脆性断裂。

以玻璃纤维增强环氧树脂基复合材料为例。通过单丝纤维复合材料(SFC)微损伤测试，可获得纤维/基体界面的剪切强度及平均临界纤维长度。表 7-14 给出了具有不同界面层的玻璃纤维增强环氧树脂基复合材料的界面剪切强度变化。如水清洗、环氧树脂-硅烷处理、甲基丙烯-硅烷处理、混合处理和聚氨酯处理的玻璃纤维增强环氧树脂基复合材料的临界纤维长径比和界面剪切强度。经水清洗的玻璃纤维表面具有更多 OH 基团，提高了纤维与环氧树脂基体的结合力，结果试样(a)的界面剪切强度为 53MPa；而试样(b)的界面剪切强度达 72MPa，这可能由于环氧树脂-硅烷界面层与环氧树脂基体之间存在强化学反应；甲基丙烯-硅烷提高了玻璃纤维表面 OH 基团的表面活性，进而提高了基体在纤维表面的润湿性，导致(c)试样的界面剪切强度较高，达 62MPa；混合处理(d)和聚氨酯处理(e)的玻璃纤维与基体间的界面结合较弱，导致临界纤维长度较长，界面剪切强度低[30]。

表 7 - 14　具有不同界面层的玻璃纤维增强环氧树脂基复合材料的界面剪切强度

表面处理	平均临界纤维长度/μm	临界纤维长径比	界面剪切强度/MPa
水清洗	313	24.1	53
环氧树脂-硅烷处理	443	34.1	72
甲基丙烯-硅烷处理	451	34.7	62
混合处理	1373	105.6	20
聚氨酯处理	677	52.1	34

具有不同界面结合强度复合材料的微损伤失效模式如图 7 - 30 所示，其失效模式取决于界面的属性和强度[31]。对于水清洗的纤维，基体开裂主要是微损伤模式，但基体裂纹尺寸不随应变的增加而明显提高(见图 7 - 30(a))。对于环氧树脂-硅烷处理的纤维，其界面剪切强度最高，在纤维断口仅可观察到基体裂纹(见图 7 - 30(b))，随应变增加，基体裂纹沿着垂直于纤维长度方向扩展。对于甲基丙烯-硅烷处理的纤维，界面结合相对较强，纤维断口处表现为界面脱黏，并伴随基体开裂，表现出混合型失效模式(见图 7 - 30(c))。混合处理(见图 7 - 30(d))和聚氨酯进行处理(见图 7 - 30(e))的试样因界面结合太弱，仅表现为界面脱黏。

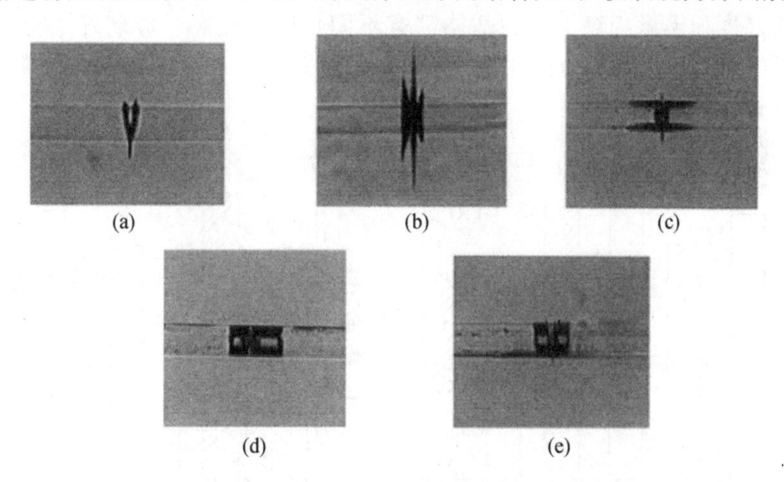

图 7 - 30　单丝复合材料的典型微损伤失效模式[31]

(a)水清洗；(b)环氧树脂-硅烷处理；(c)甲基丙烯-硅烷处理；(d) 混合处理；(e)聚氨酯处理

具有不同界面结合强度复合材料的拉伸载荷-位移曲线如图 7 - 31 所示。对于水清洗纤维增强的复合材料，载荷先线性增加然后突然失效。对于环氧树脂-硅烷处理纤维增强的复合材料，载荷达到最大值后也突然降低。由于甲基丙烯-硅烷处理纤维增强的复合材料具有较强的界面结合，所以复合材料不仅表现出最高拉伸强度，而且表现出非灾难性失效行为。采用混合处理和聚氨酯处理的纤维增强复合材料，由于界面结合性差，随着载荷进一步增加，界面大部分已脱黏,复合材料表现出低的强度。

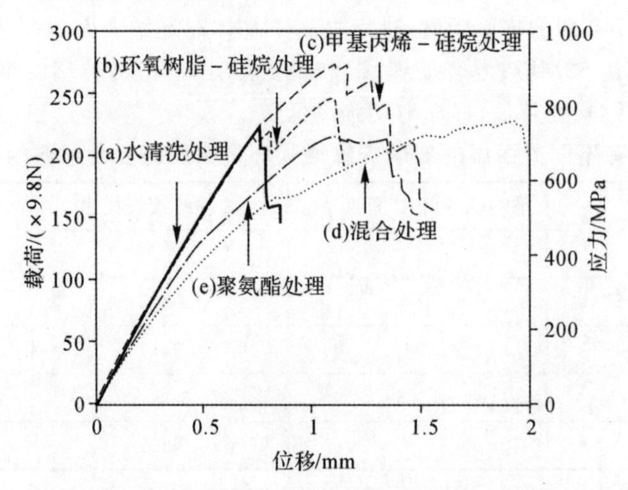

图 7-31　五种玻璃纤维增强环氧树脂基复合材料典型的拉伸载荷-位移曲线[31]

当聚合物基体和纤维的模量差距减小时,复合材料的强度通常会表现出升高趋势。以短纤维增强的聚合物基复合材料为例。纤维分别采用玻璃纤维和碳纤维,树脂基体采用缩水甘油酯类环氧树脂(TDE-85)、酚醛型环氧树脂(F-51)和双酚 A 型环氧树脂(E-51)。对于不同模量碳纤维和玻璃纤维增强的 TDE-85,F-51 和 E-51,三种环氧树脂基复合材料(SFRP)的拉伸强度和拉伸模量如图 7-32 所示[32]。碳纤维的拉伸强度为 2 500MPa,拉伸模量为 200GPa;玻璃纤维的拉伸强度为 2 200MPa,拉伸模量为 6.9GPa。两种纤维增强 E-51 基复合材料的强度和模量相对于树脂基体都有不同程度的提高。玻璃纤维对 E-51 的增强效果优于碳纤维,即 E-GFRP 的强度和模量均大于 E-CFRP,这是由于玻璃纤维与 E-51 基体间的模量较为匹配。

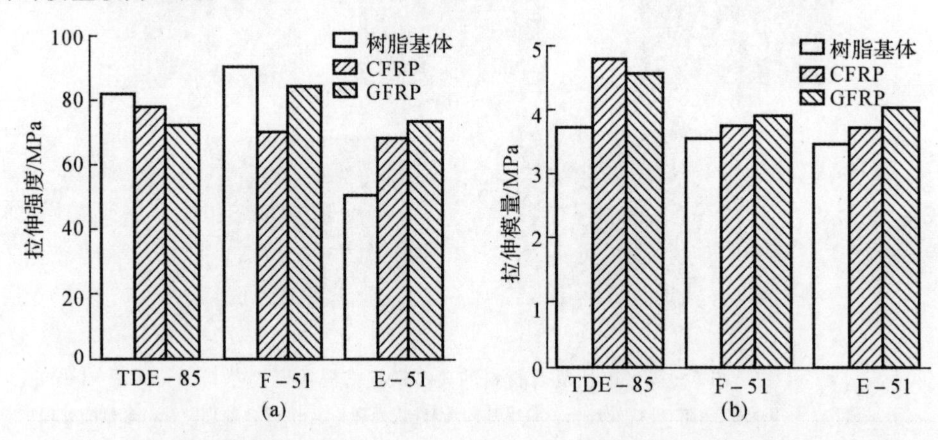

图 7-32　碳纤维和玻璃纤维增强 TDE-85 ,F-51 ,E-51 热固性环氧树脂基复合材料的力学性能[32]

7.3.2　金属基复合材料的模量匹配与失效模式

金属基复合材料纤维断裂后,金属基体承担部分载荷,并将另一部分载荷传递给相邻纤维。对于金属基复合材料,强界面结合是有利的,界面过早脱黏会导致复合材料的强度降低。

下面以碳纤维增强Al基复合材料(T300/Al和M40/Al)为例说明金属基复合材料的模量匹配和失效模式[33],随着界面结合强度增加,复合材料拉伸强度提高,如图7-33所示。当界面强度值达到25MPa时,界面不会在承载前期脱黏,复合材料强度也不再随界面强度增加而变化。

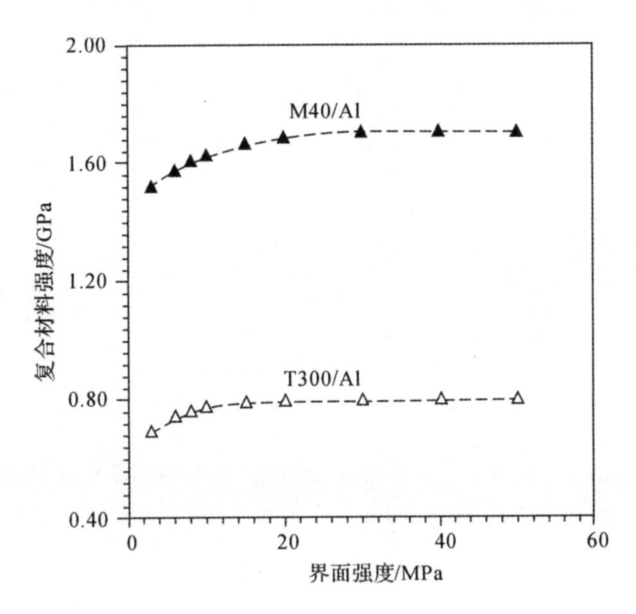

图7-33 T300/Al和M40J/Al复合材料界面强度对其应力-应变的影响规律曲线[33]

与宏观应力-应变曲线相对应,当界面结合变弱时,纤维断裂后相邻界面容易脱黏,载荷不能有效传递,纤维也不能有效发挥承载作用,失效模式表现为积聚型断裂,如图7-34(a)所示,复合材料强度较低。当界面结合变强时,失效模式向非积聚型断裂转变,如图7-34(b)(c)所示,复合材料强度升高。当界面结合强度超过25MPa时,界面不会脱黏,复合材料强度不再增加,如图7-34(d)所示。

对于金属基复合材料,纤维和基体的模量通常较为匹配。基体模量的变化对复合材料强度也产生较大影响,进一步增加基体模量可能导致纤维与基体模量失配。在碳纤维增强铝基和铜铝合金复合材料中,碳纤维的弹性模量为230GPa,Al基体的弹性模量为70GPa;而铜铝合金的拉伸强度为157MPa,模量为75～90GPa。碳纤维体积分数为6%的6vol.%C_f/Al复合材料,其抗拉强度为301MPa,而6vol.%C_f-Al-4wt.%Cu复合材料的拉伸强度为176MPa,两种复合材料的拉伸断口形貌如图7-35所示[34]。对于C_f/Al基复合材料,由图7-35(a)可知,当其受到外力作用时,不仅有基体承受部分载荷,而且载荷还将通过碳纤维与基体间的良好界面传递到碳纤维上,降低基体的载荷,使复合材料的拉伸强度提高;此外,由于分布于基体中的碳纤维具有高的拉伸强度和弹性模量,当其表面镀铜后,可以与基体形成良好的复合,使碳纤维脱黏困难,且碳纤维具有较大的长径比,可以更好地阻止裂纹扩展,对基体的变形和断裂有较好的约束作用。6vol.%C_f-Al-4wt.%Cu复合材料的拉伸断口形貌如图7-35(b)所示,可见,复合材料基体塑性变形较少,纤维容易提前失效。

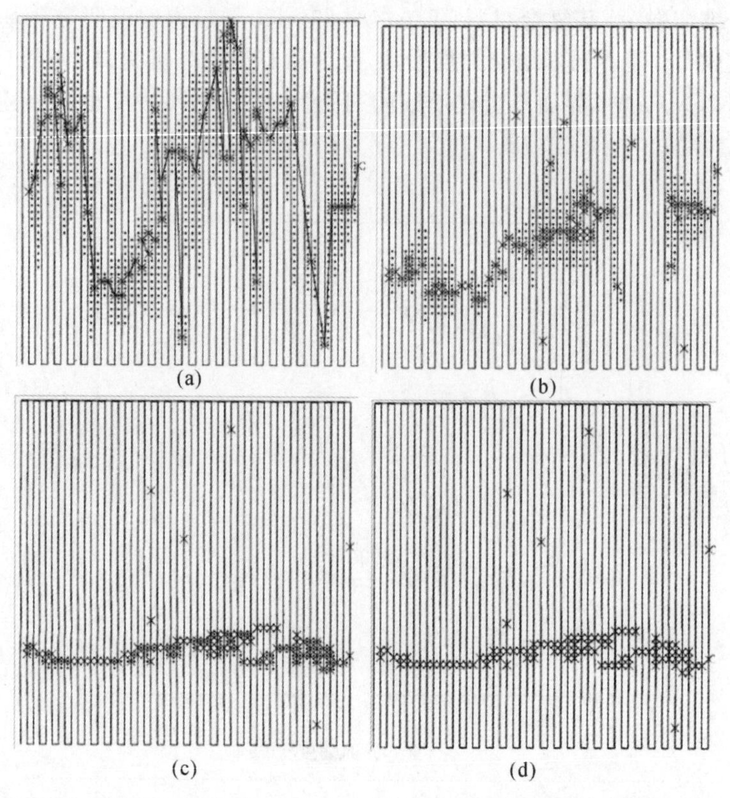

图 7-34　T300/Al 复合材料不同界面强度时的失效模式("×"代表断裂纤维,"+"代表脱黏界面)[33]

(a)界面强度为 5MPa；(b)界面强度为 10MPa；(c)界面强度为 20MPa；(d)界面强度为无穷大

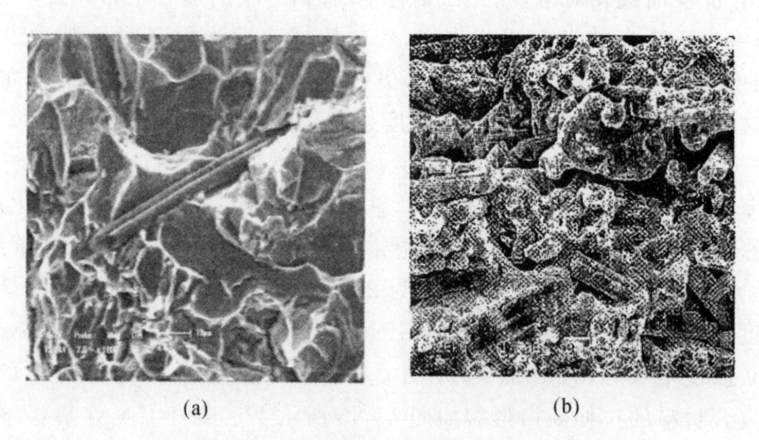

图 7-35　复合材料的拉伸断口形貌[34]

(a) 6vol. % C_f/Al；(b) 6vol. %C_f-Al-4wt. %Cu

7.3.3　陶瓷基复合材料的模量匹配与失效模式

在陶瓷基复合材料中,碳纤维或陶瓷纤维与陶瓷基体之间易于形成强界面结合。需要采用断裂能较低的界面层或增加陶瓷基体的气孔率,以弱化纤维与基体的界面结合,从而实现复合材料适中的界面结合。

下面以采用先驱体浸渗裂解(PIP)工艺制备的C/SiC复合材料为例说明陶瓷基复合材料的模量匹配与失效模式[35]。如果在C纤维和SiC基体之间没有界面层，由于界面结合强，复合材料断裂时表现出灾难性的失效行为，弯曲强度仅为46MPa，失效位移为0.07mm。如果在纤维和基体之间制备PyC/SiC界面层，复合材料的界面结合适中，断裂时表现出非灾难性失效行为，抗弯强度提高到了247MPa，失效位移提高到了0.17mm，如图7-36所示。当纤维与基体之间的界面结合太弱时，基体裂纹扩展到纤维表面，产生长的脱黏裂纹，相应的界面剪切强度较低。如图7-37所示为有界面层和无界面层复合材料的断口形貌。由图可见，无界面层的复合材料因界面结合强表现出非积聚型断裂；而有PyC/SiC界面层的复合材料因界面结合适中表现出混合型断裂模式。

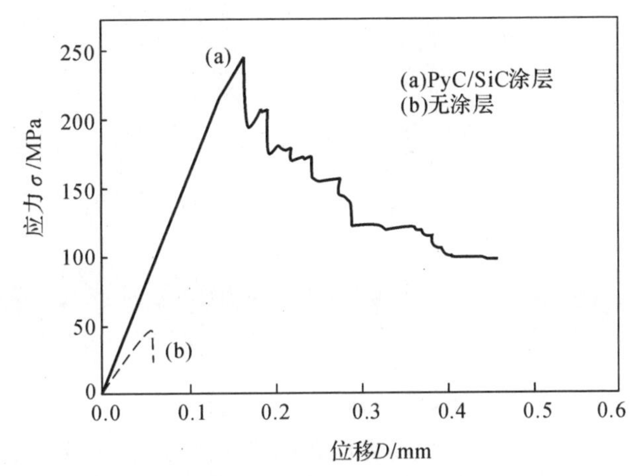

图7-36 陶瓷基复合材料的拉伸应力-位移曲线[35]

(a)有PyC/SiC界面层；(b)无界面层

图7-37 陶瓷基复合材料的断口形貌[35]

(a)无界面层；(b)有PyC/SiC界面层

下面以采用化学气相渗透(CVI)工艺制备的SiC/SiC复合材料为例说明界面和失效模式的关系[36-37]。当热解碳(PyC)界面层与SiC纤维之间产生长的脱黏裂纹时，基体多开裂会受到限制，而裂纹开口宽度较大(见图7-38(a))，纤维拔出长度也长达100μm，因此纤维沿脱黏界面的滑移摩擦有助于提高材料韧性。然而，太长的界面脱黏长度会导致纤维无法承担更多载荷，导致复合材料强度较低，如图 7-38(b)所示。

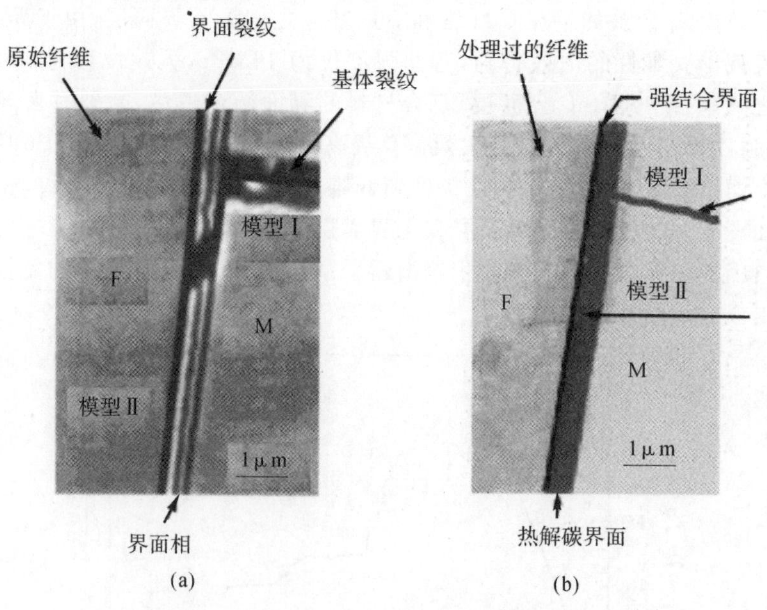

图 7-38 SiC/SiC 复合材料的界面偏转形貌[36-37]

(a) 纤维/界面层之间的弱界面结合； (b) 纤维/界面层之间的适中界面结合

当纤维与界面层之间的结合较强时，基体裂纹扩展进入界面区，并在界面层内部偏转成短的多开裂裂纹。短的界面脱黏裂纹会提高界面载荷传递能力，进一步提高基体开裂程度，导致基体裂纹密度提高，基体裂纹开口宽度较小，仅为 10～20μm。界面层内的滑移摩擦以及基体的多开裂裂纹提高了能量吸收，其应变能释放速率可由 3 kJ/m^2 提高至 8 kJ/m^2，导致复合材料韧性由 3 kJ/m^2 提高至 8 kJ/m^2，且有限的界面脱黏和提高的载荷传递能力使得纤维可承担更多载荷，导致复合材料强度增加。

对于陶瓷基复合材料，降低基体模量通常会提高纤维与基体的模量匹配程度。对C_f/BAS 和 C_f/BSAS($Ba_{0.75}Sr_{0.25} \cdot Al_2O_3 \cdot 2SiO_2$)两种复合材料，BSAS 玻璃陶瓷的强度和弹性模量分别为 131MPa 和 96GPa，而 BAS 玻璃陶瓷的强度和模量分别为 74MPa 和 100～110GPa，C_f 对 BAS 和 BSAS 两种材料的强韧化效果不同。C_f/BSAS 及 BAS 玻璃陶瓷基复合材料的力学性能分别如表 7-15 和图 7-39 所示[38]。C_f/BAS 复合材料的抗弯强度随碳纤维含量增加呈先上升后降低的趋势，在 C_f体积分数为 30%时达最大值(201 MPa)，相对于 BAS 基体 70 MPa 的抗弯强度而言，提高了 187%。用 BSAS 作为复合材料基体进一步提高了力学性能，体积分数 30%C_f/BSAS 和 40%C_f/BSAS 的抗弯强度分别达到了 256 MPa 和 195 MPa，都高于同组分的 C_f/BAS 复合材料的强度。复合材料强度的提高主要归功于载荷传递效应。纤维体积分数对断裂韧性的影响规律与对强度的影响规律一致，在 C_f体积分数为 30%时，C_f/BAS断裂韧性最高为 3.4 MPa·$m^{1/2}$，体积分数 30%C_f/BSAS 和 40%C_f/BSAS 的断裂韧性高于同组分的 BAS 系列复合材料，分别为 3. 65 MPa·$m^{1/2}$ 和 2.67 MPa·$m^{1/2}$。

表 7－15　C_f/BSAS 复合材料的力学性能

组　分	σ/MPa	K_{IC}/(MPa·$m^{1/2}$)
30%C_f/BSAS	256±14	3.65±0.27
40%C_f/BSAS	195±10	2.67±0.14

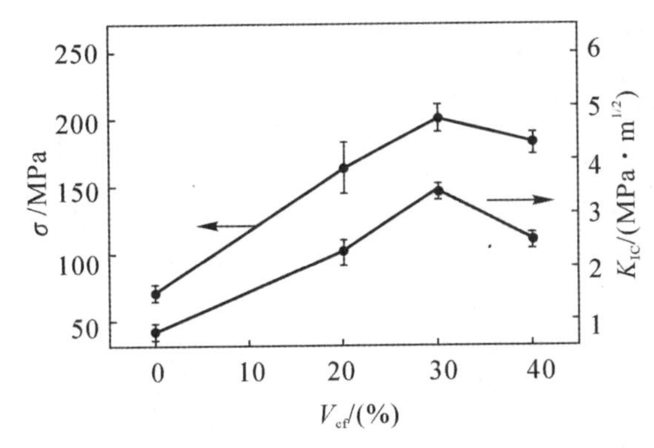

图 7－39　C_f/BAS 复合材料的弯曲强度和断裂韧性随碳纤维体积分数的变化[38]

C_f/BAS 和 C_f/BSAS 玻璃陶瓷基复合材料的断口形貌如图 7－40 所示。复合材料断口十分粗糙，有大量纤维拔出及其留下的孔洞，这说明在复合材料断裂过程中纤维与基体之间存在强烈的交互作用。高强度高模量纤维既能为基体分担载荷，又可阻碍裂纹的扩展，其主要增韧机理为裂纹偏转、纤维的拔出与桥接，从而起到强韧化的效果。

(a)　　(b)

图 7－40　复合材料的断口形貌[38]

(a)30% C_f/BAS；　(b)30% C_f/BSAS

如图 7－41 所示为纤维/基体界面弱结合(弱界面结合强度)和纤维/基体界面强结合(强界面结合强度)对复合材料强韧性的影响。当纤维与界面层之间结合较弱时，界面脱黏、纤维拔出和界面滑移摩擦均可提高复合材料韧性，但因弱界面结合不能有效传递载荷，会降低复合材料强度。当纤维与界面层之间结合较强且界面层本身强度适中时，界面有限脱黏、基体多开裂、界面滑移摩擦、纤维拔出均可提高复合材料的韧性。其中，界面有限脱黏可较为有效地传递载荷，从而提高复合材料的强度。

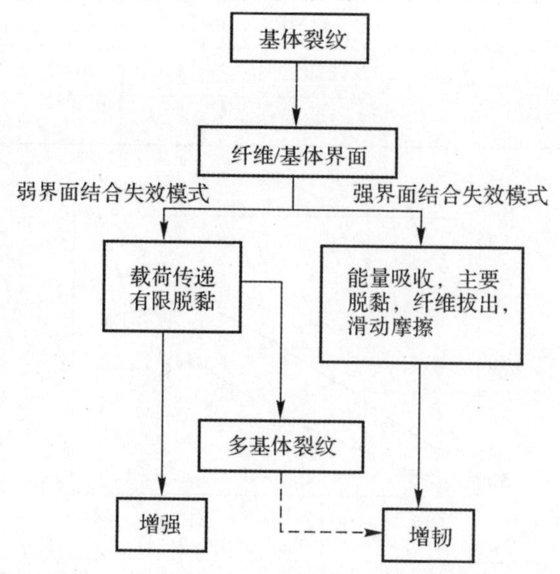

图 7-41　纤维/基体界面弱结合(弱界面结合强度)和纤维/基体界面强结合(强界面结合强度)对复合材料强韧性的影响示意图[36-37]

7.4　复合材料的多尺度模量匹配模型

本章之前所介绍的内容主要将复合材料简化成由纤维、界面、基体组成的结构单元。实际上，复合材料是由具有不同尺度的单丝纤维、纤维束以及存在于单丝纤维间和纤维束间的界面和基体组成的，是经过复杂的空间组合而形成的一个多相材料体系。在复合材料中，既存在微观尺度的单丝纤维、纤维丝间的界面相以及基体微结构和相成分的不同，又存在细观和宏观尺度的复合材料预制体结构、纤维束间的界面层与基体分布的差异。

复合材料的力学性能和失效机制不仅与宏观结构有关，也与纤维形状、分布以及基体的分布等细观特征密切相关，更取决于纤维、界面和基体等微观特性。以化学气相渗透法制备的纤维增韧陶瓷基复合材料为例说明复合材料的多尺度模量匹配，如图 7-42 所示为纤维增韧陶瓷基复合材料的多尺度微结构单元及分布。对于陶瓷基体，可从分子尺度实现对其组成、物相、元素含量、成键、形貌、微结构的控制，提高基体裂纹的阻力，也可通过交替沉积不同厚度及模量的陶瓷基体，实现对陶瓷基复合材料微结构和模量匹配的设计。界面层存在于纤维丝间的微小空间内，厚度非常薄(100～200 nm)，编织体内部孔隙可分为单丝纤维间的小孔隙(直径约为 1 μm)和纤维束间的大孔隙(直径约为 100 μm)。因此，界面层模量和厚度的优化对复合材料的强韧化尤为重要[39-40]。

7.4.1　纤维束复合材料的模量匹配

作为复合材料的主要承载单元，纤维对复合材料的力学性能有着重要的影响。对纤维束复合材料的纤维种类及纤维丝束大小与基体种类及分布进行设计，可改善纤维与基体的模量匹配，从而提高复合材料力学性能。

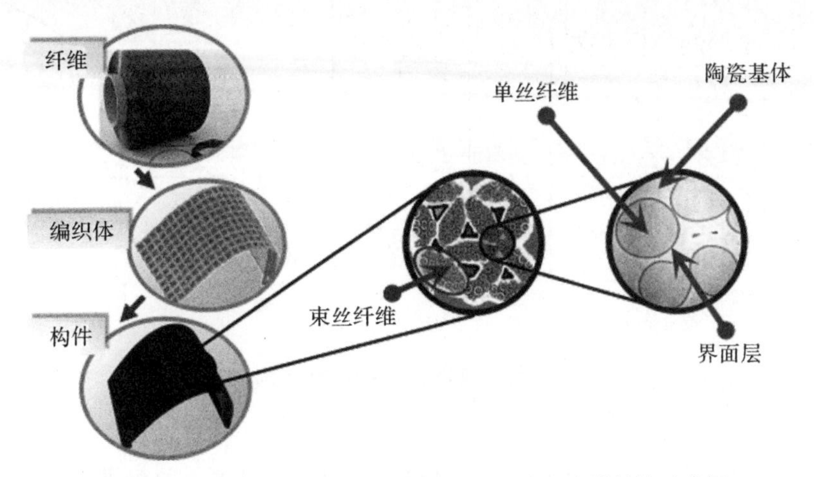

图 7-42　纤维增韧陶瓷基复合材料的多尺度微结构示意图

1. 纤维与基体模量比小的纤维束复合材料

对于具有不同弹性模量和拉伸强度的 C 纤维和 SiC 纤维，T300 C 纤维的弹性模量为 230GPa，而 Hi-Nicalon SiC 纤维的弹性模量为 270GPa。由 C 纤维束和 SiC 纤维束的拉伸应力-位移曲线（见图 7-43）可见，SiC 纤维束的拉伸强度高于 1k C 纤维的拉伸强度，且两者的断裂行为均表现为非线性和阶段性断裂的特征[41]。

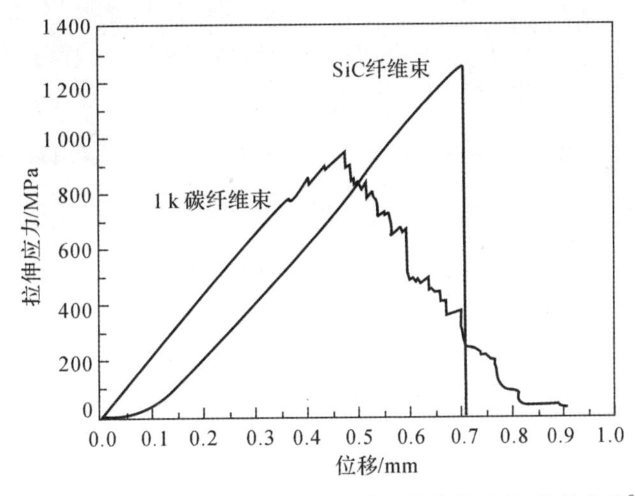

图 7-43　1k C 纤维束和 SiC 纤维束典型的拉伸应力-位移曲线[41]

在 1k C 纤维和 SiC 纤维束上先沉积 CVI PyC 或 BN 界面层，然后沉积 CVI SiC 基体得到 1k Mini-C/SiC 和 Mini-SiC/SiC 复合材料，由 Mini-C/SiC 和 Mini-SiC/SiC 复合材料在纤维体积分数为 40%时的拉伸应力-位移曲线（见图 7-44）可见，SiC/BN/SiC 和 SiC/PyC/SiC 复合材料的拉伸强度和断裂延伸率均高于 C/SiC 复合材料的。这是由于 SiC/SiC 复合材料中纤维与基体的模量更为匹配。当两种复合材料中纤维体积分数相同时，纤维与基体模量匹配较好的 SiC/SiC 的力学性能优于纤维与基体模量匹配较差的 C/SiC。

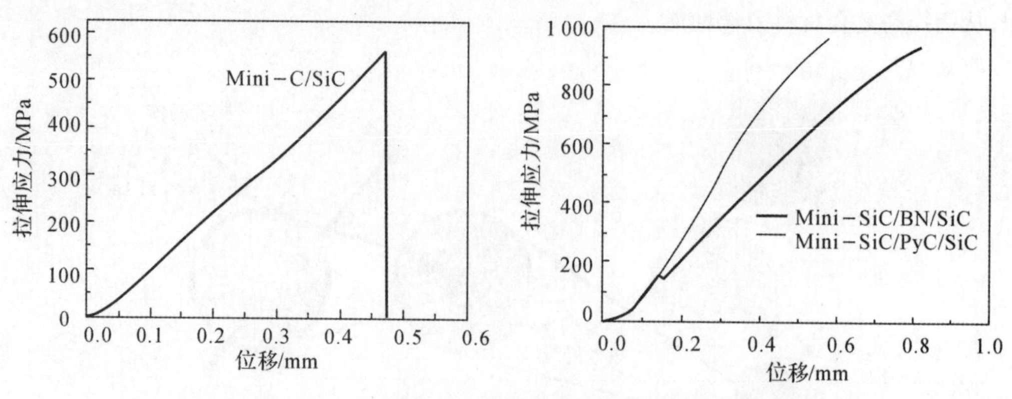

图 7－44　复合材料典型的拉伸应力-位移曲线[41]

(a) Mini－C/SiC；(b) Mini－SiC/SiC

1k Mini－C/SiC 和 Mini－SiC/SiC 复合材料的纤维主要以单丝的形式拔出，其拉伸断口形貌如图 7－45 所示。纤维束内部模量低，纤维拔出长度长，而纤维束外部模量高，纤维拔出长度短，当以这种方式断裂时复合材料将吸收大量断裂能。

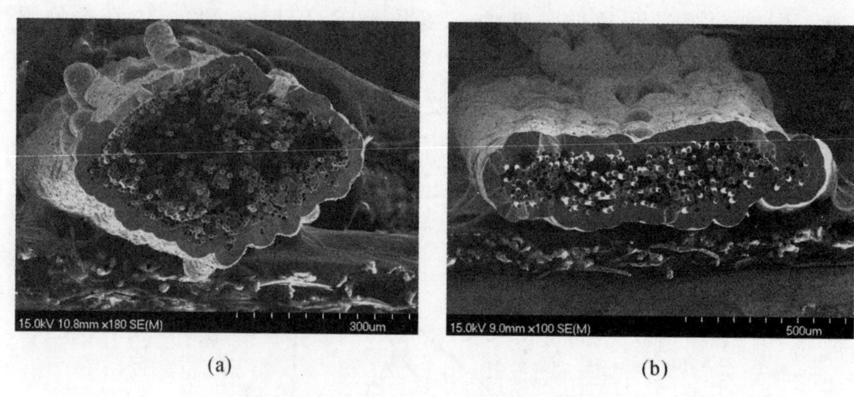

图 7－45　Mini 复合材料的断口形貌[41]

(a) 1k Mini－C/SiC；(b) Mini－SiC/SiC

2. 纤维与基体模量比大的纤维束复合材料

纤维的强度和模量较聚合物基体的高，纤维的单丝强度分布比较宽，随着纤维直径增粗，纤维单丝强度下降。下面以黄麻纤维增强环氧树脂基复合材料为例说明这种关系。黄麻纤维一般不能像玻璃纤维那样呈单丝状，其直径难以测准，表 7－16 给出了黄麻纤维的直径与拉伸强度的关系。黄麻纤维的直径分布较宽，单丝强度分布也较宽，而黄麻纤维的连续长度较长，密度较低，使其比强度较高。

表 7－16　黄麻纤维的直径与拉伸强度的关系

纤维种类	项　目	拉伸强度与直径的关系				
黄麻纤维	直径/μm	49.5	61.5	75.0	76.5	112.5
	拉伸强度/MPa	384	252	180	178	90

不同支数黄麻有捻纤维/环氧树脂基复合材料的力学性能见表 7－17，随着纤维支束增加，复合材料的拉伸强度和模量均呈现先增加后减小的趋势，且黄麻有捻纤维的支数对复合材料强度影响大于对模量的影响，这是因为材料的强度比模量对缺陷更敏感。黄麻有捻纤维的支数大小直接影响复合材料的微观均匀性：支数太小，纤维束较粗，树脂基体难浸透，纤维束外部模量低，较易形成缺陷；支数太大，纤维束较细，树脂浸透后又易形成富胶，纤维束内部模量高，增强相体积分数难以提高，影响复合材料的力学性能[42]。

表 7－17　黄麻纤维复合材料的拉伸性能

材料种类	拉伸强度/MPa	拉伸模量/GPa
黄麻有捻纤维 1/环氧	85.9	12.5
黄麻有捻纤维 2/环氧	145.2	14.8
黄麻有捻纤维 3/环氧	121.7	14.4

7.4.2　编织结构复合材料的模量匹配

对于编织结构的复合材料，虽然纤维与基体的模量比不同，但是可通过改变编织体结构以及基体在复合材料中的分布来优化复合材料的强韧性。复合材料中纤维束表面基体高致密区的(名义)模量高，裂纹扩展阻力大但扩展速度快，纤维拔出短，对强度贡献大；基体低致密区的(名义)模量低，裂纹扩展阻力小但扩展速度慢，纤维拔出长，对韧性贡献大。

1. 纤维与基体模量比小的复合材料

2D C/SiC 和 3D C/SiC 的显微结构和断口形貌分别如图 7－46 和图 7－47 所示[43]。与 3D C/SiC 相比，2D C/SiC 的基体更难沉积，纤维束外部的高致密区小，内部的低致密区大。因此，纤维束外部的短拔出区小，内部的长拔出区大，有利于提高复合材料的韧性。另外，纤维束丝束越大，基体致密度梯度越大，复合材料韧性越高；纤维束丝束越小，基体致密度梯度越小，复合材料强度越高。

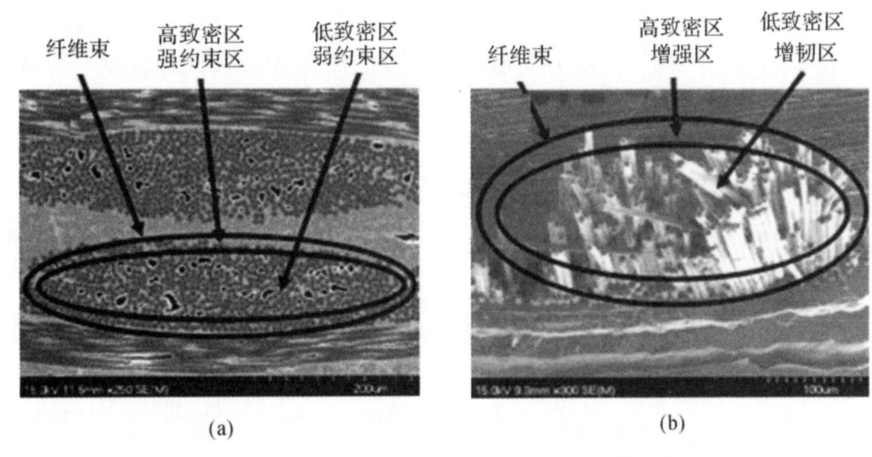

图 7－46　2D C/SiC 复合材料的显微结构与断口形貌[43]

(a)显微结构；　(b)断口形貌

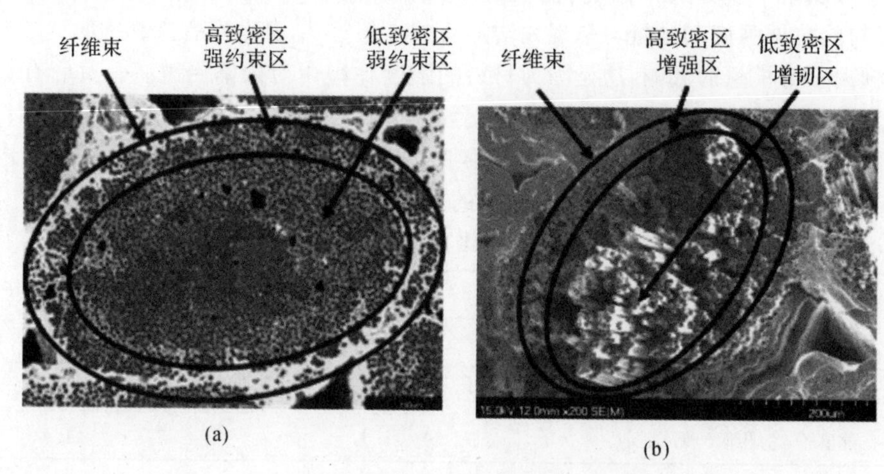

图 7-47　3D C/SiC 复合材料的显微结构与断口形貌[43]

(a)显微结构；（b)断口形貌

C/SiC 中基体的不均匀分布模式降低了纤维与基体的热失配和模量失配，可使 C/SiC 纤维拔出“内外有别”：纤维束的外层为高致密和高模量区，裂纹在该区域的扩展阻力大，但扩展速度快，该区域的纤维先承载且拔出短，主要作用是增强；纤维束内部为低致密和低模量区，裂纹在该区域的扩展阻力小，但扩展速度慢，该区域的纤维后承载且拔出长，主要作用是增韧。可见，承载区域的交替和裂纹扩展阻力的变化是提高强韧性的关键。

2. 纤维与基体模量比高的复合材料

纤维增强聚合物基复合材料的纤维与基体的模量相差较大。以碳纤维增强 E-51 环氧树脂基复合材料为例说明不同编织方式的碳纤维对复合材料性能的影响，碳纤维的密度为 1.78g/cm^3，弹性模量为 230～600GPa。采用碳纤维平纹织物增强 E-51 环氧树脂基复合材料的拉伸强度和弹性模量要高于单向碳纤维布增强的复合材料的拉伸强度和弹性模量[44]。表7-18给出了不同织物种类和铺层角度下复合材料的拉伸性能，对于碳纤维单向布增强复合材料，0°/90°/90°/0°铺层的复合材料拉伸强度明显高于其他两种铺层方式的复合材料，而 0°/45°/−45°/90°和 45°/−45°/−45°/45°两种铺层方式的复合材料拉伸强度和弯曲模量相差不大，由于平纹布经纬纱之间交织产生力的作用，使得平纹织物增强复合材料具有较好的拉伸性能。

表 7-18　不同织物种类和铺层角度下复合材料的拉伸性能

织物结构	编　号	铺层角度	弯曲强度 MPa	断裂伸长率 (%)	弯曲弹性模量 MPa
单向布	1#	0°/90°/90°/0°	239.7	3.03	10 106.7
	2#	0°/45°/−45°/90°	194.5	1.96	9 547.6
	3#	45°/−45°/−45°/45°	189.1	2.33	11 839.8
平纹	4#	0°/45°/−45°/90°	272.3	2.09	13 883.4
	5#	0°/90°/90°/0°	252.7	2.17	12 840.4

由图7-48所示的不同织物种类和铺层角度下复合材料的拉伸断口形貌可知，含有45°和-45°方向铺层的试样在破坏处只有部分纤维断裂，基体树脂沿纤维方向开裂，内部各层有纤维分离，断口呈现一定角度；而铺层的试样拉伸断面较整齐，为脆性断裂。

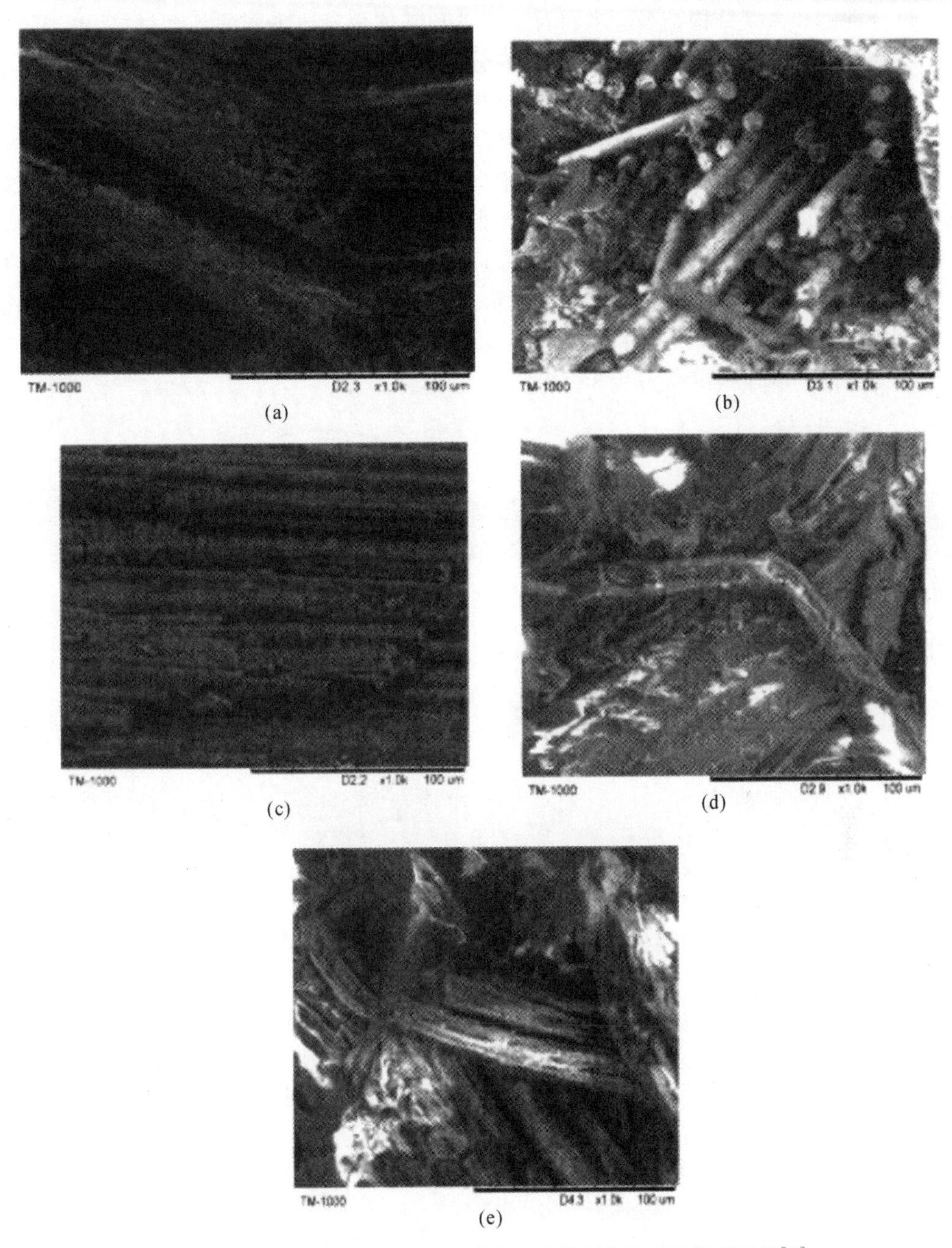

图7-48　不同织物种类和铺层角度复合材料拉伸后的断面形貌[44]

(a) 1#；(b)2#；(c)3#；(d)4#；(e)5#

7.4.3 模量匹配模型

复合材料的模量匹配是通过对复合材料各结构单元的跨尺度设计，将复合材料的宏观性能与各组分性能和微观结构结合起来。对于纤维和基体模量比不同的复合材料，由于纤维的径向尺寸和纤维束间的孔隙小，且基体具有成分和微结构的可设计性，所以可以通过对复合材料基体及界面的设计来改善纤维与基体模量失配程度。对于纤维与基体模量比小的复合材料，其纤维与基体模量匹配模型如图 7-49(a)所示，纤维束内基体的模量应该比纤维束外基体的模量低，纤维束内部较厚的基体层有利于提高复合材料的强韧性，纤维束内和纤维束外基体模量都应该比纤维的模量低，靠近纤维丝和束的基体模量应该比远离的基体模量低。而对于纤维与基体模量比大的复合材料，可通过分析和推断纤维与基体模量比小的陶瓷基复合材料的模量匹配与失效模式得到。由于纤维模量高于基体模量，其纤维与基体的模量匹配模型如图 7-49(b)所示，纤维束内基体的模量应该比纤维束外基体的模量高，靠近纤维束的基体模量应该比远离的基体模量高。

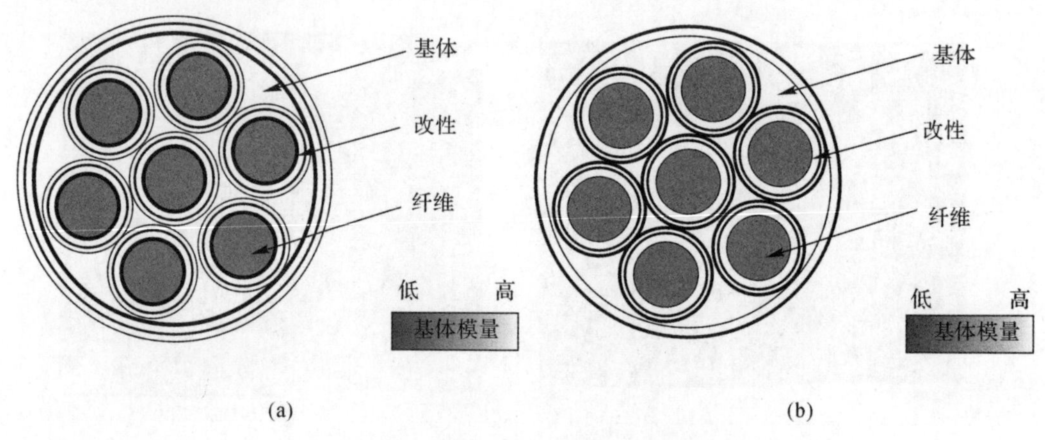

图 7-49　复合材料的模量匹配模型

(a) 纤维与基体模量比小的复合材料；(b) 纤维与基体模量比大的复合材料

综上所述，对复合材料的设计，应涉及单丝纤维、纤维束、预制体结构、界面层、基体分布的跨尺度设计，复合材料多尺度模量匹配模型的提出对复合材料制备和力学性能优化具有指导意义。先进复合材料的力学行为取决于材料不同层次的结构特点，通过发展原子尺度、纳米尺度、微米尺度、细观尺度和宏观尺度的多尺度材料模拟方法，定量揭示不同层次结构及其演化的规律，是复合材料优化设计和制造的基础，这是今后复合材料原理重点关注的方向。

实　例

采用 Bridgman 法可制备出 MgO/CaF_2共晶自生复合材料(17.8 mol% MgO，82.2 mol% CaF_2)，如图 7-50 所示[45]。MgO 纤维和 CaF_2基体的性能见表 7-19，请判断在基体/纤维界面处裂纹的扩展方向。

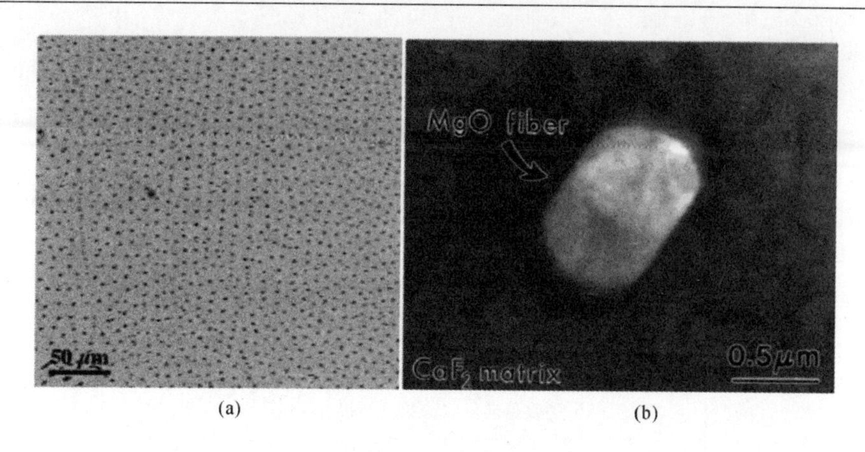

图 7-50　MgO/CaF_2共晶复合材料抛光断口形貌 SEM 照片[45]
(a)低倍；(b)高倍

表 7-19　CaF_2 和 MgO 的弹性常数(弹性模量 E 和泊松比 ν)与断裂能 Γ

	弹性模量 E/GPa	泊松比 ν	断裂能 $\Gamma/(\mathrm{J\cdot m^{-2}})$
CaF_2	110	0.30	0.5
MgO	310	0.18	1.5

答：

$$E'_{\mathrm{f}}=\frac{E_{\mathrm{f}}}{1-\nu^2}=\frac{310}{1-0.18^2}=320.4$$

$$E'_{\mathrm{m}}=\frac{E_{\mathrm{m}}}{1-\nu^2}=\frac{110}{1-0.3^2}=120.9$$

$$\alpha=\frac{E'_{\mathrm{f}}-E'_{\mathrm{m}}}{E'_{\mathrm{f}}+E'_{\mathrm{m}}}=\frac{320.4-120.9}{320.4+120.9}=0.45$$

$$\frac{\Gamma_{\mathrm{i}}}{\Gamma_2}=\frac{\Gamma_{\mathrm{CaF_2}}}{\Gamma_{\mathrm{MgO}}}=\frac{0.5}{1.5}=0.33$$

由图 7-51 可知，裂纹在界面处可发生偏转。如图 7-52 所示为 MgO/CaF_2复合材料的基体裂纹扩展形貌，可见基体裂纹在 MgO 纤维/基体界面处的偏转。

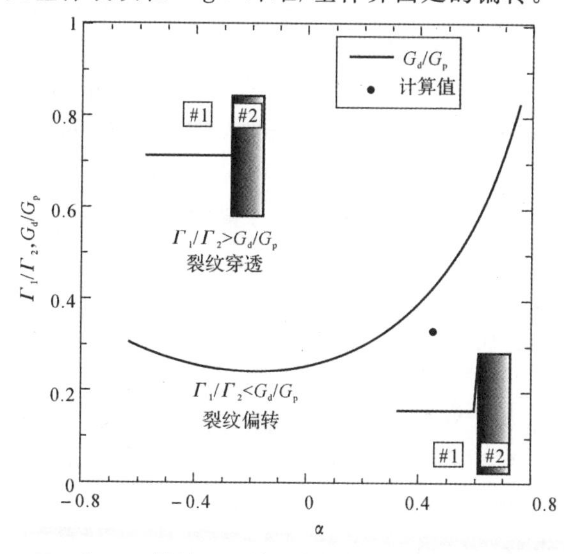

图 7-51　基于 He-Hutchinson 模量匹配关系分析 CaF_2-MgO 界面裂纹扩展方向示意图[45]

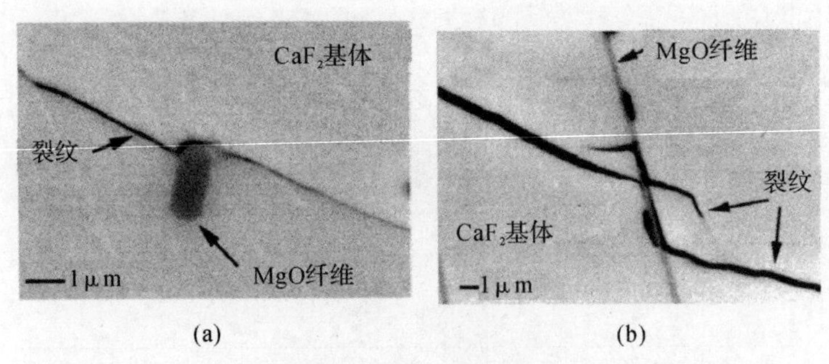

图 7-52 MgO/CaF_2复合材料的基体裂纹扩展 SEM 照片[45]
(a)裂纹偏转；(b)裂纹桥接

参考文献

[1] Zvi Hashin, B Walter Rosen. The elastic modulus of fiber - reinforced materials[J]. Journal of Applied Mechanics, 1964, 31:223 - 232.

[2] W C Oliver, G M Pharr. An improved technique for determining hardness and elastic modulus using load and displacement sensing indentation experiments[J]. Journal of Materials Research, 1992, 7:1564 - 1583.

[3] Ichiro Sakurada, Yasuhiko Nukushina, Taisuke Ito. Experimental determination of the elastic modulus of crystalline regions in oriented polymers[J]. Journal of Polymer Science, 1962, 57:651 - 660.

[4] 刘丽，张翔，黄玉东，等. 芳纶纤维/环氧复合材料界面超声连续改性处理[J]. 航空材料学报，2003，23:49 - 51.

[5] 杨东洁. 芳香族聚酰胺纤维及其复合材料的生产与应用[J]. 纺织科学研究，2000，4:36 - 41.

[6] 蒋艳平，赵冠湘，潘勇，等. 用纳米压痕法测量电沉积镍镀层的力学性能[J]. 湘潭大学自然科学学报，2005，27:50 - 58.

[7] Shang - Lin Gao, Edith Mäder. Characterisation of interphase nanoscale property variations in glass fibre reinforced polypropylene and epoxy resin composites[J]. Composites Part A: Applied Science and Manufacturing, 2002, 33:559 - 576.

[8] 郑亚萍. 高模量树脂基体及高抗压复合材料的研究[D]. 西安：西北工业大学理学院，2001.

[9] 张云鹤，修子扬，陈国钦，等. 基体合金对 C_f/Al 复合材料微观组织和力学性能的影响[C]. 杜善义. 第十五届全国复合材料学术会议论文集：下册. 北京：国防工业出版社，2008.

[10] Draper S L, Aikin B J M. Effect of composite fabrication on the strength of single crystal Al_2O_3 fibers in two Fe - base alloy composites[J]. Materials Science and Engineering: A, 1999, 266:18 - 29.

[11] Shojiro Ochiai, Kozo Osamura. Influences of interfacial bonding strength and scatter

of fibre strength on tensile behaviour of unidirectional metal matrix composites[J]. Journal of Materials Science, 1988, 23:886 - 893.

[12] He MingYuan, John W Hutchinson. Crack deflection at an interface between dissimilar elastic materials[J]. International Journal of Solids and Structures, 1989, 25:1053 - 1067.

[13] Vijay Gupta, Yuan Jun, Doris Martinez. Calculation, measurement and control of interface strength in composites[J]. Journal of the American Ceramic Society, 1993, 76:305 - 315.

[14] Doris Martinez, Vijay Gupta. Energy criterion for crack deflection at an interface between two orthotropic media[J]. Journal of the Mechanics and Physics of Solids, 1994, 42:1247 - 1271.

[15] He MingYuan, Anthony G Evans, John W Hutchinson. Crack deflection at an interface between dissimilar elastic materials: Role of residual stresses [J]. International Journal of Solids and Structures, 1994, 31:3443 - 3455.

[16] Ahn B K, Curtin W A, Parthasarathy T A, et al. Criteria for crack deflection/penetration criteria for fiber - reinforced ceramic matrix composites[J]. Composites Science and Technology, 1998, 58:1775 - 1784.

[17] Dundurs J. Edge-bonded dissimilar orthogonal elastic wedges under normal and shear loading[J]. Journal of Applied Mechanics, 1968, 35:460 - 466.

[18] Evans A G, Zok F W. The physics, mechanics of fibre-reinforced brittle matrix composites[J]. Journal of Materials Science, 1994, 29:3857 - 3896.

[19] Xavier Aubard, Jacques Lamon, Olivier Allix. Model of the nonlinear mechanical behavior of 2D SiC - SiC chemical vapor infiltration composites[J]. Journal of the American Ceramic Society, 1994, 77:2118 - 2126.

[20] Dietmar Koch, Kamen Tushtev, Georg Grathwohl. Ceramic fiber composites: Experimental analysis and modeling of mechanical properties[J]. Composites Science and Technology, 2008, 68:1165 - 1172.

[21] Carlos G Levi, James Y Yang, Brian J Dalgleish, et al. Processing and performance of an all-oxide ceramic composite[J]. Journal of the American Ceramic Society, 1998, 81:2077 - 2086.

[22] Eric A V Carelli, Hiroki Fujita, James Y Yang, et al. Effects of thermal aging on the mechanical properties of a porous-matrix ceramic composite[J]. Journal of the American Ceramic Society, 2002, 85:595 - 602.

[23] Roger R Naslain. The design of the fibre - matrix interfacial zone in ceramic matrix composites[J]. Composites Part A: Applied Science and Manufacturing, 1998, 29:1145 -1155.

[24] Ma Jingmei, Ye Feng, Cao Yange, et al. Microstructure and mechanical properties of liquid phase sintered silicon carbide composites[J]. Journal of Zhejiang University Science A, 2010, 11:766 - 770.

[25] Hinoki T, Yang W, Nozawa T, et al. Improvement of mechanical properties of SiC/SiC composites by various surface treatments of fibers[J]. Journal of Nuclear Materials, 2001, 289:23-29.

[26] 马静梅. BAS/SiC 陶瓷基复合材料的制备及其组织与性能[D]. 哈尔滨:哈尔滨工业大学材料科学与工程学院,2010.

[27] Mei H, Cheng L. Comparison of the mechanical hysteresis of carbon/ceramic-matrix composites with different fiber preforms[J]. Carbon, 2009, 47:1034-1042.

[28] 钟杰华. 三种界面 C/Si-C-N 材料的制备和典型性能研究[D]. 西安:西北工业大学材料学院, 2007.

[29] Jang-Kyo Kim, Yiu-wing Mai. High strength, high fracture toughness fibre composites with interface control — a review[J]. Composites Science and Technology, 1991, 41:333-378.

[30] Zhao F M, Takeda N. Effect of interfacial adhesion and statistical fiber strength on tensile strength of unidirectional glass fiber/epoxy composites[J]. Composites Part A: Applied Science and Manufacturing, 2000,31:1203-1214.

[31] P W J van den Heuvel, Hogeweg B, Peijs T. An experimental and numerical investigation into the single-fibre fragmentation test: stress transfer by a locally yielding matrix[J]. Composites: Part A, 1997, 28A:237-249.

[32] 张竞,王晓东,李全步,等. 三种环氧树脂基复合材料的力学性能研究[J]. 塑料工业, 2008, 36:56-60.

[33] Zhou Yuanxin, Huang Wen, Xia Yuanming. A microscopic dynamic Monte Carlo simulation for unidirectional fiber reinforced metal matrix composites[J]. Composites Science and Technology, 2002, 62:1935-1946.

[34] 赵晓宏. 连续碳纤维增强铜基复合材料的制备、组织及性能研究[D]. 天津:河北工业大学材料科学与工程学院, 2002.

[35] Zhu Yun-zhou, Huang Zheng-ren, Dong Shao-ming, et al. Correlation of PyC/SiC interphase to the mechanical properties of 3D HTA C/SiC composites fabricated by polymer infiltration and pyrolysis[J]. New Carbon Materials, 2007, 22:327-331.

[36] Christine Droillard, Jacques Lamon. Fracture toughness of 2-D woven SiC/SiC CVI-composites with multilayered interphases[J]. Journal of the American Ceramic Society, 1996, 79:849-858.

[37] Yu Haijiao, Zhou Xingui, Zhang Wei, et al. Mechanical behavior of SiCf/SiC composites with alternating PyC/SiC multilayer interphases[J]. Materials & Design, 2013, 44:320-324.

[38] 钟连兵,刘利盟,叶枫,等. C_{sf}/BAS 玻璃陶瓷复合材料的制备及其力学性能研究[J]. 材料科学与工艺, 2008, 16:445-448.

[39] 成来飞,张立同,梅辉,等. 化学气相渗透工艺制备陶瓷基复合材料[J]. 上海大学学报:自然科学版, 2014, 20:15-32.

[40] 郑晓霞,郑锡涛,缑林虎. 多尺度方法在复合材料力学分析中的研究进展[J]. 力学进

展，2010，40:41 - 56.

[41] 孟志新. 连续纤维增韧碳化硅陶瓷基复合材料的强韧化[D]. 西安:西北工业大学材料学院，2013.

[42] 曾竟成，肖加余. 黄麻纤维增强聚合物复合材料工艺与性能研究[J]. 玻璃钢/复合材料，2001(02):30 - 33.

[43] 张立同，成来飞. 自愈合陶瓷基复合材料制备与应用基础[M]. 北京:化学工业出版社，2015.

[44] 黄娇. 碳纤维增强环氧树脂复合材料的力学性能研究[D]. 天津:天津工业大学材料科学与工程学院，2014.

[45] Larrea A，Contreras L，Merino R I. Microstructure and physical properties of CaF_2 - MgO eutectics produced by the bridgman method[J]. Journal of Materials Research，2000，15:1314 - 1319.